# 酱香型白酒生产工艺

赵金松　杨官荣　主编

中国轻工业出版社

**图书在版编目（CIP）数据**

酱香型白酒生产工艺/赵金松主编．—北京：中国轻工业出版社，2024. 8
ISBN 978-7-5184-4368-0

Ⅰ. ①酱…　Ⅱ. ①赵…　Ⅲ. ①酱香型白酒—酿酒
Ⅳ. ①TS262. 3

中国国家版本馆 CIP 数据核字（2023）第 014670 号

责任编辑：江　娟　　责任终审：许春英
文字编辑：狄宇航　　责任校对：朱燕春　　封面设计：锋尚设计
策划编辑：江　娟　　责任监印：张　可　　版式设计：砚祥志远

出版发行：中国轻工业出版社（北京鲁谷东街 5 号，邮编：100040）
印　　刷：三河市万龙印装有限公司
经　　销：各地新华书店
版　　次：2024 年 8 月第 1 版第 3 次印刷
开　　本：787×1092　1/16　印张：12
字　　数：296 千字
书　　号：ISBN 978-7-5184-4368-0　定价：68. 00 元
邮购电话：010-85119873
发行电话：010-85119832　010-85119912
网　　址：http：//www. chlip. com. cn
Email：club@ chlip. com. cn

241461K1C103ZBQ

# 本书编委会

主　　审　曹　勇　庹先国

主　　编　赵金松　杨官荣

参　　编　冯方剑　刘茗铭　王　媚　王明昌　杨亚娇

黄　河　唐维川　黄　婷　邹玉兰　云　岭

邱声强　刘　程　袁　奇　曹思琪　肖　敏

刘　君　袁思棋　边名鸿　黄志瑜　彭曦冉

# 序 | FOREWORD

在中国白酒工艺不断升级、不断优化、不断革新的趋势下，酱香型白酒因其独特的工艺以及丰富的香味风格，至今仍保留着相对传统的酿造生产工艺。据考古发现，早在公元前 135 年的川黔交界处的赤水河一带，就生产出了汉武帝盛赞“甘美之”的蒟酱酒。受限于当时的蒸馏条件，“蒟酱酒”是否就是如今酱香型白酒的前身，还有待考证。

何为酱香型白酒？它主要因具有类似豆类发酵时的酱香味而得名。中华人民共和国成立之初，为振兴酿酒工业，刺激酒类产品消费活力，中华人民共和国轻工业部于 1952 年举办了第一届评酒会，贵州省茅台酒厂的贵州茅台酒、山西省杏花村汾酒厂的山西杏花村汾酒、四川省泸州曲酒厂的泸州大曲酒和陕西省西凤酒厂的陕西西凤酒成功入选中国四大名酒。那届评酒并未有香型之分，只能根据其历史底蕴、传承文化、消费评价来评选名酒。直至中国轻工业部在大连举办的第三届全国评酒会上首次引入了香型概念，酱香型白酒才首次进入了大众视野，此后，酱香型白酒进入科学发展时代。

1978 年后酱香型白酒进入了前所未有的发展时期，酒厂、烧坊向公司体制转变，逐步建立起现代企业制度，并实现股份化。时至今日，酱香型白酒在全国的影响力不断攀升，市场热度依然不减。目前，关于酱香型白酒的文献专著相对较少。

本书从酿造微生物到酿酒制曲、制酒，再到酒体设计、贮存勾调与品评、品质管控、质量管理等方面对酱香型白酒做了全面的介绍，有助于促进酱香型白酒生产的不断发展和提高，也有利于消费者对酱香型白酒有更清晰、更全面的认知，同时也希望酱香型白酒生产工艺的研究和探索永不止步，推动酱香型白酒产业高质量发展。

2022 年 12 月 29 日

# 前言 PREFACE

近年来，酱香型白酒在茅台的带动下，出现井喷式发展，在全国掀起了“酱酒风暴”，酱香型白酒也越来越受到消费者的青睐。2021 年酱香酒的产能约 60 万千升，约占白酒产能的 8.4%，而销售收入却达到 1900 亿元，约占白酒产业总营收的 31.5%，销售利润更是达到 780 亿元，占比行业利润 45.8%。

酱香型白酒虽然“热”，但也很“神秘”。它是中国白酒十二大香型中唯一未被确认主体香成分，且生产工艺最为复杂的白酒。对于酱香型白酒的探索，目前还处于初期阶段。如酱香型白酒微生物菌落特征、呈香呈味成分、工艺环节特点解析方面仍有大量科研“空白”，酱香型白酒传统酿造技艺书籍记载也很少。目前酱香型白酒工艺的传承与发展主要是靠师带徒的“口口相传”和企业的内部生产指导性文件。公开性的酱香型白酒传统工艺指导性文件的缺失和科研成果的缺乏导致酱香型白酒产业两极分化日趋严重，不利于酱香型白酒生产技术的传播发展。

《酱香型白酒生产工艺》由四川省酒业集团有限责任公司和四川轻化工大学联合编著，融合“国酿酱香型白酒”生产经验和其他相关书籍的精华部分，意在为酱香型白酒行业提供相关技术参考，为全国酱香型白酒企业技术发展提供有益借鉴，并让消费者更加科学、更加深入地了解酱香型白酒，进一步推动酱香型白酒产业发展健康化、科学化和规范化。

本书主要介绍酱香型白酒的酿造及品评方法，从理论到实践，从传统发酵工艺到现代质量管理，内容涉及酱香型白酒生产原料、制曲技术、酿酒技术、贮存与老熟、品评与勾调、酱香风味与质量管理等。在编写过程中特别注重了简明、通俗、实用的原则，在理论上力求由浅入深，适合从事白酒生产的相关技术人员、生产人员阅读，也可供相关科研人员、大专院校酿酒工程及相关专业师生参考。在编写过程中难免有不妥之处，敬请广大读者批评指正。

《酱香型白酒生产工艺》编委会

# 前言

# 目录 | CONTENTS

# 第一章　绪论

中国传统白酒是以大曲酒为代表的一类蒸馏酒的统称，因独特的固态发酵工艺以及巨大的经济影响力，与白兰地、威士忌、伏特加、朗姆酒、金酒并称世界六大蒸馏酒。中国传统白酒从本质上讲属于地域资源型产业，其所具有的天赋资源及不可替代的独特性，决定了中国传统白酒不同香型的独特风格。

## 第一节　酱香型白酒发展概况

酱香型白酒生产历史悠久、源远流长，是我国传统白酒主流香型之一。中华人民共和国成立前仅在贵州省仁怀县茅台镇赤水河流域中游一带生产，茅台酒和郎酒是该香型代表产品，也称茅香型酒。在中华人民共和国成立后的历届全国评酒会上，茅台均蝉联国家名酒称号。郎酒在第四届全国评酒会上被评为国家名酒，其生产厂——四川省古蔺县郎酒厂位于赤水河左岸。

中华人民共和国成立后，从1959年起，原中国轻工总会食品发酵工业研究所、中国科学院微生物研究所、贵州省科学技术委员会、贵州省轻工业科学研究所、贵州茅台酒厂集团等单位先后组织开展了“茅台酒传统工艺研究”“两期科技试点”“茅台酒异地试验”“茅台酒香气香味成分研究”“低度茅台酒的研制”等一系列的科学研究。这些研究对后来茅台的科研工作产生了重要影响，为今天酱香型白酒的发展奠定了基础。两期科技试点组提出的一些重大学术观点和科研成果远远超出了茅台酒本身的范畴，对日后茅型酒、泸型酒乃至其他香型白酒的发展和提高、白酒工业的技术进步都起到了巨大作用。随着茅台酒的发展，酿酒科技工作者从分析方法、微生物及酿酒发酵机理等方面入手，对酱香型大曲酒传统生产工艺、产品质量的研究日益深化。20世纪70年代开始，国内掀起“学茅台、创名牌”的热潮，具有酱香型白酒风格特点的新产品不断涌现，并开始批量生产，形成了一定的生产规模。自1979年第三届全国评酒会采取按香型、生产工艺和糖化剂分型评比方法后，白酒香型的划分更加科学合理，极大地促进了酱香型白酒的发展。随着各地因地制宜的继承与创新，在大曲酱香传统工艺的基础上又发展出麸曲酱香型白酒。在1989年举行的第五届全国评酒会上，大曲酱香型酒中有3个产品荣获国家名酒（金质奖），有3个产品荣获国家优质酒（银质奖）；麸曲酱香型酒中有5个产品荣获国家优质酒（银质奖）。这表明酱香型白酒品种不断增多，产量逐步扩大，质量稳步提高，在市场上获得了消费者的信赖。为进一步加快优质酱香型白酒的发展，1990年由贵州茅台酒厂集团牵头成立了全国酱香型协作组，对全国酱香型白酒企业开展协作，在深化改革、加强管理、提高质量、节粮降耗、调整结构、提高效益、扩大声誉等方面都产生了积极作用。近20年来，随着各省同行间广泛的技术交流和相互学习，酱香型白酒已延伸到全国10余个省、市、自治区的上百家企业。白酒企业规模化、工业化生产已经逐步代替了传统作坊式生产，科技水平不断提高，生产工艺日益完善，进入了快速增长时期。

近年来，酱香型白酒在全国异军突起，从传统的其他白酒香型中脱颖而出，已成为当今十二大香型中的一支重要力量。数据显示，2018年全国酱香型白酒产量在全国白酒总产量中占比约为5%，营收却占到了15%，利润占比则超过了30%；2019年，酱香型白酒以占行业7%的产量，完成了行业21.3%的营业收入，实现了行业42.7%的利润总额；2020年酱香型白酒以占白酒行业8%的产量，实现了行业总利润的四成；2021年，酱香型白酒产能占比达8.4%，营收占比达31.5%，利润占比高达45.8%，盈利能力极强。全国酱香型白酒产业产量、产值、利润得到大幅提升，重点项目建设取得突破性进展，行业整体实力不断增强，呈现出快速发展的良好态势。目前，国内酱香型白酒的生产队伍不断发展壮大，产品平均价格位居各香型之冠，形成了白酒行业一个新的增长点和消费亮点。酱香型白酒发展的真正动力是以茅台酒为代表的名优酒科学技术的进步。从20世纪50年代起，我国酿酒科技工作者在白酒各个研究领域创造了丰硕的科技成果，极大地推动了酱香型白酒产业的发展。

## 第二节 酱香型白酒的分类及基本工艺特点

酱香型白酒其风味特点是酱香突出，幽雅细腻，酒体醇厚，空杯留香持久。根据糖化发酵剂和工艺不同可以将酱香型白酒分为传统酱香型白酒、麸曲酱香型白酒、碎沙酱香型白酒、翻沙酱香型白酒和串蒸酱香型白酒。传统大曲酱香型白酒是酱香型白酒的主体，也就是坤沙工艺，产量占50%以上，销售收入占主导地位，并且是其他酱香酒生产的基础。其代表产品主要有：贵州茅台酒、习酒，四川郎酒、国酿，湖南武陵酒等。

### 一、传统型酱香白酒

传统大曲酱香型白酒也就是我们常说的坤沙酒，也称为捆沙酒或坤籽酒。它的原料是完整颗粒的本地糯高粱（占比80%以上），严格按照传统的贵州茅台酒工艺

“12987”进行生产，生产工艺比较复杂，除与当地环境、气候、水质、原料有关外，又有其独特的工艺特点。生产工艺季节性很强，生产投料要求在农历九月重阳节期间进行，这完全不同于其他香型白酒随时投料随时生产的特点。“四高两长”的工艺特点，其生产工艺可以概括为：以优质高粱为原料，用小麦制高温大曲做糖化发酵剂，2次投料、高温堆积，采用条石筑的发酵窖，经9次蒸煮、8次发酵、7次取酒，采用高温制曲、高温堆积、高温发酵、高温流酒的特殊工艺，生产周期为1年，按酱香、醇甜及窖底香3种典型体和不同轮次酒分别长期贮存，精心勾兑而成的具有典型酱香型风格的蒸馏白酒生产工艺。

## 二、麸曲酱香白酒

麸曲酱香型白酒是20世纪80年代初，贵州省轻工科研所在继承茅台试点成果的基础上，采用麸皮纯菌种制曲，引入茅台酒酿造工艺的关键工序，研制出的独具特色的麸曲酱香型优质白酒。这一科技成果采用了先进的微生物培养和应用技术，以其具有发酵期短、贮存期短、出酒率高、资金周转快等优点，省内外各酒厂争相推广，其鼎盛时期全国总产量可达3万t左右，取得了良好的经济效益和社会效益。麸曲酱香型白酒代表产品主要有：贵州黔春酒、筑春酒，河北迎春酒、辽宁凌川白酒、老窖酒等国家优质酒。

麸曲酱香型白酒一般采用“清蒸清烧，回醅堆积”的续糟发酵工艺，具有“四高一散”的工艺特点，即高温润料、高温堆积、高温发酵、高温流酒、酒醅松散。其生产工艺基本可以概括为：以破碎的高粱、小麦为原料，以碎石泥巴窖或水泥窖加泥底为发酵设备，用麸皮纯菌种制曲（白曲、酵母曲、细菌曲），经高温堆积，入池发酵（发酵时间30d左右），采用配母糟发酵，经蒸馏、陈酿、勾调而成的具有酱香型风格的白酒。该工艺在国内首次将细菌纯种制曲应用到酱香型白酒的生产中，证明嗜热芽孢杆菌是产生酱香型白酒风味的有效功能菌株，得到了国内同行和专家的重视。

## 三、碎沙酱香白酒

碎沙酱香型白酒生产工艺基本特点可概括为：以粉碎的高粱为原料，采用大曲酱香型酒丢糟和新粮配醅，用小麦制高温大曲，辅以小曲（根霉麸皮曲、糖化酶或干酵母等）按一定比例作为糖化发酵剂，采用条石筑的发酵窖或地面直接堆积发酵，经发酵、蒸馏、贮存、勾调而成的具有酱香型风格的蒸馏白酒。该工艺发酵时间短（30d左右）、贮存期短、出酒率达到40%~50%，被许多中小型酱香型白酒生产企业广泛采用。碎沙酱香型白酒填补了中低档普通酱香型白酒的空白，改善调整了酿酒企业的产品结构，但酒质与传统坤沙大曲酱香型白酒相比仍有较大差距。

## 四、翻沙酱香白酒

酱香型白酒七次取酒之后的丢糟酒醅仍然有约14%的淀粉含量，直接丢弃会造成资源浪费和环境污染，丢糟再发酵产酒能有效利用其中残留的淀粉和香味成分，进行再发酵产酒，达到节约成本的目的。翻沙酱香白酒是利用最后一次蒸煮后丢弃的酒糟为配糟，再加入一些新高粱和新酒曲酿造出来的酒，这类酒的生产周期更短，出酒率更高，生产成本低，可在一定程度上缓解酒企的生产成本压力。通过翻沙工艺生产的基酒具有酱香较纯正、酒体较醇厚的特点，但细腻感和丰满度不如大曲酱香酒，后味有焦枯感，空杯留香短。但由于翻沙酒酒体焦煳味重的特殊性，使其具有成为调味酒的可能，以增加酒体的后味与厚重感。

## 五、串蒸酱香白酒

串蒸酱香型白酒采用“固液结合”新型白酒的生产工艺，其基本特点可以概括为：采用大曲酱香工艺生产后的丢糟，按一定比例添加高温大曲、根霉麸皮曲（糖化酶或干酵母）等作为糖化发酵剂，采用条石筑的发酵窖或地面直接堆积发酵，在上甑蒸馏时采用适量的食用酒精串蒸而成的具有酱香型基本风格的液态法白酒。该工艺最大限度地提取丢糟中的残留香味物质，操作简单方便，生产成本低，酒精回收率能达到90%左右，是许多酱香型白酒企业生产中低端酱香型白酒的主要生产工艺和手段。

# 第三节　酱香型白酒产区特点

酱香型白酒酿造工艺复杂，且对地理生产环境要求很高。说起酱香型白酒的产地，大多数人会提到赤水河右岸的茅台镇和赤水河左岸的二郎镇。但除此之外，全国还有很多地方也可以生产出优质酱香型白酒。

## 一、核心产区

### 1. 仁怀产区

“中国酱酒看贵州，贵州酱酒看仁怀”，仁怀市作为中国酱香型白酒发祥地和主产区，近年来，在贵州茅台酒的引领下，仁怀酱香酒以其不可复制的酿造环境、恪守技艺的工匠精神、历久弥新的酿造文化，不断传承、发展和壮大。目前，仁怀市酱香型白酒核心产区内拥有2800余家酱香型白酒企业。

说到仁怀产区，就不得不说到位于仁怀市赤水河畔的中国酱香型白酒圣地茅台镇，这里群山环峙，地势险要，是川黔水陆交通的咽喉要地。域内白酒产业兴盛，历史悠久，被誉为“中国第一酒镇”。茅台镇具有极特殊的自然环境和气候条件，峡谷地带微酸性的紫红色土壤，冬暖夏热、少雨少风、高温高湿的特殊气候，加上千年酿造环境，使空气中充满了丰富而独特的微生物群落。

**2. 古蔺产区**

古蔺县，隶属四川省泸州市，地处四川盆地南缘、云贵高原北麓，地域呈半岛形嵌入黔北，西与叙永接壤，东南北三面与贵州毕节、金沙、仁怀、习水、赤水五县（市）毗邻。2021年，古蔺被中国酒业协会授予“世界美酒特色产区——中国酱酒之乡”称号。古蔺县属长江水系，赤水河流经古蔺长120km，为酿造酱香型白酒提供了优质酿酒水源的同时，也为酿酒所需的微生物提供了生长繁衍的沃土，奠定了微生物多样性的基础。

提到酱香型白酒，必会有人将之与茅台酒比较，提到酱香型白酒产区，那更是逃不出与茅台镇比较一番。对于产区来说，一个极负盛名的酒企就像一盏明灯，不仅能指引各路资源和资金蜂拥而至，还能引领周围的酒企一起走上高速路的方向，共同高速发展。就好比茅台镇有茅台酒一般，古蔺除了有郎酒，还有国酿、赤渡、仙潭、奢王府等。

**3. 贵州其他产区**

作为中国的产酒大省，贵州很多中小型酱香型白酒企业也开始加速扩产。除了上面提到的仁怀产区，现在很多小产区也逐渐形成规模，如毕节金沙产区、黔东产区。其中略有名气的有金沙回沙酒、贵州青酒等，在当地都比较流行。

**4. 四川其他产区**

四川本是浓香型白酒的原产地，但由于四川与贵州接壤，毗邻赤水河流域，所以在靠近古蔺地区的叙永、合江等地区有不少的酱香型白酒企业。近年来，四川其他地区品牌白酒企业开始推出酱香型白酒产品，例如五粮液推出了“永福酱酒”，沱牌推出了“吞之乎”等。

酱香型白酒不同于其他香型白酒，对酿酒环境要求苛刻，对原料要求严格，同时工艺复杂，不同的地方自然生态环境（土壤、水质等要素）不一样，酿出的酱香型白酒的风味各有不同。四川产区近年来由于部分大企业的介入，在中国酱香型白酒的阵容里分化出了口味和风格不同于贵州酱香型白酒的另一个流派，已经形成了一个独立的川派酱香型白酒。这种独特的口感被人们称为“时尚酱香”，除了拥有酱香型白酒自身的风格特征，又具有愉悦、舒适的粮香，焦香煳香味较少，醇甜突出，形成一种更加优雅的复合香。

## 二、全国其他产区

由于历史的原因，中国酱香型白酒除传统赤水河流域主产区和近年来兴起的川派产区外，在全国部分地域也存在着酱香型白酒企业，代表企业有湖南武陵、山东云门春、广西丹泉、北京华都、黑龙江龙江龙、福建福茅等。这些区域由于酱香型白酒企业数量较少，尚形不成产区概念。但由于近年来大资本的介入和企业品牌本身的运作，这些企业也逐步快速成长，共同壮大中国酱香型白酒市场。

## 第四节　酱香型名优畅销白酒介绍

说起名酒，可能大多数人首先想到的就是20世纪50~80年代全国举办的评酒会所评选出来的以茅台、郎酒为代表的名优酒，但随着产业发展，酱香型白酒市场也出现了许多后起之秀，如国酿、国台、金沙窖、武陵酒、仙潭酒、珍酒、钓鱼台等。

### 一、历届全国评酒会中酱香型名酒、优质酒名单

**第一届**

1952年在北京举行，共评选出8种国家名酒，其中4种是名白酒，酱香型名酒1种。

茅台酒（贵州茅台酒厂）。

**第二届**

1963年在北京举行，共评出国家名酒18种，国家优质酒27种。其中8种国家名白酒和9种国家优质白酒，属酱香型白酒各1种。

国家名酒：茅台酒（贵州茅台酒厂）。

国家优质酒：龙滨酒（哈尔滨龙滨酒厂）。

**第三届**

1979年在大连举行，共评出18种国家名酒，47种国家优质酒。其中8种国家名白酒有1种属酱香型；18种国家优质白酒中有3种属酱香型。

国家名酒：茅台酒（贵州茅台酒厂）。

国家优质酒：古蔺郎酒（四川古蔺郎酒厂）、常德武陵酒（湖南常德酒厂）、廊坊迎春酒（河北廊坊酒厂）。

**第四届**

1984年在太原举行，共评出13种国家名酒，27种国家优质酒。其中国家名白酒属大曲酱香型白酒2种；国家优质酒属大曲酱香型白酒2种，麸曲酱香型白酒3种。

国家名酒：茅台酒（飞天牌、贵州牌、大曲酱香）（贵州茅台酒厂）、郎酒（郎泉牌、大曲酱香）（四川古蔺县郎酒厂）。

国家优质酒：常德武陵酒（武陵牌、大曲酱香）（湖南常德酒厂）、特制龙滨酒（龙滨牌、大曲酱香）（哈尔滨龙滨酒厂）、迎春酒（迎春牌、麸曲酱香）（河北廊坊市

酿酒厂）、凌川白酒（陵川牌、麸曲酱香）（辽宁凌川酒厂）、老窖酒（辽海牌、麸曲酱香）（辽宁大连酒厂）。

**第五届**

1988 年国家名优白酒，由国家技术监督局国家质量奖审定委员会办公室公布。酱香型国家名酒（金质奖）3 种，国家优质酒（银质奖）8 种，其中大曲和麸曲酱香型白酒各 4 种。

国家名酒（金质奖）：飞天，贵州茅台酒（大曲酱香 53%vol）（贵州茅台酒厂）；郎泉牌郎酒（大曲酱香 53%vol、39%vol）（四川古蔺县郎酒厂）；武陵牌武陵酒（大曲酱香 53%vol、48%vol）（湖南常德市武陵酒厂）。

国家优质酒（银质奖）：龙滨牌特酿龙滨酒（大曲酱香 55%vol、50%vol、39%vol）（哈尔滨市龙滨酒厂）；迎春牌迎春酒（麸曲酱香 55%vol）（河北廊坊市酿酒厂）；凌川牌凌川白酒（麸曲酱香 55%vol）（辽宁锦州市凌川酒厂）；辽海牌老窖酒（麸曲酱香 55%vol）（大连市白酒厂）；习水牌习酒（大曲酱香 52%vol）（贵州省习水酒厂）；珍牌珍酒（大曲酱香 54%vol）（贵州省珍酒厂）；筑春牌筑春酒（大曲酱香 54%vol）（贵州省军区酒厂）；黔春牌黔春酒（麸曲酱香 54%vol）（贵州省贵阳酒厂）。

## 二、1987 年中国白酒协会向消费者推荐 30 余种优质酱香型白酒

1987 年，中国白酒协会在北京召开了酱香型白酒质量风味座谈会。经专业品评，评选出了除国家名酒茅台酒、郎酒以外的 30 余种优质酱香型白酒，起到引导市场消费的作用。

这 33 种优质酱香型白酒名单如表 1-1 所示（排名不分先后）：

**表 1-1　　优质酱香型白酒名单**

| 大曲酱香型白酒品牌名单 | | |
|---|---|---|
| 品牌 | 品名 | 生产商 |
| 华都牌 | 华都酒 | 北京市昌平酒厂 |
| 诗仙牌 | 诗仙醉酒 | 沈阳市酒厂 |
| 龙滨牌 | 低度龙滨酒 | 哈尔滨龙滨酒厂 |
| 颍州牌 | 颍州特液（38°） | 安徽阜阳酿酒厂 |
| 蚌埠牌 | 皖酒 | 安徽蚌埠酒厂 |
| 云门牌 | 云门陈酿 | 山东青州酒厂 |
| 金贵牌 | 金贵酒 | 山东济宁金乡酒厂 |
| 蓬莱阁牌 | 醉八仙酒 | 山东蓬莱酒厂 |
| 武陵牌 | 武陵酒 | 湖南常德武陵酒厂 |

续表

| 品牌 | 品名 | 生产商 |
|---|---|---|
| 大曲酱香型白酒品牌名单 | | |
| 品牌 | 品名 | 生产商 |
| 珍珠液牌 | 珍珠液 | 湖南南漳县酒厂 |
| 梅鹿牌 | 梅鹿液酒 | 广东吴川酒厂 |
| 习字牌 | 习酒 | 贵州省习水酒厂 |
| 麸曲酱香型白酒品牌名单 | | |
| 品牌 | 品名 | 生产商 |
| 燕岭春牌 | 燕岭春酒 | 北京市昌平酒厂 |
| 平泉牌 | 山庄老酒 | 河北省平泉酿酒厂 |
| 鸳水牌 | 邢台酒 | 河北省邢台市酒厂 |
| 铁狮子牌 | 沧州香 | 河北沧州市酒厂 |
| 燕南春牌 | 燕南春 | 河北永清酒厂 |
| 大明塔牌 | 宁城御液 | 内蒙古宁城县老窖酒厂 |
| 纳尔松牌 | 纳尔松酒 | 内蒙古集宁市制酒厂 |
| 凌川牌 | 凌川白酒 | 辽宁锦州凌川酒厂 |
| 凤山牌 | 老窖酒（包括高度、低度） | 辽宁凤城老窖酒厂 |
| 九龙泉牌 | 九龙泉陈酿 | 吉林梅河口市酿酒厂 |
| 新丰牌 | 吉林茅酒 | 吉林茅酒厂 |
| 煤城牌 | 陈酿红粮 | 鹤岗市酒厂 |
| 祥牌 | 祥酒（包括高度、低度） | 山东嘉祥酒厂 |
| 鲁牌 | 鲁酒 | 山东聊城酒厂 |
| 十字坡牌 | 华夏春 | 河南范县酒厂 |
| 金印牌 | 珍珠玉液 | 湖北南漳珍珠液酒厂 |
| 黔春牌 | 黔春酒 | 贵州省贵阳酒厂 |
| 颐年春牌 | 颐年春 | 贵州德江酒厂 |
| 碧春牌 | 碧春 | 贵州省毕节地区酿酒厂 |
| 金壶牌 | 金壶春 | 贵州平坝酒厂 |
| 混合曲酱香型白酒品牌名单 | | |
| 品牌 | 品名 | 生产商 |
| 老龙口牌 | 老龙口大曲 | 沈阳市老龙口酒厂 |

## 三、优质畅销酱香型白酒代表

随着人民生活水平的日益提高，居民的消费能力、国民整体的消费水平都得到了很大的提升，人们的消费习惯也随之改变，更多人的消费观念越来越理性、健康，追求品质生活。酒也同样，“喝少点、喝好点”的观念日益深入人心，这也说明，人们已有更强的消费能力来享受更高端的白酒。

酱香型白酒兴起的时间是大互联网时代，信息传播速度快，消费者可以通过多角度、多维度、多层次的方式接触酱香型白酒，同时，酱香型白酒企业也有更多的方式接触消费者。这为酱香型白酒营销提供了更多的可能，也极大地提高了酱香型白酒的传播速度，让更多的人知道了酱香型白酒。通过对酱香型白酒健康属性的塑造，越来越多的人选择喝酱香型白酒。近年来，随着酱香型白酒不断发展，涌现出了众多畅销酱香型白酒产品。结合近年来媒体和相关官方数据，以及市场消费反馈，文中列举了部分名优、畅销酱香型白酒代表（排名不分先后）。

**1. 茅台酒**

茅台酒，产于贵州省仁怀市茅台镇，是与苏格兰威士忌、法国科涅克白兰地齐名的世界著名三大蒸馏名酒之一，同时也是中国大曲酱香型白酒的鼻祖和典型代表，其酿造工艺列入中国首批非物质文化遗产名录，是绿色食品、有机食品、地理标志保护产品，至今已有800多年的历史。贵州茅台酒的风格质量特点是“酱香突出，幽雅细腻，酒体醇厚，回味悠长，空杯留香持久”，其特殊的风格来自历经岁月积淀而形成的独特传统酿造技艺，酿造方法与赤水河流域农业生产相结合，受环境影响而开展季节性生产，端午踩曲、重阳投料，保留了当地一些原始的生活痕迹。1996年，茅台酒工艺被确定为国家机密加以保护。2001年，茅台酒传统工艺列入国家级首批物质文化遗产。2006年，国务院批准将“茅台酒传统酿造工艺”列入首批国家级非物质文化遗产名录，并申报世界非物质文化遗产。2003年2月14日，中华人民共和国国家质量监督检验检疫总局批准对“茅台酒”实施原产地地域产品保护。2013年3月28日，国家质检总局批准调整“茅台酒”地理标志产品保护名称和保护范围。

茅台集团总部位于贵州省仁怀市茅台镇，平均海拔423米，占地约1.5万亩（1亩=666.7m$^2$），其中“贵州茅台酒”地理标志产品保护地域面积约15.03km$^2$。以贵州茅台酒股份有限公司为核心企业，员工人数4.2万余人，拥有全资、控股公司20多家，涉足产业包括白酒、保健酒、葡萄酒、金融、保险、银行、文化旅游、教育、房地产、生态农业及白酒上下游产业，多次入选BrandZ全球品牌价值五百强企业。

茅台集团一直奉行“大品牌大担当”的社会责任观，积极践行企业社会责任，连续十二年发布年度社会责任报告，荣获“全国脱贫攻坚奖组织创新奖”“精准扶贫优秀案例”“中华慈善奖——最具爱心捐赠企业”等荣誉，成为民族品牌在企业社会责任中的领军企业。

**2. 郎酒**

郎酒，产于四川省古蔺县二郎镇，传承酱香型白酒酿制古法，独创“生、长、养、藏”工艺法则，酒体风格“微黄透明，酱香突出，幽雅细腻，醇厚净爽，回味悠长，空杯留香持久”。郎酒酿造历史悠久，自西汉的“蒟酱”以来已有千年，现代工厂是在清末的“絮志酒厂”酿酒作坊的基础上发展起来的。郎酒酿造技艺是国家级非物质文化遗产，储存郎酒的天然溶洞天宝洞、地宝洞是四川省重点文物保护单位、省级自然和文化遗产，已入选世界文化遗产预备名录。天宝峰储酒区蔚为壮观，十里香广场万瓮成山，雄踞天宝峰之巅，万只陶坛整齐排列，成为独具规模的露天陶坛酒库。千忆回香谷 88 个储酒罐磅礴列阵，谷内存酒市值达数千亿元。金樽堡——郎酒庄园的标志性建筑，堡内俑立陶坛万只，储酒能力 1.5 万 t。天宝洞、地宝洞、仁和洞组成天然藏酒洞群，寓意“天地仁和”，化境郎酒庄园。

四川郎酒股份有限公司是以生产经营郎牌系列酒为主营业务的大型现代化企业，公司现有员工近 16000 人，旗下现有 17 家全资及控股子公司。公司以“酿造优质白酒，引领美好生活”为使命，以“在行业中占有重要地位”为愿景，以“诚信、务实、业绩、创新”为价值观，坚持“正心正德、敬畏自然、崇尚科学，酿好酒”的发展理念，以“极致品质”为追求统领全局工作。“一条战略，几条有效战术，十倍执行，百倍坚持”，郎酒实施团结协作的群狼战略，打造勇于拼搏的狼性团队，坚持品质第一，坚持品牌升空营销落地，坚持以消费者为核心的营销战略，用市场、品牌、原产地体验“三位一体”的长跑姿态，塑造旗帜品牌。十多年来，郎酒品牌价值和市场销量大幅增长，已稳健步入百亿白酒行列。2022 年“中国 500 最具价值品牌”发布，郎酒以 1305.87 亿元的品牌价值荣登本年度最具价值品牌第 53 位，自 2009 年起连续 14 年跻身白酒行业前三。

**3. 贵州习酒**

习酒，产于贵州省习水县习酒镇，秉承纯粮固态发酵传统工艺潜心酿造。精选酱香优质基酒和陈年老酒，经白酒酿造专家团队倾心打造而成，具有酱香突出、醇厚圆润、细腻体净、陈香舒适、回味悠长、空杯留香持久的风格特征。贵州习酒始终秉承中国传统白酒技艺精华，坚守纯粮固态发酵工艺，以诚取信、以质取胜、锐意创新、追求卓越，致力于做精产品、做优质量、做好服务。主要产品有君品系列、窖藏系列、金钻系列等。主导品牌“习酒”先后被评为省优、部优、国优，荣获“国家质量奖”，被认定为“国家地理标志保护产品”等。

贵州习酒投资控股集团有限责任公司（以下简称“贵州习酒”），2022年由贵州省委省政府决定组建成立，属贵州省国资委直管国家大型二类企业。其旗下控股子公司贵州茅台酒厂（集团）习酒有限责任公司，前身为明代万历年间殷姓白酒作坊，1952年通过收购组建为国营企业，1998年加入茅台集团，在茅台集团的支持和帮助下发展壮大，品牌价值1108.26亿元，位列中国白酒品牌前八，中国酱香型白酒品牌第二。贵州习酒总部位于黔北高原赤水河中游、红军长征“四渡赤水”的二郎滩渡口，依山傍水，风光秀丽。企业占地面积近6000亩，拥有员工1.2万人，其中，中国酒业科技领军人才、中国白酒工艺大师、贵州酿酒大师、国家级评酒委员、贵州省评酒委员、正高级工程师、高级工程师近100人，各类专业技术技能人才2000余人。具有5万余t的优质基酒年生产、包装能力及18万t的基酒贮存能力。“十四五”末，将发展成为一个具备10万kL产能的大型企业集团。

**4. 国台**

国台，产于贵州省茅台镇仁怀市，秉承正宗酱香工艺，精选贵州当地自有粮食基地的红缨子糯高粱，端午制曲、重阳下沙、9次蒸煮、8次发酵、7次取酒，历经30道工序和165个环节酿造而成。1年精酿、3年陶藏、1年涵养、5年方成，具有微黄透明、酱香突出、陈香舒适、醇润协调、尾净味长、空杯留香、大曲酱香型白酒风格典型。国台视质量为生命，坚守初心，持续完善国台主产品树，逐步形成了国台酱酒、国台国标、国台十五年、国台龙酒的主要产品矩阵，进一步细分占位，获得了市场的热烈反馈。

贵州国台酒业集团股份有限公司，是天士力大健康产业投资集团历经20多年精心打造的政府授牌的茅台镇第二大酿酒企业。拥有国台酒业、国台酒庄、国台怀酒、国台茅源四个生产基地，年产正宗大曲酱香型白酒过万t。截至2021年年底，国台共解决就业4100余人，历获“全国就业与社会保障先进民营企业”、工业和信息化部“绿色工厂”“贵州省省长质量奖提名奖”“贵州省履行社会责任五星级企业”等荣誉，连续七年被评为贵州省“双百强企业”；公司党委多次被评为“先进基层党组织”；国台品牌三获布鲁塞尔国际金奖、两获贵州十大名酒金奖、美国第73届WSWA烈酒大赛中国白酒唯一金奖等上百项殊荣。2021年，公司含税销售额过百亿、品牌价值超千亿、投产超万t、库存基酒5万余t，进入中国酒业百亿酒企阵营，夯实了“大国酱香·国台领航”的品牌和行业地位，朝着中国新名酒目标奋进，力争用10年时间，建立中国新名酒内涵体系，再用20年接续奋斗，进入中国名酒之林，为中国酒业、民族品牌做出新的更大贡献。

**5. 国酿**

国酿，产于四川省古蔺县二郎镇，以大国酿造为名，由中国白酒全产业链综合服务商——川酒集团倾力打造，国企品质、国匠技艺成就全新国字号酱香型白酒品牌。精选赤水河两岸核心产区糯红高粱，严苛遵循8大标准、168道工序制作，贮存12年以上优质纯粮原酒精心打造，融合川酒研究院大师团队科研成果，甄选2009年最佳酒体，最低储存期12年以上，秉承优中选优原则，采用中间5轮次勾调，两位国家级大师领衔，多名院士、专家共同参与成立院士专家团，对国酿进行上百次品评打磨，让国酿酱香型白酒的酱香风格自成一派：酒体微黄，晶莹透明，酱香、陈香突出，酒体绵柔回甜，余味爽净悠长，空杯留香持久，具有大曲酱香型白酒的典型风格，酿造柔

润酱香的口感美学，成就酱香新高度。

川酒集团成立于 2017 年 6 月，是经四川省委、省政府同意组建的大型综合性国有企业。集团肩负“整合酒企、壮大川酒”的使命，带领全省中小酒企抱团发展，走出与名酒企业差异化的发展道路，奠定了川酒发展“6+1”新格局。经过几年发展，川酒集团实现了较快增长，打造中国最强的白酒专家团队，致力成为中国最大的原酒生产供应商、中国最大的国优品牌运营商、中国最大的 OEM 定制商、中国最大的白酒供应链商，是四川省 100 强企业，也是四川原酒 20 强企业第一名。集团拥有全国五大院士领衔的白酒技术团队，是全国第二大国有酱香型白酒企业，拥有全国第三大酱香型白酒生产基地、全世界最大的单体酿酒车间。同时，川酒集团实行多元化发展，是四川省最大的平行进口车经销商，是四川省除中石油之外第一大油品贸易商。

**6. 金沙窖**

贵州金沙窖酒酒业有限公司，位于贵州省金沙县，公司东临历史名城遵义，北依国酒之乡茅台，赤水河与乌江横贯其间，地处赤水河流域酱香白酒集聚区——金沙产区。金沙酿酒历史源远流长，文化底蕴深厚。据《黔西州志续志》记载，早在清光绪年间，金沙所产白酒就有“村酒留宾不用赊”的赞美诗句。20 世纪 30 年代，茅台酒师刘开廷引入茅台大曲酱香工艺，酿造金沙美酒，具有“微黄透明，酱香典雅，醇柔怡人，酒体丰满，回味绵长，空杯留香舒适”的醇柔酱香独特风味。

贵州金沙窖酒酒业有限公司，是贵州最早的国营白酒生产企业之一。2007 年，原金沙窖酒厂增资扩股改制为贵州金沙窖酒酒业有限公司。公司拥有员工 3000 余人，固定资产达 35 亿元，年产基酒达 2.4 万 t。2021 年，金沙回沙和摘要双品牌价值合计 1036.45 亿，位居中国白酒第 12 名、中国酱酒第 3 名。公司是贵州老牌名酒生产企业，1963 年荣获首届贵州八大名酒称号；2011 年通过纯粮固态发酵白酒标志认定，先后荣获中国驰名商标、贵州十大名酒、首届中国食品博览会金奖、酒文化节金奖、中国八大酱香白酒品牌、中国十大放心品质白酒品牌、中国白酒质量感官奖、布鲁塞尔国际烈性酒大赛大金奖、国家地理标志认定、贵州老字号品牌等荣誉。“十四五”期间，将投入 85 亿元进行产能扩能，“十四五”末达到 5 万 t/年基酒产能和 20 万 t 基酒储存规模。2021 年，金沙酒业万吨酱香白酒扩建工程入选贵州省 2021 年“千企改造”工程升级龙头和高成长性企业名单，成为贵州省政府实现“工业大突破”的重点企业。

**7. 武陵酒**

武陵酒，产于湖南省常德市，产品主要有酱香武陵酒——武陵元帅、武陵上酱、武陵中酱、武陵少酱、武陵王系列、武陵飘香系列、极客武陵系列。采用纯粮酿造，通过九次蒸煮、七次取酒、五年以上存储等严格的流程体系，并选择 15 年以上老酒调制，具备酱香幽雅、细腻，酱味甘醇，诸味谐调，后味悠长，空杯留香持久的特点。

湖南武陵酒有限公司，坐落于风景秀丽的常德德山，1952 年，武陵酒公司在原常德市酒厂酿造崔婆酒的旧酒坊上建成，1972 年武陵酒工程师在师法传统酱香白酒酿造工艺的基础上，自主创新研制出独具风格的“名贵焦香、纯净柔和、体感轻松、健康优雅”的酱香武陵酒，1988 年在全国第五届评酒会上评分超过茅台，荣获中国名酒称号，获得国家质量金奖，从此结束了湖南省没有“中国名酒”的历史。公司现有员工 500 余人，国家级品酒师、省级品酒师、高级酿酒师等各类专业技术人员 50 余人。历经半个多世纪的发展，已成为一家集产品系列化、包装系列化和生产标准化于一体的大型酒类生产企业。

**8. 潭酒**

潭酒，产于四川省古蔺县太平镇，秉承中国传统酱香“12987”古法酿造工艺，高温制曲，九次蒸酿，八次发酵，七次取酒。原酒酿造过程历时一年，充分汲取青石老窖的精华和赤水河得天独厚的地理环境优势，再经陶坛储存，春秋酝酿，静默老熟一年半后，方能成为潭酒的基酒。基酒坛储数年后，由国家级酿酒大师将不同轮次的基酒，严格按照传统盘勾技艺，以酒调酒，勾调而成，具有酒体酱香突出，入口柔和细腻，酒体醇厚，回味悠长，空杯留香持久的风格特征。

仙潭集团是集酱香型和浓香型白酒研发、生产、销售为一体的大型集团企业，销售总部位于四川省成都市。集团现拥有四川古蔺仙潭酒厂有限公司、四川仙潭酒业销售有限公司和古蔺县仙潭酿酒科技咨询服务有限公司三家全资子公司，员工 3500 多人。集团下属仙潭酒厂始建于 1964 年，位于古蔺县太平镇，与赤水河畔的茅台酒厂、郎酒酒厂毗邻，酒厂占地 2000 余亩，当前年产能 2. 3 万 t，总储能 8 万 t，老酒存量 4 万余 t。

**9. 珍酒**

珍酒，产于贵州省遵义市五星村，是贵州酒乡数百年酿酒技艺之大成，具有正宗酱香的典型风格，被誉为“酒乡明珠”“酒中珍品”。珍酒采用优质高粱、小麦为原料，配以当地甘洌泉水，采用中国传统独特工艺，科学精酿，长期窖藏，精心勾兑而成。具有酱香突出，优雅圆润，醇厚味长，空杯留香持久的风格特征。

贵州珍酒始建于 1975 年“贵州茅台酒易地生产试验（中试）项目”。2009 年，金东集团（原华泽集团）全资收购贵州珍酒厂，正式更名为贵州珍酒酿酒有限公司。金东集团累计投入 30 亿元对贵州珍酒酒厂进行了增产扩能，目前已具备酿酒 1 万 t、制曲 2. 2 万 t、包装产能 1 万 t 的生产规模，酒厂库存优质酱香老酒达 2 万多 t。公司现有员工 2000 余人。2020 年，珍酒增速超过 67%，产值达 16 亿元。“十四五”期间集团将投入 300 亿元用于珍酒厂原址扩产项目、汇川区永胜村酿酒项目、金东酱酒园项目，全部建成投产后，预计建成酿酒 7. 5 万 t，储酒 35 万 t 的总体规模。

**10. 钓鱼台**

钓鱼台，产于仁怀市茅台镇，以本地优质糯高粱、小麦、水为原料，利用独特自然环境，传承古典酱香酒酿造工艺。整个勾调过程完全采用以酒调酒方式，不使用包括水在内的任何外加物质，从生产、贮存到出厂历经五年以上。钓鱼台酱香型系列白酒具有酱香浓郁、酒体醇和绵软、口感醇厚、回味悠长、空杯留香持久的特点。

1999 年，钓鱼台国宾酒厂落户赤水河畔，钓鱼台酒有了发展壮大的根基。公司位于赤水河畔茅台镇核心产酒区，占地面积 150 余亩，酱香型白酒年产能达 3000t。公司秉承“一流品质、优级品牌”的宗旨，坚持以质量为生命，以诚信为根本，致力于打造与“钓鱼台”品牌相匹配的名酒形象。

# 第二章　酱香型白酒酿造微生物

中国传统固态法白酒采用多菌种群体微生物发酵，可富集多种功能微生物，从而决定白酒的品质、风格和口感。酱香型白酒的酿造过程具有高温堆积、多轮次发酵、生产周期长等特点，形成了独特的酱香风味。酱香型白酒复杂的酿造工艺中涉及大量微生物的共同作用，其酿造功能微生物主要有细菌、酵母菌、霉菌和放线菌四大类。细菌主要产蛋白酶和酱味物质，霉菌是糖化动力来源，酵母菌是发酵产酒精和产高级酯类动力来源，放线菌的次生代谢产物在酱香型白酒酿造过程中具有一定的生物调控作用。在不同的酿造工序中，各种微生物的种类多样性不同，既体现了白酒酿造微生物资源的丰富性，也体现了与生态环境之间复杂而和谐的关联性，更体现了微生物与发酵工艺之间密切关联的科学性。

## 第一节　霉　　菌

霉菌又称丝状真菌，分属于真菌界的藻状菌纲、子囊菌纲与半知菌类，通常指菌丝体较发达又不产生大型肉质子实体结构的真菌。霉菌被广泛用于传统食品发酵，如酱油、豆腐乳、清酒、白酒、黄酒等的发酵。不同的发酵工艺、发酵原料和发酵环境具有不同的霉菌菌群结构。

白酒酿造采用开放式的生产，环境、原料及大曲中的各种不同的霉菌都有可能参与酿造过程。霉菌作为白酒酿造过程中重要的微生物之一，在制曲和发酵过程中的主要作用是为酿造体系提供多种降解酶，生成淀粉、蛋白质等大分子物质，为酵母和细菌的生长和代谢提供可利用的碳源和氮源。常见的霉菌有根霉、曲霉、毛霉、红曲霉和青霉等。

### 一、霉菌的形态结构

霉菌营养体的基本单位是菌丝，直径通常为3~10μm，比细菌和放线菌的细胞约大十倍。根据菌丝中是否存在隔膜，把霉菌菌丝分为无隔菌丝和有隔菌丝两大类，前者包括毛霉属和根霉属等，后者包括曲霉属和青霉属等。霉菌菌丝细胞的构造与酵母菌类似，其生长都是由菌丝顶端细胞的不断延伸实现的。

## 二、霉菌的菌落形态

霉菌菌落有明显的特征，外观上很易辨认。霉菌的菌落较大，质地疏松，外观干燥，不透明，呈现或松或紧的蛛网状、绒毛状、棉絮状或毡状；菌落与培养基间的连接紧密，不易挑取，菌落正面与反面的颜色、构造，以及边缘与中心的颜色、构造常不一致。菌落的这些特征都是细胞（菌丝）特征在宏观上的反映。由于霉菌的细胞呈丝状，在固体培养基上生长时又有营养菌丝和气生菌丝的分化，而气生菌丝间没有毛细管水，故它们的菌落与细菌或酵母菌的不同，较接近放线菌。

菌落正反面颜色差别明显，原因是由气生菌丝分化出来的子实体和孢子的颜色往往比深入在固体基质内的营养菌丝的颜色深；而菌落中心与边缘的颜色、结构不同，是因为越接近菌落中心的气生菌丝，其生理年龄越大，发育分化和成熟也越早，颜色比菌落边缘尚未分化的气生菌丝深，结构也更为复杂。菌落的特征是鉴定霉菌等各类微生物的重要形态学指标，在实验室和生产实践中有着重要的意义。

## 三、霉菌的生长繁殖

除菌丝片段可长成新的菌丝体外，霉菌还可以产生多种无性及有性孢子，根据孢子的形成方式和特点可以分为多种类型。无性繁殖指不经过两性细胞的结合，只通过营养细胞的分裂或分化形成新个体的过程。霉菌主要以无性孢子方式进行繁殖，无隔膜的霉菌一般形成孢囊孢子和厚垣孢子；有隔膜的霉菌多数产生分生孢子和节孢子，少数能产生厚垣孢子。霉菌的有性繁殖可形成卵孢子、子囊孢子和接合孢子，有性繁殖不如无性繁殖普遍，大多发生在特定条件下，一般培养基不常见。霉菌的繁殖方式见图 2-1。

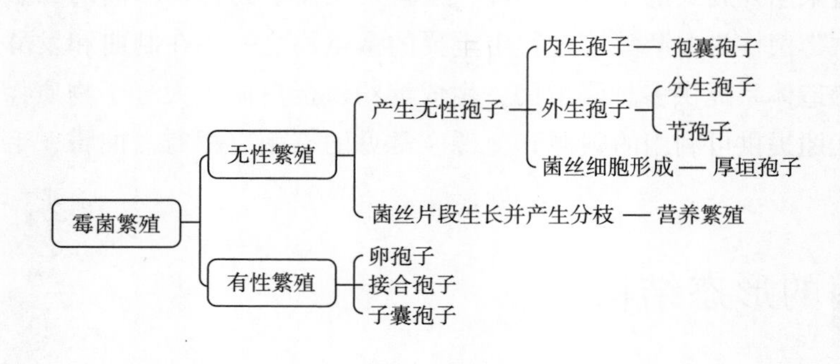


图 2-1　霉菌的繁殖方式

## 四、酱香型白酒霉菌的功能及代谢

霉菌能够产生丰富的酶类，酱香型白酒酿造过程中常见的霉菌包括曲霉、根霉、红曲霉等，这些霉菌产生的糖化酶、蛋白酶、液化酶、纤维素酶、酯化酶、果胶酶等能促进淀粉、蛋白质等的降解，提高原料利用率，原料经过一段时间的反应后糖类及氨基酸含量升高，在为其他微生物的生长代谢提供基础物质的同时，也为酱香白酒酒体风味物质的形成奠定了基础。例如，曲霉和根霉能产生糖化酶、蛋白酶、果胶酶等；紫色红曲霉、卡地干酪青霉菌等能够分泌产生淀粉酶、糖化酶、酯化酶、脂肪酶等。霉菌的代谢产物有利于风味的形成，例如，根霉和青霉能够产生乙醇、2-甲基-1-丁酮等。有研究者从高温大曲中分离出一株冠突散囊菌（*Eurotium cristatus*），该菌株高产糖化淀粉酶、酸性蛋白酶、果胶酶、脂肪酶与纤维素酶，其固态发酵代谢产物以高级醇、酮和呋喃类为主，有很强的花香和水果香，同时有菜香、草香和木香，有助于酱香型白酒风味的形成。

## 五、酱香型白酒霉菌的多样性

酱香型白酒酿造过程中，从酒曲和酒醅中分离得到的霉菌种类较多。有研究报道，通过传统可培养方式在酱香型白酒酿造过程中的酒醅、大曲、原料及环境中检测到大约 70 种霉菌，如伞枝犁头霉、总状毛霉、米根霉、黑曲霉、黄曲霉、紫色红曲霉等；通过未培养微生物的研究方法检测到的霉菌种数较少，但能够检测到传统可培养方法无法检测到的霉菌，如嗜热子囊菌。

## 六、酱香型白酒霉菌的研究及应用

### 1. 大曲中的霉菌

高温制曲工艺是酱香型白酒生产的一大特色，由多种菌种参与混合发酵而成，曲块发酵时间长，发酵中后期品温高。由于霉菌特殊的细胞结构及生长特性，如耐热孢子、营养体适合在潮湿、多氧环境下生长繁殖，极高的制曲温度为许多耐高温霉菌的生长、繁殖、代谢创造了条件，因而在整个制曲过程中，霉菌的种类和数量在发酵中前期达到高峰。在高温制曲时，随着高温大曲品温的升高，霉菌大量富集，后期随着水分下降，霉菌数量也随之下降。

酱香型大曲中霉菌资源丰富，包括曲霉、青霉、毛霉等多种霉菌。其中，曲霉属具有良好的耐热、耐酸特性，为酱香大曲中种类最丰富的霉菌，也是酿酒环境中的主要产酶菌，能够促进大曲中淀粉等原料的降解。酱香大曲中检测出的曲霉主要包括黑曲霉、米曲霉、黄曲霉等。毛霉菌属大量富集于大曲的低温培菌期，能够分泌蛋白酶，促进大曲的分解。青霉属能够分泌聚糖酶系，对木质纤维具有良好的降解能力。研究人员对茅台镇酱香白酒 7 个主酿区酿造大曲中的霉菌进行解析，从大曲样品中检出 68 个属，明确了曲霉属（*Aspergillus*）、丝衣霉属（*Byssochlamys*）、红曲霉属（*Monascus*）、热子囊菌属（*Thermoascus*）、嗜热真菌属（*Thermomyces*）、毛霉属（*Mucor*）等霉菌属是茅台镇酱香白酒酿造大曲中的优势霉菌。

**2. 堆积糟醅中的霉菌**

酱香型糟醅的堆积过程实际上就是网罗和富集微生物，有关糟醅堆积过程中霉菌消长规律的研究相对较少。有研究表明，霉菌类数量在堆积初期比酵母菌类高 1~2 个数量级，但随着堆积时间延长，除堆下可能因温度较低、氧含量相对较高而使霉菌略有增长外，其余各堆点都呈现下降趋势，尤其是堆心，中后期几乎检测不到霉菌类。同时，研究者也对各轮次堆积的微生物进行跟踪分析，发现酵母菌数量和细菌中非芽孢细菌数量有较大幅度增长，霉菌数量略有降低。

关于糟醅堆积过程中微生物演变规律的研究有很多，堆积过程中优势菌株主要为细菌和酵母菌。不同的大曲、不同的酒厂发酵车间环境微生物多样性的差异化影响着堆积酒醅的微生物多样性。通过微生物分离培养法研究四川古蔺郎酒酒糟堆积过程微生物变化时发现，堆积过程霉菌类型以黄曲霉类和根霉类为主；堆积期的优势霉菌只有宛氏拟青霉、米曲霉、土曲霉、小孢根霉，其中宛氏拟青霉达到了霉菌总数的 90%；采用高通量测序技术，对山东某白酒厂酱香型白酒酿造生产周期 8 个轮次酒醅进行分析，发现堆积过程中原核类微生物种类占总检出微生物的 88%，数量占总检出微生物的 91%。其中，各轮次堆积酒醅中检出的霉菌有红曲霉属、曲霉属、帚枝霉属、被孢霉属等，堆积前期各轮次堆积酒醅中优势霉菌有红曲霉属、被孢霉属，堆积后期优势霉菌为曲霉属、帚枝霉属。

**3. 发酵糟醅中的霉菌**

酱香型白酒窖内发酵属于无氧发酵过程，且随着发酵的进行有机酸和乙醇大量增加，因此霉菌在窖池发酵过程中不断失去生物活性或死亡，窖内发酵的优势菌株为青霉菌属和曲霉菌属。有研究发现，霉菌发酵前期含量呈下降趋势，数量维持在 $10^2$ ~ $10^3$ cfu/g 糟，到发酵中后期又出现回升，并逐渐趋于稳定，数量稳定在 $10^2$ cfu/g 糟数量级。在研究北大仓酱香型白酒酿造过程中霉菌消长规律也得到同样的结论：窖池上中下层酒醅霉菌数量变化规律基本一致，发酵开始后霉菌数量急剧下降，发酵至第 7 天霉菌数量短暂回升，发酵后期菌体数量再次呈现出减少态势，直至发酵结束。有研究表明，从北大仓酒醅内分离到的霉菌被鉴定为 13 属 23 种，其中链格孢霉、曲霉、枝孢霉、散囊菌、地霉、红曲霉、脉孢菌、拟青霉、青霉、葡萄穗霉和毛霉等在酒醅发酵某个阶段的相对频率在 10%以上，曲梗霉和帚霉两个类群在酒醅中属于出现频率较低的稀有种类。

# 第二节 酵 母 菌

酵母菌并非系统演化分类的单元，一般泛指能发酵糖类的各种单细胞真菌，可用于酿造生产。由于不同的酵母菌在进化和分类地位上的异源性，因此很难对酵母菌下一个确切的定义。酵母菌个体一般以单细胞非菌丝状态存在，多数为出芽繁殖。细胞壁常含甘露聚糖，主要分布在含糖量较高、酸度较大的水生环境中。

酵母菌是白酒酿造过程中的重要微生物类群，根据功能主要分成两类：一类是产酒酵母，主要是酿酒酵母，其发酵能力强，影响产酒率；另一类是产酯酵母，又称生香酵母，包括产膜酵母、假丝酵母、异常汉逊酵母等，在微量香气物质形成方面起着重要作用。因产香酵母的种类、培养条件、生产工艺的不同，产生的香气也有所不同，归纳起来主要包括：醇类，如乙醇、高级醇、其他杂醇等；酯类，如乙酸乙酯、己酸乙酯、丁酸乙酯等；酮类，如4-羟基-呋喃酮和4-羟基-2,5-二甲基-3（2*H*）-呋喃酮（HDMF）。

## 一、酵母菌的形态结构

酵母菌的细胞直径约为细菌的10倍，是典型的真核微生物。酵母菌为单细胞微生物，细胞形态通常有球状、卵圆状、椭圆状、柱状、柠檬状和香肠状等。最典型和重要的酵母菌是酿酒酵母（*Saccharomyces cerevisiae*），细胞大小为（2.5~10）μm×（4.5~21）μm，在白酒工业中常用酵母菌的直径多为4~6μm。

研究酵母菌的特征，应采用米曲汁、麦芽汁等营养丰富的培养基，并以新鲜的细胞来表示。因为每株酵母菌的形态随培养时间、新鲜营养成分的状况，以及其他条件的变化而变化。

酵母菌的细胞壁和细胞膜之内含有线粒体、1个或多个液泡、细胞核及核糖体、内质网、微体、微丝、内含物等，还有出芽痕和诞生痕，通常酵母菌是无鞭毛的，无运动性。

## 二、酵母菌的菌落形态

酵母的菌体是单细胞的，肉眼看不到，但在固体培养基上，很多菌体长成一堆，肉眼就可以看到，这种由单一细胞在固体培养基表面繁殖出来的细胞群体就是酵母的菌落。在固体培养基表面，细胞一般较湿润、较透明，表面较光滑，容易挑起；菌落质地均匀，正面与反面以及边缘与中央部位的颜色较一致，宏观上较大、较厚，外观较稠和较不透明。此外，在固体培养基上生长时间较久后，外形逐渐生皱变干，颜色也会变暗。酵母菌菌落的颜色多以乳白色或矿烛色为主，只有少数为红色，个别为黑色。凡不产假菌丝的酵母菌，其菌落更为隆起，边缘极为圆整；然而，会产生大量假菌丝的酵母菌，其菌落较扁平，表面和边缘较粗糙。此外，由于存在酒精发酵，酵母菌的菌落一般还会散发悦人的酒香味。

## 三、酵母菌的生长繁殖

酵母菌的繁殖方式分为无性繁殖和有性繁殖。其中无性繁殖又有芽殖、裂殖、产无性孢子（节孢子、掷孢子、厚垣孢子）之分。酵母菌以形成子囊孢子的方式进行繁殖的过程，称为有性繁殖。酿酒工业上常用的酵母，一般是出芽生殖（即芽殖）。当酵母细胞长到一定大小后，先由细胞表面产生一个小突起（小芽），此时母细胞中细胞核伸长，并分裂成两个核，其中一个留在母细胞内而另一个流入小芽中。小芽渐渐长大到比母细胞稍小时，由于细胞壁紧缩，基部与母细胞隔离而成为新的酵母细胞，也称为子细胞。子细胞脱离母细胞或与母细胞暂时连在一起，但子细胞已是独立状态下生活，于是继续生长达到一定大小后，再以同一方式出芽生殖。由于酵母的种类、培养液成分、培养温度、pH、代谢产物浓度、有无氧气供给及培养液振荡等条件的不同，它的繁殖速度各异。例如，培养温度越高，酵母繁殖越快，但死亡也加速。酿酒工业上常用的酵母，生长繁殖最适温度为28~32℃。

## 四、酱香型白酒酵母菌的功能和代谢

酵母菌的主要作用是通过糖酵解途径产生大量乙醇，还可代谢产生以单分子氨基酸为终产物的蛋白酶以及其他酶类，使原料中的相关底物发生氧化、还原、脱水、水解等复杂反应，从而形成白酒中的各类风味物质。酱香白酒中醇类物质占比较大，酿酒酵母属、毕赤酵母属、裂殖酵母属等具有良好的生产乙醇性能，在无氧条件下，可以通过糖酵解途径将原料中的葡萄糖转换为乙醇，是白酒发酵的动力；正丙醇、异丁醇、异戊醇、苯乙醇等高级醇类主要依赖酵母菌埃利希（*Ehrlich*）或哈里斯（*Harris*）代谢途径合成。酵母菌可以在酯化酶的作用下，将乙酸、己酸、丁酸、乳酸等有机酸与乙醇进行酯化，最终生成相应的酯类。存在于酱香酒醅中的产酯酵母如汉逊酵母、假丝酵母等，具有较强的酯合成能力。而非酿酒酵母，如汉逊酵母属（*Hansenula*）、假丝酵母（*Candida mycoderma*）、毕赤酵母属（*Pichia*）和有孢圆酵母属（*Torulaspora*）等可以产生酯酶、$\beta$-葡萄糖苷酶、果胶酶和木聚糖酶等，能生成酯类物质，如乙酸乙酯、乙酸香叶酯、乙酸异戊酯和乙酸苯乙酯等，还可以通过自身代谢直接合成多种挥发性风味物质，对酱香型白酒风味形成和感官特征具有重要影响。温度对于酵母菌的生长及代谢有较大影响，当环境中温度过高时会导致酵母细胞膜被破坏、酶失活、代谢能力降低。

## 五、酱香型白酒酵母菌的多样性

酵母菌是酿造环境中最主要的微生物，不同阶段的丰度、群落结构是动态变化的，见表 2-1。通过对酱香型白酒酿造过程酵母群落结构的变化研究，利用培养基从酱香型白酒酿造的环境、大曲以及酒醅中共分离得到了 21 种菌落形态各异的酵母，通过酵母 26S rDNAD1/D2 区域序列分析，共鉴定得到了 16 个酵母种属。

**表 2-1　　酱香型白酒酿造中酵母菌的多样性**

| 菌株来源 | 酵母菌名称 |
|---|---|
| 大曲 | 酿酒酵母、假丝酵母、丝孢酵母、汉逊酵母、异常汉逊酵母、毕赤酵母、红酵母、扣囊复膜孢酵母、东方伊萨酵母、卡斯特假丝酵母、费比恩毕赤酵母、热带假丝酵母、伯顿毕赤酵母 |
| 堆积酒糟 | 酿酒酵母、假丝酵母、栗酒裂殖酵母、膜醭毕赤酵母、西弗冠孢酵母、球拟酵母、间型假丝酵母、克鲁斯假丝酵母、地生隐球酵母、汉逊德巴利酵母、异常汉逊酵母、东方伊萨酵母、意大利酵母 |
| 发酵酒糟 | 拜尔接合酵母、酿酒酵母、库德里阿兹威氏毕赤酵母、栗酒裂殖酵母、东方伊萨酵母、戴尔凯氏有孢圆酵母、费比恩毕赤酵母、嗜酒假丝酵母、异常威克汉姆酵母、布鲁塞尔德克酵母、扣囊复膜孢酵母、平常假丝酵母 |

## 六、酱香型白酒中酵母菌的研究及应用

**1. 大曲中的酵母菌**

高温制曲是酱香型白酒独特的制曲方式，酵母菌在高温环境中难以生存，因此在高温大曲中含量甚微，但种类丰富。研究者通过高通量测序技术，在酱香型白酒 1～7 轮次的大曲中鉴定出了 39 种酵母属，其中复膜孢酵母属（*Saccharomycopsis*）、威克汉姆酵母属（*Wickerhamomyces*）及粉状米勒酵母属（*Millerozyma*）分布频率为 100%，被认为是高温大曲中的优势酵母属。此外，酿酒酵母、拜氏接合酵母、扣囊复膜孢酵母、毕赤酵母、东方伊萨酵母、假丝酵母等诸多酵母在高温大曲中也被陆续分离鉴定出来。

**2. 堆积糟醅中的酵母菌**

酱香型白酒糟醅堆积过程富集了环境中酵母菌及大曲优势菌，在微生物代谢和各种酶的作用下生成酱香前体物质，保证窖池发酵的顺利进行。研究者研究了茅台酒厂下沙、糙沙轮次堆积发酵糟醅微生物多样性和变化规律，发现糟醅堆积初期，微生物以细菌为主；随着堆积进行，酵母菌逐渐成为优势菌株，至入窖前数量可达 $10^7$～$10^8$cfu/g 酒醅。研究表明堆积酒醅中不同位置的酵母种类有所不同，拜氏接合酵母及酿酒酵母是堆积发酵过程中最主要的酵母，分布在堆积糟醅顶部和底部，而栗酒裂殖酵母及膜醭毕赤酵母主要存在于堆积发酵后期，分步在中心和表面。因此也说明温度、酸度及氧浓度等环境因子对糟醅堆积过程中酵母菌的结构有影响。随着对堆积酒醅中

酵母菌种属认识的逐渐加深及研究，除常见的酿酒酵母外，丝孢酵母、假丝酵母、白地霉等产酯酵母均能在堆积酒醅中被检测出来。研究者从郎酒堆积酒醅中分离出5类共计63株酵母，并对其发酵力、耐酒精能力、耐高温能力做了测试，结果选育出5株发酵速度快、效果佳的菌株，2株强耐酒精、4株强耐高温的酵母，综合得到了较为理想的发酵酵母菌系。研究者还从酱香高温堆积糟里分离出4株具有一定发酵能力的酵母，分别为意大利酵母（*Saccharomyces italicus*）、地生酵母（*Saccharomyces telluris*）、酿酒酵母（*Saccharomyces cerevisiae*）和间型假丝酵母（*Candida intermedia*），其发酵液还呈现出不同程度酱香、酯香和醇甜香味，同时，葡萄糖与蛋氨酸在意大利酵母的作用下发生美拉德反应，从而产生浓郁的酱香。

**3. 发酵糟醅中的酵母菌**

酵母菌能够产生大量酒精以及高级醇类物质，被视为酱香型白酒窖池发酵的动力。窖内酒醅中酵母的种属差异不明显，拜尔接合酵母、粟酒裂殖酵母和酿酒酵母是窖池发酵酒醅中最主要的3种酵母。对不同轮次下窖糟醅进行检测，酵母菌是入窖糟醅的优势菌，数量可达到$10^6$~$10^7$cfu/g。随着厌氧发酵进行，窖池温度升高，溶氧降低，出窖糟醅中酵母数量均小于10cfu/g。在7个轮次发酵中，酵母菌整体丰度呈波浪式变化。同一轮次不同位置酵母菌数量也有差异，溶氧量较高的上层酒醅中的酵母数量要高于中层和下层。

## 第三节　细　　菌

细菌是一类形状微小、结构简单、多以二分裂方式进行繁殖和水生性较强的原核微生物，是在自然界中分布最广、个体数量最多的一类微生物。细菌的革兰染色法可为其分类提供重要的依据，染色后呈紫蓝色的细菌称为革兰阳性细菌（$G^+$），染色后呈红色的称为革兰阴性细菌（$G^-$）。细菌革兰染色呈现的结果与细菌细胞壁的构造及化学组成有关。

### 一、细菌的形态结构

细菌按形态主要分为球菌、杆菌、螺旋菌三大类，仅少数为其他形状，如丝状、三角形、方形和圆盘形等。其中球菌按细胞排列方式又可分为单球菌、双球菌、四联球菌、八叠球菌及链球菌等；杆菌按其细胞长宽比和排列方式又可分为长杆菌、短杆菌、棒杆菌、链杆菌。各种杆菌的长宽比差别很大，两端呈不同形状，如半圆形、钝圆形、平截形、稍尖形等；菌体呈笔直、稍弯或梭状，例如白酒生产中的己酸菌等为梭状芽孢杆菌；甲烷杆菌稍弯曲连成链，或呈短而直的杆状。螺旋杆菌按其弯曲状况又可分为弧菌、螺旋菌和螺旋体，通常螺旋菌为病原菌。白酒工业中常见的是球菌和杆菌，尤以杆菌为主。

细菌一般构造为：细胞壁之内是与细胞壁内部相隔的细胞膜；细胞内含有细胞质、间体、核糖体、内含物颗粒及细胞核；有些细菌的外表还有鞭毛或纤毛，有些能形成芽孢。芽孢是在原来的细菌细胞营养体内形成的1个圆形、卵圆形或圆柱形的休眠体，又称内生孢子。芽孢具有外皮层、内皮层及核等多层结构，这些层次结构亦是芽孢与营养体的不同之处，芽孢可在适宜条件下萌发、发育为营养体。

一般细菌都具有的构造称一般构造，包括细胞壁、细胞膜、细胞质和核区等，而把仅在部分细菌中才有的或在特殊环境条件下才形成的构造称为特殊构造，主要是鞭毛、菌毛、性菌毛、糖被（包括荚膜和黏液层）和芽孢等。

## 二、细菌的菌落形态

细菌菌落是在固体培养基上（内）以母细胞为中心的一堆肉眼可见的，有一定形态、构造等特征的子细胞集团。如果菌落是由一个单细胞繁殖形成的，则它就是一个纯种细胞群或克隆。如果把大量分散的纯种细胞密集地接种在固体培养基的较大表面上，会长出大量“菌落”并相互连成片，即“菌苔”。细菌的菌落有其自身的特征，一般呈湿润、较光滑、较透明、较黏稠、易挑取、质地均匀以及菌落正反面或边缘与中央部位的颜色一致等。当然，不同形态、生理类型的细菌，在其菌落形态、构造等方面也有许多明显的特征，例如无鞭毛、不能运动的细菌，尤其是球菌，通常形成较小、较厚、边缘圆整的半球状菌落；长有鞭毛、运动能力强的细菌一般形成大而平坦、边缘多缺刻（甚至呈树根状）、不规则形的菌落；有糖被的细菌，会长出大型、透明、蛋清状的菌落；有芽孢的细菌往往长出外观粗糙干燥、不透明且表面多褶的菌落等。

## 三、细菌的生长繁殖

当一个细菌生活在合适条件下时，通过其连续的生物合成和平衡生长，细胞体积、重量不断增大，最终进行繁殖。细菌繁殖方式主要为裂殖，只有少数种类进行芽殖。裂殖指一个细胞通过分裂而形成两个子细胞的过程。裂殖又包括二分裂、三分裂和复分裂。对杆状细胞来说，有横分裂和纵分裂两种方式，前者指分裂时细胞间形成的隔膜与细胞长轴呈垂直状态，后者则指呈平行状，一般细菌均进行横分裂。芽殖是指在母细胞表面（尤其在其一端）先形成一个小突起，待其长大到与母细胞相仿后再相互分离并独立生活的一种繁殖方式。凡以这类方式繁殖的细菌，统称芽生细菌（*budding bacteria*），包括芽生杆菌属（*Blastobacter*）、生丝微菌属（*Hyphomicrobium*）、生丝单胞菌属（*Hyphomonas*）、硝化杆菌属（*Nitrobacter*）、红微菌属（*Rhodomicrobium*）和红假单胞菌属（*Rhodopseudomonas*）等10余属细菌。

## 四、酱香型白酒细菌的功能及代谢

细菌是白酒酿造过程中重要的功能微生物，更是酱香型白酒酿造的重要功能微生物，由于酱香型白酒特殊的工艺，细菌对酒体的风味质量有着极大的贡献和关键调控作用，可代谢多种酶类并产生丰富的酒体香味物质和其前体物质，赋予酒体酱香突出、优雅细腻、酒体醇厚、回味悠长、空杯留香持久的独特风格。

在酱香白酒酿造过程中，高温制曲、高温堆积、高温发酵的极端环境，使其中的细菌得到了适应生产性能的驯化。以酱香型白酒酿造的优势菌种芽孢杆菌为例，主要有以下两种功能性。

**1. 环境耐受性**

温度对于芽孢杆菌的生长有较大影响，当温度升高至45℃以上，其生长受到了明显抑制，55℃生长停止。在弱酸性条件下，芽孢杆菌生长良好；酸性增强，芽孢杆菌无法生长。KCl 对菌株具有明显的生长延滞作用，随着 KCl 浓度的升高，延滞时间明显延长，最大生物量也有所降低。

**2. 乙醇耐受性**

在白酒生产过程中，微生物需要具有一定的乙醇耐受性，才能更好地在酿酒体系中发挥作用。酱香型白酒酿造过程中分离出的芽孢杆菌在低浓度乙醇（2%、4%）条件下生长得到促进；乙醇浓度进一步增加，其生长开始受到轻微抑制，乙醇浓度大于12%时生长受到显著抑制，大于 16%则无法生长，说明经过长期酱香白酒酿造过程驯化后，芽孢杆菌具有明显的乙醇耐受特性，这对于其在酱香型白酒发酵过程中发挥作用具有重要意义。

细菌代谢过程涉及白酒中多种主要香气成分的生成，如杂醇油、吡嗪类、吡啶类物质等。地衣芽孢杆菌是酱香型白酒发酵堆积过程重要的吡嗪类化合物合成菌，通过三羧酸循环产生有机酸；融合魏氏菌等乳酸菌不仅可以合成乳酸、乙酸等，还能促进乳酸乙酯的生成；芽孢杆菌、克罗彭斯特菌属、片球菌属、糖多孢菌属均可进行苯丙氨酸代谢，苯丙氨酸代谢可为酱香型白酒提供花果香，产生肉桂酸、对香豆酸、咖啡酸、阿魏酸等有机酸，苯乙酸、苯乙醇、苯乙醛、香草醛等多种香味物质。这对酱香型白酒质量和风味都起到了一定的积极作用。

细菌及其代谢产物在高温操作过程中强化了糟醅自身形成酱香的原动力，促进酱香物质的进一步生成。研究最多的枯草芽孢杆菌和地衣芽孢杆菌被认为是利用糖类和氨基酸促成美拉德反应而产生大量呈香物质。

## 五、酱香型白酒细菌的多样性

高温大曲中优势细菌主要为克罗彭斯特菌属（*Kroppenstedtia*）、芽孢杆菌属、高温放线菌属和糖多孢菌属（*Saccharopolyspora*），总相对丰度平均为85.65%。大曲发酵过程呈高温高湿状态，细菌数量整体呈升高趋势。采用PCR-DGGE技术，解析酒曲和连续七轮次取酒过程中堆积酒醅细菌群落结构，酒曲和不同酒醅样品细菌群落结构差异明显，多样性指数整体表现为酒曲>堆积酒醅；在不同轮次酒醅中的变化趋势为随着轮次的增加而逐渐降低；在同一轮次不同堆积时期的变化趋势为堆积中期>堆积后期>堆积前期。

白酒生产中酿酒相关的细菌多为球菌和杆球菌类，一般包括乳酸菌、醋酸菌、芽孢杆菌等，其菌落较小，种类多，散布范围广，对后续的发酵过程起着重要的作用。

## 六、酱香型白酒细菌的研究及应用

**1. 大曲中的细菌**

高温大曲素有细菌曲之说，与酒体风味特征密切相关，前人运用传统可培养分离技术从酱香大曲中分离得到的多数是芽孢杆菌（*Bacillus*）群，具体研究情况见表2-2。近年对酱香大曲优势菌群、不同种类高温大曲细菌群落结构以及不同产区与不同工艺细菌群落结构和演变差异都有研究。研究发现，茅台高温大曲的优势菌群为链孢子菌属（*Desmospora*）、芽孢杆菌属（*Bacillus*）、乳酸杆菌属（*Lactobacillus*）、海洋杆菌属（*Oceanobacillus*）、糖多孢菌属（*Saccharopolyspora*）和枝芽孢菌属（*Virgibacillus*）。白色大曲、黄色大曲和黑色大曲三种不同高温大曲细菌菌落结构差异明显，白色大曲中的生物标志物是芽孢杆菌（*Bacillus*），黑大曲的生物标志物是葡萄球菌（*Staphylococcus*），马赛菌属（*Massilia*）是黄色大曲中的主要细菌。北派酱香型白酒和南方酱香型白酒细菌结构差异明显，基于高通量测序技术的微生物非培养方法，分析北派酱香型白酒6个高温大曲的制曲过程中主要细菌类群为乳酸杆菌属（*Lactobacillus*）、魏斯氏菌属（*Weissella*）、芽孢杆菌属（*Bacillus*）、代尔夫特菌属（*Delftia*）、无色杆菌属（*Achromobacter*）、糖多孢菌属（*Saccharopolyspora*）、热放线菌属（*Thermoactinomyces*）、火山渣芽孢杆菌属（*Scopulibacillus*）、假单胞菌属（*Pseudomonas*）和窄食单胞菌属（*Stenotrophomonas*），并且其结构和多样性呈动态变化；酱香型郎酒大曲中主要优势菌群包括高温放线菌属（*Thermoactinomyces*）、泛菌属（*Pantoea*）、克罗彭施泰特氏菌属（*Kroppenstedtia*）和乳球菌属（*Lactococcus*）等。

表 2-2　传统可培养分离技术研究酱香型大曲细菌多样性的现状

| 研究人员 | 来源 | 研究结果 |
| --- | --- | --- |
| 庄名扬 | 酱香型高温大曲 | 分离得到一株产酱香菌株 B3-1，经形态特征、生理生化特征鉴定为地衣芽孢杆菌 |
| 杨代永 | 茅台高温大曲 | 初步分离出枯草芽孢杆菌、地衣芽孢杆菌、凝结芽孢杆菌、蜡状芽孢杆菌、苏云金芽孢杆菌等 14 种细菌 |
| 张荣 | 酱香型高温大曲 | 采用高温培养法、热处理产芽孢法和高盐培养法共筛选出 3 株产香的细菌，经鉴定均为地衣芽孢杆菌 |
| 刘婧玮 | 酱香型高温大曲 | 分离出 31 株芽孢杆菌，经理化特性及产香实验分析，得到一株产酱香突出的菌株，鉴定为蜡样芽孢杆菌 |
| 朱德文 | 酱香型高温大曲 | 初步分离得到 11 株芽孢杆菌，通过液态发酵得到一株产焦香突出的菌株，经鉴定为解淀粉芽孢杆菌 |
| 王婧 | 酱香型大曲 | 分离筛选出的 19 株细菌，对其进行菌种鉴定分别为解淀粉芽孢杆菌、枯草芽孢杆菌、甲基营养型芽孢杆菌、地衣芽孢杆菌 |

**2. 堆积糟醅中的细菌**

堆积发酵是酱香白酒酿造的独特关键工序，属于边糖化边发酵方式，通过堆积发酵可显著富集微生物和酶类，生成酱香或酱香前体物质，为入窖发酵创造条件，相当于“二次制曲”，也是完成入窖发酵前的糖化基础。细菌及细菌代谢产物在高温堆积发酵过程的富集为形成后期窖池发酵的发酵动力和风味动力奠定基础。研究者对酱香型白酒机械化酿造 7 个轮次堆积发酵酒醅的细菌 16SrDNA 片段进行分析，共检测出 14 个门，456 个属。优势细菌门为变形菌门（*Proteobacteria*）、放线菌门（*Actinobacteria*）和拟杆菌门（*Firmicutes*），核心细菌属为不动杆菌属（*Acinetobacter*）、芽孢杆菌属（*Bacillus*）、柄杆菌属（*Caulobacter*）、克罗彭斯特菌属（*Kroppenstedtia*）、乳酸杆菌属（*Lactobacillus*）、慢生芽孢杆菌属（*Lentibacillus*）、海洋芽杆菌属（*Oceanobacillus*）、片球菌属（*Pediococcus*）、红球菌属（*Rhodococcus*）、鞘氨醇单胞菌属（*Sphingomonas*）、高温放线菌属（*Thermoactinomyces*）和魏斯氏菌属（*Weissella*）。其中，柄杆菌属（*Caulobacter*）和红球菌属（*Rhodococcus*）为机械化酿造过程中的特有菌属，可能来源于机械设备和环境。核心微生物菌属之间存在明显的生物学关系，芽孢杆菌属（*Bacillus*）、乳酸杆菌属（*Lactobacillus*）、高温放线菌属（*Thermoactinomyces*）、慢性芽孢杆菌属（*Lentibacillus*）、克罗彭斯特菌属（*Kroppenstedtia*）、魏斯氏菌属（*Weissella*）、片球菌属（*Pediococcus*）和海洋芽孢杆菌属（*Oceanobacillus*）之间呈现共生关系，而放线菌属（*Acinetobacter*）、柄杆菌属（*Caulobacter*）、鞘氨醇单胞菌属（*Sphingomonas*）和其他 9 个属呈负相关。研究贵州某酒厂第七轮次堆积发酵阶段细菌群落结构及动态变化，发现整个堆积阶段的优势细菌门为厚壁菌门（*Firmicutes*）和变形菌门（*Proteobacteria*）。优势细菌属中，克罗彭斯特菌属（*Kroppenstedtia*）和枝芽孢杆菌属（*Virgibacillus*）在整个堆积过程中所占丰度比不断减小，假单胞菌属（*Pseudomonas*）、链球菌属（*Streptococcus*）、高温放线菌属（*Thermoactinomyces*）、糖多孢菌属（*Saccharopolyspora*）和红球菌属（*Rhodococcus*）在堆积过程中相对丰度呈现先上升后下降的趋势，大洋芽孢杆菌属（*Oceanobacillus*）和芽孢杆菌属（*Bacillus*）在堆积过程中相对丰度先上升后趋于稳定。堆积前期细菌群落结构变化较大，堆积中后期细菌群落结构相似。

**3. 发酵糟醅中的细菌**

堆积发酵结束后，酒醅入窖池发酵，窖池发酵阶段微生物菌群结构继续推进发酵，并进一步促进酱香风味化合物的增加。因此，堆积和窖池发酵的细菌菌群结构及其变化对产酒和生香有着举足轻重的作用，研究酱香型白酒发酵过程细菌菌群结构是解析发酵机理和风味形成的关键，细菌及其代谢产物在高温操作过程中强化了酒醅自身形成酱香的原动力，促进了酱香物质的进一步生成。窖池发酵前期，糟醅中以酵母菌为主，随着窖池厌氧发酵，乳酸杆菌持续产酸，糟醅 pH 降低，霉菌及酵母菌被抑制，芽孢杆菌、乳酸杆菌大量繁殖，窖池发酵后期，细菌多样性已从多菌属共生结构转变为乳酸杆菌属主导的生态结构。研究者采用高通量测序等方法对酱香型白酒 1 轮次堆积发酵和窖池发酵酒醅中的细菌菌群结构进行研究，结果表明堆积发酵过程的细菌多样性和丰富度均高于窖池发酵，进入窖池发酵阶段，细菌的多样性和丰富度呈现急剧大幅下降。在门和属水平上，堆积发酵检出的总细菌、主要细菌和优势细菌种类均比窖池发酵同比数据多；进入窖池发酵后，微生态很快就由复杂的多菌属生态结构演替为以单一的乳酸杆菌属（*Lactobacillus*）为主导的生态结构。窖池发酵阶段乳酸杆菌属占绝对主导地位。堆积和窖池发酵细菌属水平总丰度前 25 的物种之间绝大多数呈显著正相关，堆积发酵过程乳酸杆菌属对其生态内的其他菌属的抑制作用强于窖池发酵。

# 第四节 放 线 菌

放线菌是一类呈丝状生长、以孢子繁殖为主的革兰染色阳性细菌，因菌落呈放射状而得名。菌丝直径为 0.2~12μm，它的细胞结构、细胞壁的化学成分和对噬菌体的敏感性等与细菌相同，但在菌丝的形成和以无性孢子繁殖等方面则类似于真菌。放线菌大多数为腐生菌，少数为寄生菌，在自然界分布很广，主要生活在土壤中，尤以中性或偏碱性、有机质丰富的土壤中最多，每克土壤中孢子数可达 $10^7$ 个，即泥土所特有的泥腥味主要是由放线菌产生的土臭素（geosmin）引起的。

## 一、放线菌的形态和结构

放线菌是单细胞丝状体，菌丝中无横隔，其细胞为多核质体，无成形的细胞核，属原核细胞型微生物。典型的放线菌除发达的基内菌丝外还有发达的气生菌丝和孢子丝，如图 2-2 所示。

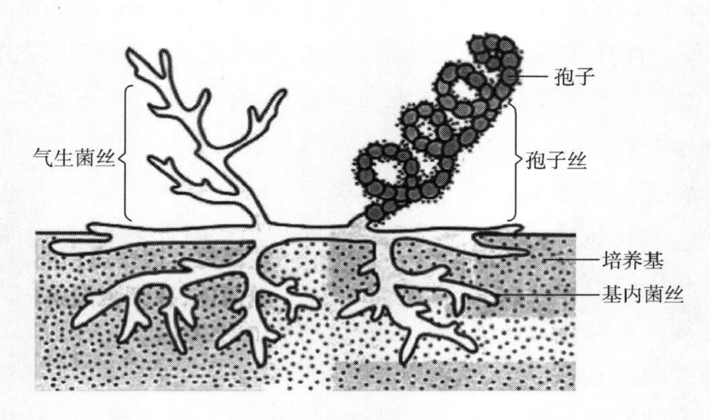


图 2-2　放线菌的典型形态和结构

放线菌的菌丝有基内菌丝和气生菌丝之分。气生菌丝有分支，有的呈直立簇状，有的如开放的螺旋状，有的为闭合的螺旋状，还有呈轮生状的。气生菌丝的末端，生成折射率较大的孢子，孢子有球形、椭圆形、杆形、瓜子形等。

基内菌丝一般无横膈膜，直径为 0. 2 ~ 1. 2μm，比气生菌丝细。气生菌丝、基内菌丝及孢子，均呈不同的色泽。菌落呈圆形，秃平或有许多褶皱或呈地衣状。因放线菌的气生菌丝生长缓慢，菌丝分支相互交错，故其菌落质地致密，表面呈绒状、坚实、较干，菌落小而不延伸。

## 二、放线菌的菌落形态

放线菌具有与细菌不同的菌落特征：干燥不透明，表面呈紧密的丝绒状，上有一层色彩鲜艳的干粉；菌落和培养基的连接紧密，难以挑取；菌落的正反面颜色常不一致，菌落边缘培养基的平面有变形现象等。

## 三、放线菌的生长繁殖

放线菌主要通过无性孢子及菌丝分裂片段进行繁殖，菌丝断裂片段繁殖主要用于液体培养中，如工业化发酵生产抗生素，而产生无性孢子是最主要的繁殖方式。放线菌产生的无性孢子主要有分生孢子和孢囊孢子，前者是大多数放线菌（如链霉菌属）产生的，孢子丝生长到一定阶段，细胞膜内陷并收缩形成完整的横隔，将孢子丝分割成许多分生孢子；后者是放线菌（如游动放线菌属）在气生菌丝或基内菌丝上形成孢子囊，囊内产生孢囊孢子，成熟后大量释放。

## 四、酱香型白酒放线菌的功能及代谢

放线菌代谢产生的酶有淀粉酶、蛋白酶、脂肪酶、酸性磷酸酶、角质分解酶、果胶酶、甘露糖苷酶及苯基甘露糖苷酶等。放线菌代谢产物对酒体呈味物质的影响源自两方面。一方面，放线菌本身代谢产生或降解呈味物质。研究者将从酱香大曲中分离得到的 3 株放线菌进行固态发酵，结果表明 3 株菌固态发酵挥发性成分以酯类物质为主，分别占 62. 80%、59. 23%、46. 77%，且均能产生吡嗪类物质，此外还能产生少量酮类、醛类、酚类等物质。研究者从窖泥中筛选出一株原玻璃蝇节杆菌（*Arthrobacter protophormiae*），对正丙醇降解率可达 91. 2%。有研究者从高温大曲中分离出一株普通高温放线菌（*Thermoactinomyces vulgaris*），淀粉酶活性可达 815. 54u/g 烘干大曲。高温放线菌产果胶酶能力较强，产纤维素酶、脂肪酶及酸性蛋白酶活性较弱；在麸皮培养过程中高温放线菌的产酶与生长耦联。主要以醇类、醛类、酮类、烷烃类、酯类、萜烯类物质为主；在感官品评表现出酱味和土霉异味，挥发性产物检测到了表现酱味的吡嗪类物质及表现出土霉异味的二甲萘烷醇。

另一方面，放线菌可以通过产酶来调节酿酒微生态，从而影响酒体呈味。放线菌所产生的盐霉素对酿造环境中芽孢杆菌等功能细菌和致病性杂菌具有明显抑制作用，可抑制有害杂菌生长、调控酱香风味形成。

## 五、酱香型白酒放线菌的多样性

酱香型白酒酿造过程中发现的放线菌绝大多数为高温放线菌科（*Thermoactinomycetaceae*），该科共 14 个属，分别为高温放线菌属（*Thermoactinomyces*）、黄色高温微杆菌属（*Thermoflavimicrobium*）、清野氏菌属（*Seinonella*）、莱斯氏属（*Laceyella*）、直丝菌属（*Planifilum*）、迈勒吉尔霉菌属（*Melghirimyces*）、岛津氏菌属（*Shimazuella*）、链孢子菌属（*Desmospora*）、徐氏菌属（*Lihuaxuella*）、海洋丝状菌属（*Marininema*）、皂硫-洛克菌属（*Mechercharimyces*）、克罗彭斯特菌属（*Kroppenstedtia*）、多分枝霉菌属（*Polycladomyces*）和海森氏菌属（*Hazenella*）。酿造过程中放线菌主要源于土壤，有研究表明窖泥中放线菌含量与大曲中含量相当，酒醅中含量最低。

## 六、酱香型白酒中放线菌的研究及应用

放线菌普遍存在于酱香型白酒酿造过程中，包括酱香大曲、酱香酒醅等。目前，对放线菌的研究主要集中在分离和鉴定上，以及放线菌的功能性研究、酱香型白酒风味关系以及酱香型白酒酿造过程中放线菌代谢产物的研究。放线菌分离鉴定和功能性研究汇总如表 2-3、表 2-4 所示：

表 2-3　　酱香型白酒放线菌的分离和鉴定情况

| 研究人员 | 分离对象 | 分离鉴定情况 |
| --- | --- | --- |
| 刘效毅等 | 酱香型白酒高温大曲 | 分离出 4 株放线菌，其中 3 株为披发糖多孢菌（*Saccharopolysporahirsuta*），1 株为弗氏链霉菌（*Streptomycesfradiae*） |
| 黄治国等 | 郎酒厂酒糟 | 分离纯化得到 1 株伴放线菌嗜血菌（*Haemophilus actinomyce temcomitans*）HY-06 |
| 王芙蓉等 | 茅台镇某酒厂生产的酱香高温大曲 | 对分离得到的嗜热放线菌 F6 进行多相分类学鉴定，并最终将 F6 鉴定为普通高温放线菌（*Thermoactinomyces vulgaris*） |
| 王晓丹等 | 茅台大曲 | 分离出 1 株嗜热放线菌株 FBKL4. 004 |
| 李豆南等 | 茅台某酿酒企业 | 分离得到高温放线菌菌株 FBKL4. 010 |

表 2-4　　酱香型白酒放线菌的功能研究情况

| 研究人员 | 研究情况 |
| --- | --- |
| 程才瓔等 | 在窖内底部存在大量的土壤放线菌，但在酒曲和酒醅中存在较少。分离、鉴定产酱香功能放线菌及其代谢产物的组成，有助于酱香型白酒生产工艺的改进和特征风味成分的确定 |
| 黄蕴利等 | 放线菌 *Streptomyces* sp. A22 可导致解淀粉芽孢杆菌（*B. amyloliquefaciens*）B6 代谢富集吡嗪类化合物总量降低，对其代谢吡嗪具有调控作用 |
| 罗小叶等 | 高温放线菌产果胶酶能力较强，产纤维素酶、脂肪酶及酸性蛋白酶活性较弱；在麸皮培养过程中高温放线菌的产酶与生长耦联。主要以醇类、醛类、酮类、烷烃类、酯类、萜烯类物质为主；在感官品评表现出酱味和土霉异味，挥发性产物检测到了表现酱味的吡嗪类物质及表现出土霉异味的二甲萘烷醇 |
| 王晓丹等 | 对菌株 FBKL4. 004 的产酶、产香特性进行了研究。结果表明，该菌株产糖化酶和果胶酶能力较为突出，且其固态发酵产物挥发性成分酯类物质相对含量最高（34. 57%），其次分别为萜烯类物质（18. 51%）及吡嗪类物质（17. 63%） |
| 李豆南等 | 菌株在固态发酵体系下能够代谢产生大量吡嗪类、芳香类物质，为发酵液赋予特征性豆豉、坚果风味，其中四甲基吡嗪占总挥发性成分的 43. 318%，被认为是酱香型白酒风味的主体成分之一，对菌株固态发酵挥发性产物进行 GC-MS 初步分析，进一步证实了菌株 FBKL4. 010 具有一定的产酱香风味能力，其中尤以吡嗪类物质为主要成分，相对丰度高达 80%以上 |

总的来说，作为细菌的一个分支，放线菌较难通过传统纯培养方法分离，因此研究相对较少。近年来随着高通量测序等检测技术的发展，功能放线菌研究才逐渐深入。放线菌大部分属于土壤放线菌，在酱香型白酒酿造过程中，目前针对窖皮泥中放线菌的研究屈指可数，对功能性菌株的应用研究较少。

# 第五节 白酒微生物的其他特性

过去，生物学家认为生物仅存在两种营养类型，即以植物为代表的能完全靠无机养料生存的自养型，以及以动物为代表的需要有机养料生存的异养型。但这种简单的分法，与微生物营养类型的多元化不符，微生物学家通常按微生物所用的能源和碳源的性质对微生物的营养类型进行分类。

## 一、微生物的营养类型及代谢作用

**1. 微生物的营养类型**

（1）有机营养菌　有机营养菌又称异养型菌，即需要各种外源有机化合物才能生长繁殖的微生物。白酒生产中的微生物，大多属于此类。这类菌又按其在细胞内是借助于光反应还是暗反应（利用化合物）进行氧化作用获取能量，又分为光能有机营养菌和化能有机营养菌。

（2）无机营养菌　无机营养菌又称自养型菌，即能摄取并利用无机化合物为氧化底物获取能量进行生长繁殖的菌。例如某些甲烷杆菌，这类菌又按其在细胞内借助光反应还是暗反应进行氧化作用，可分为光能无机营养菌和化能无机营养菌，或称光能自养菌和化能自养菌。

**2. 微生物的代谢作用**

微生物的代谢作用总体可分为同化作用和异化作用。

（1）同化作用　同化作用又称合成代谢或组成代谢。包括如下两种含义：一是从小的前体或构件分子（如氨基酸和核苷酸）合成较大的分子（如蛋白质和核酸）的过程；二是指生物体把从外界环境中获取的营养物质转变成自身的组成物质，并且储存能量的变化过程。即生物体利用能量将小分子合成为大分子的一系列代谢途径。很多书中通常所指的同化作用，就是狭义地表示这一过程。

（2）异化作用　异化作用又称为分解代谢，是指微生物自身的部分营养物质通过分解释放出能量，再将分解的最终产物排出体外的过程。异化作用也分为两种类型：需氧型和厌氧型。需氧型是指生物体必须生活在氧气充足的地方，才能通过一系列活动来维持自身生命，完成有机物的转化。厌氧型是指生物体在缺少氧气的条件下，仍能进行物质能量转化，维持自身生命活动，这类生物只有少数，一般指乳酸菌或寄生虫等。另外还有一种特殊的生物——酵母菌，它在有氧和无氧的条件下都可以进行生命活动，完成代谢过程。

## 二、种间变异

不同种类的两种微生物生活在一起，会存在寄生、拮抗、竞争、共生等现象。在传统固态发酵白酒生产过程中，由于其微生物的多样性，这些现象均存在。

**1. 寄生现象**

两种生物在一起生活，其中一方受益，另一方受害，后者给前者提供营养物质和居住场所，这种生活关系称为寄生。细菌或放线菌与噬菌体之间的关系是典型的寄生现象。

**2. 拮抗现象**

一种微生物产生不利于另外的微生物生存的代谢物质，并引起生长环境的 pH、渗透压、氧和二氧化碳张力等变化，使它们的生长受到抑制，甚至死亡的现象，称为拮抗现象。例如白酒生产中乳酸菌或醋酸菌不断产酸降低 pH，致使绝大多数不耐酸的菌无法生存而趋向灭亡；酵母菌将糖发酵为酒精，达到一定浓度时，某些不耐酒精的微生物就不能生存。

**3. 竞争现象**

两种菌对相同的条件有共同要求时，就会互相竞争。例如当酒精浓度较高时，野生酵母较酿酒酵母易繁殖。

**4. 共生现象**

共生或谓共栖，可分为中性共生现象、共栖现象和互惠共生现象三大类。

（1）中性共生现象　两种菌虽生存在一起，但无直接的生态关系。如淡水中生长的某些藻类与水生细菌，共同处于同一水域，但相互影响很小。

（2）共栖现象　一种菌从另一种菌获利，而后者不受影响。例如白酒生产中甲烷菌在无氧条件下生成的甲烷，在好气条件下可被甲烷氧化菌所氧化；酵母菌将糖发酵，糖浓度的下降有利于不耐渗透压的菌生长，生成的酒精又被某些醋酸菌氧化为醋酸；能分泌淀粉系的霉菌等将淀粉水解为糖，使直接利用糖的菌得以生长和发酵；好气性的霉菌或细菌等可降低氧化还原电位，因而适合于厌氧菌生长。

（3）互惠共生现象　互惠共生现象又称互养作用。例如 3 种能分解纤维素的高湿厌氧菌，仅有 1 种能单独分解纤维素，另 2 种可利用纤维素分解中产生的酒精和乳酸等物质，这样就可加速纤维素的分解。在白酒生产中，甲烷菌与己酸菌共酵时，既产甲烷，又增加己酸及己酸乙酯的产量；共同培养时，生长旺盛，菌体量增加，并能使出酒率提高 1.47%，优质品率提高 7.2%。这充分说明甲烷菌与己酸菌是互惠共生的。

## 三、微生物生长曲线

微生物的生长曲线是用以表示微生物群体生长时细胞数量的增加与生长时间关系

的曲线。以裂殖方式增殖的细菌和以芽殖方式为主的酵母，当接种于液态培养基中后，在适宜的生长条件下，以细菌或酵母细胞数的对数为纵坐标、生长时间为横坐标所绘制的生长曲线，可分为 4 个主要部分，分别反映其生长的 4 个主要阶段，即迟滞期、对数生长期、稳定期及衰亡期。但多细胞的霉菌因其繁殖方式不同于细菌和酵母，故生长曲线也不同，通常不会经过对数生长期。

对于微生物生长的测定，有显微计数法（适用于单细胞）、Coulter 电子计数器法、比浊法、干重测定法、湿重测定法、菌丝长度测定法、细胞堆积体积测定法及细胞生长估量法等。其中细胞生长的估量，又可采用以下 5 种方法：根据细胞的一种大分子成分的量来估计；从培养基内某营养成分的耗量来估计；从细胞生长中的伴生产物如 $CO_2$ 等的质量来估计；由发酵液的黏度来估计；从发酵的放热量来估计。

在实际生产中，必然要涉及微生物的菌龄及接种量这两个问题。所谓菌龄，不能简单地以生长时间或菌的老嫩程度来表示，还应注意菌的生理、生化状况；所谓接种量，不能简单地以菌液或固态含菌物的体积、数量来表示，也不能只以笼统的菌数来表示，还应注意菌体的实在质量。鉴于酱香型白酒生产中涉及细菌、酵母菌、霉菌及放线菌四大类微生物，包括空气、土壤、水中等大自然的菌系，故在本书中将有关微生物及酶的最基本的知识做简略的介绍，具体细节需在实例中进一步研究探讨。

## 四、遗传变异

**1. 遗传**

遗传，也称为继承或生物遗传，是指亲代表达相应性状的基因通过无性繁殖或有性繁殖传递给后代，从而使后代获得其亲代遗传信息的现象，微生物也具有这种属性，通常在遗传中必包含有变异。

**2. 变异**

变异指生物体在某种外因或内因的作用下所引起的遗传物质结构或数量的改变。这是工业微生物产生变种的根源，也是育种的基础。

遗传的物质基础和变异的物质基础是相同的，即遗传物质的基本单位是基因，基因是带有决定某种蛋白质全部组成所需信息的 DNA（脱氧核糖核酸）最短片段，是一个能自我复制、重组、突变的基本单位。

白酒酿造工作者的主要任务，就在于如何操纵微生物的代谢，即实现代谢控制发酵。包括两个方面：一是进行遗传型控制，即采用遗传学或其他生化手段，人为地在 DNA 的分子水平上改变和控制微生物的代谢，使有用产物大量生成、积累；二是条件型控制，即在基质、温度、pH、压力、需氧量等条件方面予以控制，也就是在菌种的选育及发酵工艺等方面进行研究。

## 第六节 酱香型白酒微生物的研究与展望

随着现代微生物学中微生物分子遗传、基因克隆与表达、微生物育种等技术的发展，对酱香型白酒酿造的环境和生产酿造过程中各种类型微生物的研究在不断地深入，对酱香型白酒中微生物群系的研究目前主要集中在对大曲、酒醅、窖泥中细菌、酵母菌、霉菌的分离及应用方面。从高温制曲、高温堆积再到窖池发酵，酱香型白酒酿造过程存在着“多菌共酵”的固态发酵形式。当前酿酒功能微生物相关研究多针对单一或少数几种菌株，而对酿造微生物群落动态变化及其代谢过程变化规律有待深入研究。了解酿酒功能微生物作用机理，对解析酱香型白酒香气组分来源，提升酒质意义重大。

近年来，随着科学技术的发展与大量先进分析检测技术的应用，国内外学者更多从分子生物学、生物信息学、多组学联用等角度开展酿酒功能微生物演替规律研究，这有利于进一步揭开酱香型白酒特征风味物质与微生物动态变化规律及其代谢产物之间关联的神秘面纱。同时针对包括高糖化力菌株、高液化力菌株、高酯化力菌株、高产蛋白酶菌株以及特殊产香菌等在内的酱香型白酒大曲功能菌的挖掘与功能机制研究仍然是一项“永恒的课题”。目前，对于酱香大曲中微生物和白酒发酵酶系呈系统化深入认识比较少，后续有待于系统化揭秘白酒固态发酵机理。此外，保证白酒发酵过程中菌系、酶系及物系的相互作用，用于提高和突出白酒酒体质量和风味是广大白酒科研工作者们共同努力的目标。除此之外，更值得一提的是，传统发酵用微生物菌种，特别是白酒酿造微生物菌种的安全性已经成为传统发酵食品安全关注的“核心问题”之一，基因安全性评价目前已纳入微生物安全性评价的技术体系，但是国内外目前在白酒微生物基因安全性评价领域还存在着许多空白，相关技术体系与标准有待研究与建立。

# 第三章　与酱香型白酒生产有关酶类

数千年前古人就把微生物和酶应用于酿造、制糖等工业，例如利用曲糜酿酒，麦芽制饴等。但由于缺乏微生物和酶的理论基础，相关应用比较局限。直至19世纪以后，从麦芽的淀粉糖化、酵母的酒精发酵的研究中逐渐形成酶的知识体系。20世纪以来，由于人们对酶的作用原理逐渐清晰，从而加快了酶工业发展。近20年来，随着生物化学、遗传学、生物工程等发展，进一步推动酶的研究和生产。参与酱香型白酒制曲、生产的微生物有霉菌、酵母菌、细菌及放线菌四大类，酶系也相对复杂。本章将从酶的基础知识、酶的性质特点、酶催化作用的特点、影响酶作用的因素进行介绍。

## 第一节　酶的基础知识

酶是生物体产生的一类具有高度催化能力的特殊蛋白质，故又称为生物催化剂。酶的催化特性有四点：一是它的作用条件不同于非生物催化剂，具有很高的专一性。一种酶往往只能作用于一类物质或某一种物质。如蔗糖酶只能分解蔗糖，不能分解麦芽糖及其他双糖；$\alpha$-淀粉酶只能作用于淀粉$\alpha$-1,4-葡萄糖苷键，不能作用于1,6键。二是酶具有较高的催化效率，其催化效率比一般化学催化剂高$10^6$~$10^{13}$倍。如1mol过氧化氢酶在0℃时一分钟能催化500万个过氧化氢分子。三是酶作用条件相对温和，不需要高温、高压等设备。各种酶对温度的要求范围不同，在适宜的温度条件下，它的作用能力可达到峰值。一般情况下，若温度过高或过低，酶会失去活性，但近年来发现有很多耐热的酶，如耐热$\alpha$-淀粉酶，在100℃以上短时间内，酶仍不失活。四是酶的催化活力可被调节。酶作为细胞蛋白质组成成分，随生长发育不断地进行自我更新和组分变化，酶的活力受多种机理的调节和控制，这就保证了生物体代谢活动的协调性和统一性，保证了生命活动的正常进行。此外，酶及其产物一般无毒害，并在酱香型白酒生产酿造过程中起着非常重要的作用，且所涉及的种类很多。

## 一、酶的分类和命名

### 1. 国际系统分类法

国际系统分类法由国际生物化学联合会酶学委员会提出，其分类原则是：将所有已知的酶按其催化的反应类型分为七大类，分别用 1、2、3、4、5、6、7 的编号来表示，依次为氧化还原酶类、转移酶类、水解酶类、裂合酶类、异构酶类、合成酶类和转位酶类。再按照底物分子中被作用的基团或键的特点，将每一大类分为若干个亚类，每一亚类又按顺序编为若干亚亚类，均用 1、2、3、4……编号。因此，每一个酶的编号由 4 个数字组成，数字间由“.”隔开。例如，葡萄糖氧化酶的系统编号为[EC1.1.3.4]。其中，EC 表示国际酶学委员会；第一位数字“1”表示该酶属于氧化还原酶（第 1 大类）；第二位数字“1”表示属于氧化还原酶的第 1 亚类，该亚类所催化的反应系统在供体的 CH-OH 基团上进行；第三位数字“3”表示该酶属于第 1 亚类的第 3 小类，该小类的酶所催化的反应以氧为氢受体；第四位数字“4”表示该酶在小类种的特定序号。酶的国际系统分类原则如表 3-1。

表 3-1　酶的国际系统分类原则

| 第一位数字（大类） | 反应的本质 | 第二位数字（亚类） | 第三位数字（亚亚类） | 占有比例/% |
|---|---|---|---|---|
| 氧化还原酶类 | 电子、氢转移 | 供体中被氧化的基团 | 被还原的受体 | 27 |
| 转移酶类 | 基团转移 | 被转移的基团 | 被转移的基团 | 24 |
| 水解酶类 | 水解 | 被水解的键：酯键、肽键等 | 底物类型：糖苷、肽等 | 25 |
| 裂合酶类 | 键裂开 * | 被裂开的键：C-S、C-N 等 | 被消去的基团 | 12 |
| 异构酶类 | 异构化 | 反应的类型 | 底物的类别，反应类型和手性的位置 | 5 |
| 合成酶类 | 键形成并使 ATP 裂解 | 被合成的键：C-C、C-O 等 | 底物类型 | 6 |
| 转位酶类 | 催化离子或分子穿越膜结构 | 底物类型 | 转位反应的驱动力 | 1 |

*：指非水解地转移底物上的一个基团而形成双键及其逆反应。

七大类酶的催化特性差异很大，其主要特征如下：

（1）氧化还原酶　该类酶催化氧化还原反应，在生物体内主要参与产能、解毒和某些生理活性物质的合成。氧化还原酶主要包括脱氢酶、氧化酶、过氧化物酶、氧合酶和细胞色素酶等，在体外主要用于分析试剂、疾病诊断等。

（2）转移酶　该类酶催化化合物上的某一基团转移到另一个化合物上，在生物体内主要参与蛋白质、酯类、糖类和核酸的代谢合成。转移酶主要有羰基转移酶、酮醛基转移酶、酰基转移酶、磷酸基转移酶等。

（3）水解酶　该类酶催化各种化合物进行水解反应，在生物体内外起到分解的作用。水解酶的种类非常多，常见的有蛋白酶、脂肪酶、淀粉酶等。目前已有很多水解酶实现了大规模工业化生产和应用。

（4）裂合酶　该类酶催化脱去反应底物上的某一基团，形成两种物质，同时还能催化该反应的逆反应。裂合酶包括缩醛酶、水化酶和脱氨酶等。

（5）异构酶　该类酶催化各种同分异构体的相互转化，包括差向异构、顺反异构、醛酮异构、分子内转移、分子内裂解等反应。异构酶目前应用最广泛的是葡萄糖异构酶。

（6）合成酶　该类酶催化两种化合物合成一种化合物，在生物体中参与很多生命物质的合成，其在催化过程中需要 ATP 等高能磷酸酯提供结合能，有时还需要金属离子的参与。

（7）转位酶　转位酶又称为易位酶，能催化离子或分子穿越膜结构或在细胞膜内发生易位反应，这类酶中的一部分能够催化 ATP 水解，但并非其主要功能。

**2. 国际系统命名法**

根据国际系统命名法原则，每一种酶都有相应的系统名称（systematic name），系统名称应按照“底物+反应性质”的格式进行书写。底物应写出其构型，一般情况下不得省略，多个底物之间应用冒号隔开。如谷丙转氨酶的系统名称为 L-丙氨酸：α-酮戊二酸氨基转移酶，ATP 酶的系统名称为己糖磷酸基转移酶。若底物之一是水，可省略不写。

系统命名中一种酶只应有一个系统名称，按照反应方向进行书写。如催化 L-丙氨酸和 α-酮戊二酸生成 L-谷氨酸及丙酮酸的酶应称为 L-丙氨酸：α-酮戊二酸氨基转移酶，而不称为 L-谷氨酸：丙酮酸氨基转移酶。当只有一个方向的反应能够被证实，或只有一个方向的反应有生化重要性时，就以此方向来命名。例如在包含有 $NAD^+$ 和 NADH 相互转化的所有反应中（$DH_2+NAD^+=D+NADH+H^+$），命名为 $DH_2$：$NAD^+$ 氧化还原酶，而不采用其反方向命名。

**3. 习惯名或常用名**

采用国际系统命名法所得酶的名称一般很长，使用起来十分不便。时至今日，日常使用最多的还是酶的习惯名称。因此，每一种酶除有一个系统名称外，还有一个常用的习惯名称。1961 年以前使用的酶的名称都是习惯沿用的，称为习惯名（recommended name），其命名原则如下：

（1）根据酶作用的底物命名。如催化淀粉水解的酶称淀粉酶，催化蛋白质水解的酶称蛋白酶。有时还加上酶的来源，如胃蛋白酶、胰蛋白酶等。

（2）根据酶催化的反应类型来命名，如水解酶催化底物水解，转氨酶催化一种化合物的氨基转移至另一化合物上。

但有时又将上述两个原则结合起来命名，如琥珀酸脱氢酶是催化琥珀酸氧化脱氢的酶，丙酮酸脱羧酶是催化丙酮酸脱去羧基的酶等。在上述命名基础上有时还加上酶的来源或酶的其他特点，如碱性磷酸酯酶等。

## 二、酶的性质及特点

**1. 酶的化学本质**

迄今为止，除了某些具有催化活性的RNA和DNA外，所发现的酶的化学本质均是蛋白质，其主要依据为酶的分子质量很大。如胃蛋白酶的分子质量为36ku；牛胰核糖核酸酶为14ku；L-谷氨酸脱氢酶为1000ku，属于典型的蛋白质分子质量的数量级。酶的特点有：酶的水溶液具有亲水胶体的性质；酶由氨基酸组成，酶经酸碱水解后最终产物为氨基酸；酶具有两性性质，同蛋白质一样，在不同pH下可解离成不同的离子状态；酶易失活变性，一切可使蛋白质变性的因素均可使酶变性失活。

**2. 酶的活性部位和必需基团**

酶是大分子蛋白质，而反应物是小分子物质。因此酶与底物的结合不是整个酶分子，催化反应也不是整个酶分子，而是只局限在它的大分子的一定区域，一般把这一区域称为酶的活性部位（或活性中心，active center）。活性部位是指酶分子中直接和底物结合，并与酶的催化作用有直接关系的部位。对单纯酶来说，活性部位就是酶分子中在三维结构上比较靠近的少数几个氨基酸残基或是这些残基上的某些基团。对结合酶来说，它们在肽链上的某些氨基酸以及辅酶或辅酶分子上的某一部分结构往往就是其活性中心的组成部分。构成酶活性的这些基团，它们在一级结构中可能相距甚远，但肽链的盘绕折叠使它们在空间结构中相互靠近，形成具有空间结构的区域。不同的酶在结构和专一性，甚至在催化机制方面均有相当大的差异，但它们的活性部位有许多共性存在。

酶的活性部位并不是和底物的形状正好互补的，而是在酶和底物结合的过程中，底物分子或酶分子的构象（有时是两者的构象）发生了一定的变化后才互补的。这种动态的辨认过程称为诱导契合（induced-fit）。

活性部位的某功能基团（如氨基、羰基、羟基等）称为酶的必需基团（essential group）。整个催化过程包括两步：酶与底物结合、催化底物转化。因此，活性部位又可以分为结合部位（blinding site）和催化部位（catalytic site）。从功能上讲，前者结合底物，后者催化底物进行化学反应。

酶的活性部位只占酶的很小一部分，已知几乎所有的酶都由100多个氨基酸残基组成，而活性部位却只由几个氨基酸残基构成。虽然酶的催化作用取决于构成活性中心的几个氨基酸，但并不意味着酶分子中的其他部分就不重要。因为活性部位的形成首先要依赖于整个酶分子的结构。如木瓜蛋白酶，在失去N端的20个氨基酸后虽然仍有活性，但此时酶分子并不稳定，很容易丧失活性。因此，没有酶蛋白结构的完整性，酶分子的稳定性也就随之降低，活性部位也就不存在了。另外，在活性部位以外的某些区域，尚有不和底物直接作用，却是酶表现催化活性所必需的基团，将这些基团称为活性部位外的必需基团。

## 三、酶催化作用的特点

作为生物催化剂，酶既有与一般催化剂相同的性质，又具有生物催化剂本身的特性。与一般催化剂相同的是都是通过降低反应活化能而加快反应速度，只能催化热力学上允许进行的化学反应，缩短达到反应平衡的时间而不改变反应的平衡点，酶在反应的前后没有质和量的变化；与一般催化剂不同的是，生物酶催化效率的高效性、催化作用的专一性、催化活性的可调控性和易失活性等。

**1. 酶催化的高效性**

酶催化效率通常是指酶促化学反应速率。酶在生物体内迅速而顺利地催化十分复杂的生物化学反应，就在于酶的存在降低了反应所需的活化能量，以及反应物同酶分子间有效碰撞的机会增多，从而使酶具有很高的催化效率。此外，酶催化的效率高低还取决于底物和酶分子有效结合的频率高低，频率越高，反应速率就越大。

**2. 酶的专一性**

酶作用的专一性，就是指酶对作用的底物有严格的选择性，某一种酶只能对某一类物质起作用，或只对某一种物质起作用，促进一定的反应生成一定的产物。根据酶对底物的选择程度不同，分为绝对专一性、相对专一性和立体异构专一性。绝对专一性，即这类酶的专一性最高，除特定的底物外，不能作用于其他物质，专一性是绝对的，如脲酶只能作用于尿素；相对专一性，即这类酶的专一性程度较低，能够作用于分子结构相类似的化合物，作用于某一类或更多的底物，例如D-氨基酸氧化酶，能催化多种D-氨基酸的氧化脱氨作用；立体异构专一性，即有不少有机化合物，都具有立体异构的特性，当底物含有一个不对称碳原子时，一种酶只能作用于其旋光异构体的一种，而对于其对应体则无作用。

## 四、影响酶作用的因素

外界条件对微生物生命活动的影响，主要是通过影响酶的反应速度实现的。酶的反应速度通常是以单位时间内底物的减少和产物的增加来表示。影响酶反应速度的因素很多，如温度、pH、酶浓度、底物浓度以及有关的抑制剂、激活剂等，这些因素对酶反应速度的影响是错综复杂、相互联系、相互制约的。

**1. 温度对酶促反应的影响**

温度对酶促反应速率影响较大。低温时酶的活性非常微弱，随着温度逐步升高，酶的活性也逐步增加，但超过一定温度范围后，酶的活性反而下降。对每一种酶来说，在一定的条件下，都有一个显示其最大反应速率的温度，这一温度称为该酶反应的最适温度（optimum temperature）。

最适温度并非酶的特征常数，因为一种酶具有的最高催化能力的温度不是一成不变的，它往往受到酶的纯度、底物、激活剂、抑制剂以及酶促反应时间等因素的影响。因此，对同一种酶而言，必须说明什么条件下的最适温度。温度的影响与时间有紧密关系，这是由于温度促使蛋白质变性是随时间累加的。不同来源的酶，最适温度不同。一般植物来源的酶，最适温度为40~50℃；动物来源的酶最适温度较低，为35~40℃；微生物酶的最适温度差别较大，细菌高温淀粉酶的最适温度达80~90℃。但大多数酶当温度升到60℃以上时，活性迅速下降，甚至丧失活性，此时即使再降温也不能恢复其活性。

温度对酶促反应有两方面影响，一方面与一般化学反应相似，当温度升高时，反应速率加快；另一方面，由于酶是蛋白质，温度过高会使酶蛋白逐渐变性而失活。升高温度对酶促反应的这两种相反的影响是同时存在的，在较低温度时前一种影响较大，所以酶促反应速率随温度上升而加快；随着温度不断上升，酶的变性逐渐成为主要影响，酶促反应速率随之下降。

**2. pH 对酶促反应的影响**

每种酶对于某一特定的底物，在一定 pH 下酶表现最大活性，高于或低于此 pH，酶的活性均降低。酶表现其最大活力的 pH 通常称为酶的最适 pH（optimum pH）。在一系列不同 pH 的缓冲液中，测定酶促反应速率，可以得到 pH 对酶促反应速率的关系曲线，pH 关系曲线近似钟罩形（图 3-1）。

pH 在最适 pH 附近发生微小变化时，由于使酶活性部位的基团离子化发生变化而降低酶的活性；pH 发生较大变化时，维护酶三维结构的许多非共价键受到干扰，导致酶蛋白自身的变性。偏离酶的最适 pH 越远，酶的活性越小，过酸或过碱则可使酶完全失去活性。各种酶在一定条件下都有一定的最适 pH。但是各种酶的最适 pH 是不同的，因为它们要适应不同的环境。一般来说，大多数酶的最适 pH 为 4.0~8.0，植物和微生物的酶最适 pH 为 5.5~6.5，动物体内的酶最适 pH 为 6.5~8.0，人体内大多数酶的最适 pH 为 7.35~7.45，但也有不少例外，消化酶胃蛋白酶（pepsin）要适应在胃的酸性 pH 下工作（pH 大约 2.0），胃蛋白酶最适 pH 是 1.9，胰蛋白酶最适 pH 是 8.1，肝中精氨酸酶的最适 pH 为 9.7。pH 对不同酶的活性影响不同，如胃蛋白酶和胆碱酯酶；有的酶（如木瓜蛋白酶）的活力在较大的 pH 范围内几乎没有变化。

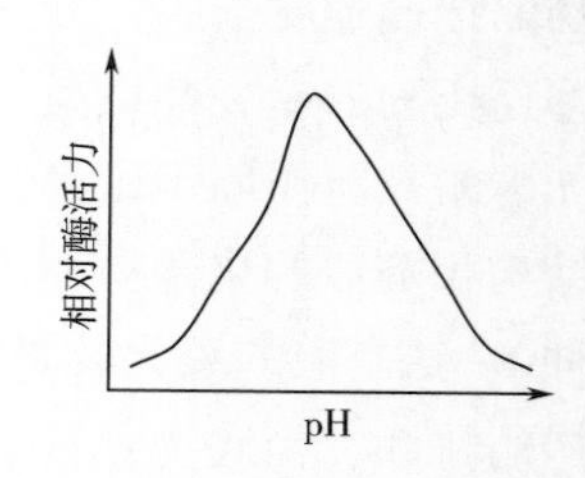

图 3-1　pH 对酶活性的影响

pH 对酶活性的影响有 4 个方面的原因：一是由于酶本身是蛋白质，过酸过碱条件会强烈影响酶蛋白的构象，易使酶变性失活；二是 pH 影响了酶分子的解离状态，即影响酶活性中心与底物结合基团和催化基团的解离。往往只有一种解离状态最有利于与底物结合，在此 pH 下酶活性最高。三是当 pH 改变不是很剧烈时，酶虽未变性，活性也受影响，其原因是 pH 影响底物分子的解离状态。四是 pH 能影响酶分子中空间结构相关基团的解离，进而影响酶的构象与活性。一般认为每一种酶在最适 pH 时，酶分子上解离的活性基团最多，最适宜与底物结合，大于或小于最适 pH 时，就改变了活性基团的解离状态，使酶与底物的结合能力降低。

**3. 酶浓度对酶促反应的影响**

酶促反应的速率与酶浓度成正比，底物浓度足够大，使酶得到饱和，这是测定酶活性的依据。即在测定酶活性时，要求酶浓度远小于底物浓度，从而保证酶促反应速率与酶浓度成正比。当酶的浓度增加到一定程度，以致底物浓度已不足以使酶饱和时，再继续增加酶的浓度，反应速率也不再成正比例地增加。

**4. 底物浓度对酶反应的影响**

当其他条件相同的情况下，酶的浓度一定时，在底物浓度较低时，反应速度随底物浓度的增加而增加，但当底物浓度达到一定值后，反应速度不再增加。当底物很少时，只有部分酶与底物结合成中间产物，反应系统尚有余酶，所以增加底物量就能加快反应速度，而当底物浓度达到将酶完全结合成中间产物，这时再增加底物浓度，反应速度就无法增加了。所以在酿酒生产中，要控制入窖淀粉浓度。

**5. 抑制剂对酶促反应的影响**

抑制剂是指能降低酶的活性，使酶促反应速率减慢的物质，抑制剂对酶反应速率有重要影响。抑制作用是指抑制剂与酶分子上的活性有关部位相结合，使这些基团的结构和性质发生改变，从而引起酶活性下降或丧失的一种效应。抑制作用与酶的变性作用是不同的，抑制作用并未导致酶的变性，酶蛋白水解或变性引起的酶活性下降不属于抑制作用的范畴。另外，抑制剂对酶的作用具有一定的选择性，而变性剂对酶的作用没有选择性，一种抑制剂只能引起某一种酶或某一类酶的活性丧失或降低，变性剂却可使蛋白变性而使酶丧失活性。

根据抑制剂与酶作用方式的不同，抑制剂作用分为可逆的抑制作用和不可逆的抑制作用。不可逆的抑制作用，指抑制剂与酶分子形成稳定的共价键结合，引起酶活性下降或丧失，并且不能用透析等方法除去抑制剂而使酶的活性恢复。这种抑制的动力学特征是抑制程度正比于共价键形成的速度，并随抑制剂浓度及抑制剂与酶接触时间而增大。最终抑制水平仅由抑制剂与酶的相对量决定，与抑制剂浓度无关。可逆的抑制作用，指抑制剂与酶以非共价键方式结合而引起酶的活性降低或丧失，在用透析、超滤等物理方法除去抑制剂后，酶的活性又能恢复，即抑制剂与酶的结合是可逆的。

**6. 激活剂对酶促反应的影响**

能提高酶活性，加速酶促反应进行的物质都称为该酶的激活剂。激活剂按其相对分子质量大小可分为无机离子激活剂、小分子的有机化合物及生物大分子激活剂。激活剂对酶的作用具有一定的选择性，一种激活剂对某种酶可能是激活，但对另一种酶则可能是抑制。如脱羧酶、烯醇化酶、DNA 聚合酶等的激活剂，对肌球蛋白腺苷三磷酸酶的活性有抑制作用。激活剂的浓度不同，其作用也不一样，有时对同一种酶是低浓度起激活作用，而高浓度则起抑制作用。

除酶的激活剂外，还有酶原的激活剂，这类激活剂往往都是蛋白质性质的大分子物质，如胰蛋白酶原的激活剂。但酶的激活与酶原的激活有所不同，酶原激活是指无活性的酶原变为有活性的酶，且伴有抑制肽的水解；酶的激活是使已具活性的酶的活性增改，使活性由小变大，不伴有一级结构的改变。

# 第二节　酶的基本种类

酶是酱香型白酒生产酿造的重要物质。酱香型白酒生产有关的酶主要包括淀粉酶、纤维素酶、蛋白酶、酵母菌胞内酶、脂肪酶、丹宁酶、果胶酶、氧化酶、脱氢酶等。

## 一、淀粉酶类

**1. 淀粉酶的分类**

淀粉酶是一种能水解淀粉、糖原和有关多糖中的葡萄糖键的酶，它属于水解酶类，是催化淀粉、糖原和糊精中糖苷键的一类酶的统称。淀粉酶广泛分布于自然界，几乎所有植物、动物和微生物都含有淀粉酶。它是研究较多、生产最早、应用最广和产量最大的一种酶，其产量占整个酶制剂总产量的50%以上，按其来源可分为细菌淀粉酶、霉菌淀粉酶和麦芽糖淀粉酶。

淀粉酶在食品、发酵、纺织和造纸等工业中均有应用，尤其在淀粉加工业中，微生物淀粉酶更是应用广泛并已成功取代了化学降解法。同时，它们也可以应用于制药和酿造等行业。实际酱香型白酒生产过程中，原料经粉碎、蒸煮和摊晾拌曲后，进入糖化过程。糖化过程需要相关的酶参与，参与糖化过程的淀粉酶属于水解酶，催化的是水解反应。

根据对淀粉作用方式的不同，可以将淀粉酶分成四类：

$\alpha$-淀粉酶：从底物分子内部将糖苷键裂开；$\beta$-淀粉酶：从底物的非还原性末端将麦芽糖单位水解；葡萄糖淀粉酶：从底物的非还原性末端将葡萄糖单位水解；脱支酶：只对支链淀粉、糖原等分支点的$\alpha$-1,6-糖苷键有专一性。

按照固态发酵的特点，大曲中的淀粉酶系需比较全面，才能适应发酵过程中温度、酸度和其他工艺参数的变化需要，保持糖化力、发酵力持久，有利于产量、质量的提高。如果酶系单一，受生物酶高度专一性的影响，随着发酵过程的进行，温度、酸度的增加，单一酶的活性会受到影响，使糖化、酒化不彻底，影响产量、质量。只有酶系丰富多样，才能使糖化、酒化彻底，从而提高出酒率和酿酒品质。

**2. 不同淀粉酶的概述、作用方式、来源**

（1）$\alpha$-淀粉酶

概述：$\alpha$-淀粉酶又称为液化型淀粉酶，是一种催化淀粉水解生成糊精的淀粉酶，系统命名为1,4-α-D-葡聚糖葡萄糖水解酶（1,4-α-D-glucan-glucanohydrolase，ES 3.2.1.1）。该酶作用于淀粉和糖原时，所产生的还原糖在光学结构上是α-型的，所以将此酶称为α-淀粉酶，又称液化淀粉酶，也称为内切型淀粉酶、淀粉-1,4-糊精酶、淀粉糊精酶或淀粉糊精化酶。

作用方式：α-淀粉酶作用于直链淀粉，将α-1,4-糖苷键不规则地切割为短链糊精后，糊精被继续酶解，最终产物为13%的葡萄糖及87%的麦芽糖。但实际上若单靠α-淀粉酶的作用，糊精转化为糖的过程是非常缓慢的，在它还未将糊精全部变成糖之前，糊精早已污染杂菌而变质了，因此，通常由α-淀粉酶与葡萄糖淀粉酶及异淀粉酶等酶共同作用，或采取“接力”的方式将淀粉进行分解，则可达到预期的目的。而实际上白酒生产中各种曲所含的淀粉酶多为复合酶，因而能较好地完成糖化的作用。

α-淀粉酶作用于支链淀粉（胶淀粉）时，同样任意切割内部α-1,4-糖苷键，而留下含α-1,6-糖苷键的所谓极限糊精，最终产物为极限糊精、麦芽糖和葡萄糖。由于α-淀粉酶作用于以氧桥连接的糖苷键，$C_1$—O—$C_4$的裂解是在$C_1$—O之间进行的，故生成产物的还原末端葡萄糖单位$C_1$碳原子为α-构型。还有一类α-淀粉酶的作用结果是生成较多的还原糖，对淀粉的水解率达75%，故α-淀粉酶也称为糖化型-淀粉酶。

来源：能产生α-淀粉酶的微生物主要是细菌和霉菌，例如枯草芽孢杆菌、马铃薯杆菌、溶淀粉芽孢杆菌、凝结芽孢杆菌、嗜热脂肪芽孢杆菌、假单胞杆菌、巨大芽孢杆菌、地衣芽孢杆菌以及米曲霉、白曲霉、黑曲霉、根霉等。不同来源的α-淀粉酶的酶学和理化性质有一定的区别，它们的性质在对其工业应用中的影响也较大，在工业生产中要根据需要使用合适来源的酶，因此对淀粉酶性质的研究也显得比较重要。

（2）β-淀粉酶

概述：β-淀粉酶又称为麦芽糖苷酶，是一种外切酶。系统名称为1,4-α-D-葡聚糖麦芽糖水解酶（ES 3.2.1.2）。β-淀粉酶从淀粉分子的非还原性末端，作用于α-1,4-糖苷键，依次切下一个麦芽糖，但它不作用于支链分支点的α-1,6-糖苷键，也不能绕过α-1,6-糖苷键去切开分支点内侧α-1,4-糖苷键。该酶若单独作用于支链淀粉，除产生麦芽糖外，还产生β-极限糊精。所以，β-淀粉酶又名外切型淀粉酶或淀粉-1,4-麦芽糖苷酶。该酶在切下麦芽糖的同时，发生瓦尔登转位反应，α-构型的麦芽糖转变为β-构型，故名β-淀粉酶。

作用方式：β-淀粉酶作用于直链淀粉时，理论上应100%水解为麦芽糖，当直链淀粉含有偶数葡萄糖基时，β-淀粉酶作用的最终产物是麦芽糖；当直链淀粉含有奇数葡萄糖时，β-淀粉酶作用的最终产物除含有麦芽糖外，还有麦芽三糖和葡萄糖。β-淀粉酶催化麦芽三糖水解生成麦芽糖和葡萄糖的速度远低于淀粉最初水解的速度，而且需要在高浓度酶的条件下才能进行。但实际上因直链淀粉的老化、混有微量分支点以及氧化改性等因素，在很多情况下，只有70%~90%降解成麦芽糖。直链淀粉经β-淀粉酶作用后，其中50%~60%转变为麦芽糖，而其余部分称为β-极限糊精。当β-淀粉酶作用于高度分支的糖原时，仅有40%～50%转变成麦芽糖，β-淀粉酶不能裂开支链淀粉中的α-1,6-糖苷键，也不能绕过支链淀粉的分支点继续作用于α-1,4-糖苷键，故遇到分支点就停止作用，并在分支点残留1～3个葡萄糖残基。因此，β-淀粉酶对支链淀粉的作用是不完全的。β-淀粉酶不能使淀粉分子迅速变小，不易使淀粉的黏度下降，糊精化的程度参差不齐，作用过程中的碘显色反应也只能由深蓝变浅蓝，通常不会变为红色或无色。

来源：β-淀粉酶广泛存在于高等植物中，如大麦、麸皮、甘薯等；也存在于巨大芽孢杆菌、多粘芽孢杆菌、吸水链霉菌及某些假单胞杆菌中。由于植物β-淀粉酶的生产成本比较高，微生物来源的β-淀粉酶就越来越受到广泛的关注，特别是通过适当的分离方法和合适的培养条件，筛选出仅仅产生β-淀粉酶而无其他淀粉酶活性（主要指β-淀粉酶和糖化型淀粉酶）的菌种。

（3）麦芽糖酶

概述：麦芽糖酶又名α-葡萄糖苷酶。此酶能将麦芽糖迅速分解为2个葡萄糖。通常认为麦芽糖酶对酒精发酵影响较大，麦芽糖酶活性越高，则酒精发酵率越高。

作用方式：麦芽糖酶主要在细胞外起作用，从多糖的非还原末端水解底物的α-葡萄糖苷键，产生α-D-葡萄糖，主要水解二糖、低聚糖、芳香糖苷，能以蔗糖和多聚糖为底物。同时，它还具有转糖苷作用，可将低聚糖中的α-1,4-糖苷键转化成α-1,6-糖苷键或其他形式的链接，从而得到非发酵性的低聚异麦芽糖或糖肽等。

来源：麦芽糖酶存在于大麦中，酵母菌及大多曲霉中也均含有此酶，其含量高低因菌种而异。

（4）葡萄糖淀粉酶

概述：葡萄糖淀粉酶的系统名称为α-1,4-葡聚糖葡萄糖苷水解酶或γ-淀粉酶，简称糖化酶，是一种单链的酸性糖苷水解酶，具有外切酶活性。该酶是一种重要的工业酶制剂，是中国产量最大的酶种，广泛应用于酒精、酿酒以及食品发酵工业中。

作用方式：葡萄糖淀粉酶能自淀粉或类似物分子的非还原性末端将葡萄糖单位一个一个地切割下来。在水解到支链淀粉的分支点时，一般先将α-1,4键断开，可再继续水解，即葡萄糖淀粉酶对底物的专一性不是很强，它除了能切开α-1,4键外，也能切开α-1,6键和α-1,3键，只是对这三种键的水解速度不同，如表所示。故此酶在理论上能将支链淀粉全部分解为葡萄糖，并在水解过程中也能起转位作用，产物为β-葡萄糖。葡萄糖淀粉酶水解双糖的速度见表3-2。

**表3-2　葡萄糖淀粉酶水解双糖的速度**

| 双糖 | α-键 | 水解速度/［mg/（u·h）］ | 相对速度/% |
|---|---|---|---|
| 麦芽糖 | 1,4- | $2.3\times10^{-1}$ | 100 |
| 黑曲霉糖 | 1,3- | $2.3\times10^{-1}$ | 6.6 |
| 异麦芽糖 | 1,6- | $8.3\times10^{-1}$ | 3.6 |

来源：葡萄糖淀粉酶只存在于微生物界，产生糖化酶的微生物几乎全部是霉菌，其中主要为黑曲霉、根霉、内孢霉及红曲霉。比较而言，米曲霉的 $\alpha$-淀粉酶活性较强，而糖化酶活性较弱。黑曲霉 $\alpha$-淀粉酶活性较低，而糖化酶活性较强。由于黑曲霉的转移葡萄糖苷酶的活性也较强，故作用的结果往往残留较多异麦芽糖等非发酵性糖。根霉、拟内孢霉及红曲霉的 $\alpha$-淀粉酶活性弱，糖化酶活性强，转移葡萄糖苷酶活性弱，故几乎能百分百水解淀粉。

（5）异淀粉酶

概述：异淀粉酶（EC3.2.1.9）又称脱支酶，系统命名为支链淀粉 $\alpha$-1,6-葡萄糖水解酶。其最初含义是指一种能分解淀粉分子中“异麦芽糖”键的特殊淀粉酶，特点是能切开支链淀粉型多糖的 $\alpha$-1,6-葡萄糖苷键，故又名脱支链淀粉酶或淀粉 $\alpha$-1,6-糊精酶。

作用方式：异淀粉酶只对支链淀粉、糖原等分支点有专一性，它能将支链淀粉的整个侧链切下变为分子较小的直链淀粉。异淀粉酶也是属于作用于淀粉分子内部键的酶，它也能作用于极限糊精的 $\alpha$-1,6-糖苷键。由于支链淀粉被切端多具有还原能力，故开始作用时淀粉的还原性能也增加。但随着切支作用的进行，淀粉对碘的呈色反应则由蓝变红，这种呈色反应的变化，体现了直链淀粉的特性，这与其他淀粉酶分解淀粉时的变化正好相反，因此不能误认为该酶有合成淀粉的作用。该酶也不能单独作用于淀粉而水解成单糖或二糖，而只有与 $\alpha$-淀粉酶及糖化酶等共同作用时才能将淀粉转化为较大量的糖。

来源：该酶最早在酵母细胞提取液中被发现，后又相继在高等植物及其他微生物中发现。由于来源不同，作用也有差异，名称变更不统一。产生异淀粉酶的多为细菌类的杆菌。例如产气杆菌、蜡状芽孢杆菌、多粘芽孢杆菌、解淀粉芽孢杆菌以及某些假单胞杆菌。霉菌、酵母菌、某些放线菌也能产生异淀粉酶，但产酶的能力差异很大。

（6）转移葡萄糖苷酶　转移葡萄糖苷酶又称葡萄糖苷转移酶，简称转苷酶。这是一种不利于白酒发酵的酶，因其作用是将麦芽糖等水解下来的一分子的葡萄糖，转移给作为“受体”的另一分子葡萄糖或麦芽糖，生成通常被认为非发酵性的异麦芽糖或潘糖，致使出酒率下降。该酶大多由黑曲霉产生，因此，在筛选制作麸曲的糖化酶菌种时，应尽可能地挑选产这种酶最少的菌株。

## 二、纤维素酶类

纤维素酶类是酶的一种，在分解纤维素时起生物催化作用，是可以将纤维素分解成寡糖或单糖的蛋白质。纤维素酶广泛存在于自然界，真菌、动物体内等都能产生纤维素酶。在酱香型白酒生产过程中，纤维素酶类包括纤维素酶和半纤维素酶。

### 1. 纤维素酶

（1）作用方式　纤维素酶是指能水解纤维素的 $\beta$-1,4-葡萄糖苷键的酶，使纤维素变为纤维二糖和葡萄糖。微生物产生的纤维素酶是几种酶的混合物，包括 $C_1$ 酶、$C_X$ 酶和$\beta$-1,4-葡萄糖苷酶等。$C_1$ 酶能将天然纤维素分解为短链纤维素；$C_X$ 酶则能将直链纤维素内部切断，水解为纤维二糖和纤维寡糖，它也能把羧甲基纤维素水解为纤维二糖；$\beta$-葡萄糖苷酶能将纤维二糖水解为葡萄糖。纤维素的酶解机理如图 3-2 所示。

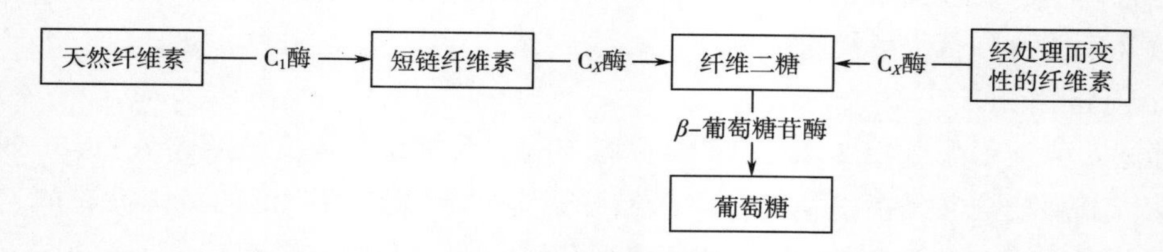


图 3-2　纤维素的酶解机理

纤维素酶将纤维素分解至葡萄糖，在理论上是可以实现的，但由于纤维素与果胶、半纤维素等成分交织在一起，处于高度不溶于水的状态，故很难被纤维素酶接触而分解。另外，在实际生产中应用的某些纤维素酶，大多含有半纤维素酶，当其作用于细胞壁时，会使细胞裂解，因而细胞内容物得以被较充分地利用，故提高出酒率。通常，酿酒的谷类、麸皮、薯干等原料，经纤维素酶处理后，由于细胞破裂，易于蒸煮，原料利用率得以提高。

（2）来源　能生产纤维素酶的微生物有细菌、放线菌、霉菌等，以霉菌为主，尤其是绿色木霉、黑曲霉、青霉及根霉。木霉产生的纤维素酶活性最强，其中包括 $C_1$ 酶、$C_X$ 酶、纤维二糖酶及淀粉酶等；黑曲霉产的纤维素酶，尚含有较多的淀粉酶、果胶酶和蛋白酶。市售的商品纤维素酶制剂中，一般含有半纤维素酶等酶类。纤维素酶也是一种诱导酶，可采用固态麸曲法培养、产酶。

（3）作用条件　纤维素酶作用的适宜温度为 40～50℃，当高于 60℃时，酶会迅速钝化，最适宜 pH 为 4.0～5.0。纤维素酶的反应产物包括纤维二糖，是酶作用的抑制剂，$Cu^{2+}$及 $Hg^{2+}$会抑制某些纤维素酶的活性。

**2. 半纤维素酶**

所谓半纤维素酶，是一种杂聚多糖化合物。它与纤维素一样，同属于多糖类。但纤维素由葡萄糖苷组成，是由$\beta$-D-葡萄糖以$\beta$-1,4-葡萄糖苷键相连的（不同于淀粉和糖原），无支链；半纤维素则由 2 种或 2 种以上的单糖构成，且具有支链。其相对分子质量低于纤维素，化学稳定性也低于纤维素；其水解产物为木糖、葡萄糖、阿拉伯糖、甘露糖、半乳糖、糖醛酸等。

半纤维素酶包括昆布多糖酶、内切木聚糖酶、外切木聚糖酶、木二糖酶及阿拉伯糖苷酶等。如昆布多糖酶可由霉菌产生，可内切水解$\beta$-葡聚糖的 1,3 键或 1,4 键。其作用温度在低于 60℃时很稳定，短时间内作用温度为 70～80℃；最适宜 pH 为 4～5。

## 三、蛋白酶类

蛋白酶按其作用最适 pH 可分为酸性蛋白酶、中性蛋白酶及碱性蛋白酶。与白酒有关的为酸性蛋白酶、中性蛋白酶及介于两者之间的酸性-中性蛋白酶。

**1. 酸性蛋白酶**

酸性蛋白酶最适 pH 在 2~5，与动物的胃蛋白酶和凝乳酶的性质相似，在 pH 升高时酶活性很快丧失，能产该酶的微生物主要为米曲霉、黑曲霉和根霉等。

**2. 中性蛋白酶**

该酶的最适作用 pH 为 7 左右，45~50℃时酶活性最高。不少细菌和霉菌都能产生中性蛋白酶，如枯草芽孢杆菌、嗜热溶朊芽孢杆菌、蜡状芽孢杆菌及米曲霉、灰色链霉菌、栖土曲霉等。最适作用 pH 为 5~7 的酸性-中性蛋白酶，其主要产生菌为曲霉菌。

## 四、酵母菌胞内酶

酵母菌细胞内的酶有二三十种，直接参与酱香型白酒发酵的有十几种。其中最主要的胞内酶有 3 种，即酒化酶、杂醇油生成酶及酯化酶。酒化酶是指参与葡萄糖生成酒精和 $CO_2$ 的各种酶以及辅酶的总称，主要包括己糖磷酸化酶、氧化还原酶、烯醇化酶、脱羧酶、磷酸酶及乙醇脱氢酶等。酒化酶的作用温度为 30℃左右，最适 pH 为 4.5~5.5；杂醇油生成酶包括脱氨酶、脱羧酶及还原酶等；酯化酶包括酰基辅酶 A 及醇酸缩合酶等。

## 五、其他酶类

**1. 脂肪酶**

脂肪酶是分解脂肪的酶，这里所说的脂肪是指生物产生的天然油脂，即甘油三酯，分解的部位是油脂的酯键。该酶是一种特殊的酯键分解酶，其底物的醇部是甘油，即丙三醇；酸部是不溶于水的 12 个碳原子以上的长链脂肪酸，即通常所说的高级脂肪酸。能产生脂肪酸的微生物有黑曲霉、白地霉、毛霉、荧光假单胞菌、无根根霉、圆柱形假丝酵母、德式根霉、多球菌及黏质色杆菌等。脂肪酶分解甘油三酯所得的部分甘油酯、脂肪酸及甘油等，除供给生物体所需的能量外，也是合成磷脂等具有重要生理功能的类脂的主链和前体。

**2. 单宁酶**

单宁酶即单宁酰基水解酶，又称鞣酸酶。这是一种对带有 2 个苯酚基的酸（如鞣酸）具有分解作用的酶，其分解产物为没食子酸及葡萄糖，产生单宁酶的微生物大多为霉菌，如黑曲霉及米曲霉等。

**3. 果胶酶**

（1）分类及作用方式　果胶酶是分解果胶质的多种酶的总称，可分为解聚酶及果胶酯酶两大类。解聚酶又可按如下三点进一步分类：即对底物作用的专一性，是对高度酯化的果胶作用还是作用于果胶酸；对D-半乳糖醛酸间的糖苷键的作用机理，是水解作用还是反式消去作用；切断糖苷键的方式，是无规则地切断还是逐个顺次加以切断，即采取外切式还是内切式，可用比较黏度的降低、还原力增加等方法予以区分。果胶酶的具体分类有果胶质解聚酶和果胶质酶（PE）。

果胶质解聚酶有两种功能酶，一种是主要对果胶作用的解聚酶；另一种是主要对果胶酸作用的解聚酶，主要对果胶作用的解聚酶又可分为聚甲基半乳糖醛酸酶和聚甲基半乳糖醛酸裂解酶（PMGL），其中聚甲基半乳糖醛酸酶按其作用方式又可细分为内聚甲基半乳糖醛酸酶和外聚甲基半乳糖醛酸酶：内聚甲基半乳糖醛酸酶经水解作用，无规则切断果胶分子（先于高度酯化果胶）的α-1,4-糖苷键；外聚甲基半乳糖醛酸酶经水解作用，顺次切断果胶分子非还原性末端的α-1,4-糖苷键。聚甲基半乳糖醛酸裂解酶（PMGL）按作用方式可细分为内聚甲基半乳糖醛酸裂解酶和外聚甲基半乳糖醛酸裂解酶：内聚甲基半乳糖醛酸裂解酶经反式消去作用，无规则切断果胶分子的α-1,4-糖苷键，生成在非还原性末端的$C_4$和$C_5$之间具有不饱和键的半乳糖醛酸酯；外聚甲基半乳糖醛酸裂解酶经反式消去作用顺次切断果胶分子的α-1,4-糖苷键，生成具有不饱和键的半乳糖醛酸酯。

与上述相似，对果胶酸作用的解聚酶可分为聚半乳糖醛酸酶（PG）和聚半乳糖醛酸裂解酶（PGL）。聚半乳糖醛酸酶可分为内聚半乳糖醛酸酶（经水解作用无规则地切断果胶酸分子α-1,4-糖苷键）和外聚半乳糖醛酸酶（经水解作用顺次切断果胶酸分子的α-1,4-糖苷键）。同理，聚半乳糖醛酸裂解酶可分为内聚半乳糖醛酸裂解酶和外聚半乳糖醛酸裂解酶，其中内聚半乳糖醛酸裂解酶经反式消去作用无规则地切断果胶酸分子α-1,4-糖苷键，生成具有不饱和键的半乳糖醛酸酯；外聚半乳糖醛酸裂解酶经反式消去作用顺次切断果胶酸分子的α-1,4-糖苷键，生成具有不饱和键的半乳糖醛酸酯。

果胶酯酶（PE）使果胶分子中的甲酯水解，最终生成果胶酸。

（2）来源　果胶酶广泛存在于植物果实和微生物中，通常动物细胞不能合成这类酶。霉菌能产生多种解聚酶，大多可产内聚半乳糖醛酸酶；少数酵母菌也能产果胶酶；假单胞菌能产生内聚半乳糖醛酸裂解酶。在少数霉菌和细菌中，也有果胶酶存在。

（3）作用条件　由曲霉菌属产生的聚半乳糖醛酸酶，可随机分解果胶及其他聚半乳糖醛酸中的α-1,4-糖苷糖醛酸键。该酶在40℃以下作用时，性能稳定；最适pH为4.0~4.8，pH低于3.0时酶迅速失去活性。高浓度的可溶性成分对该酶有抑制作用，当可溶性干物质浓度达50%时，酶几乎全部失活，酚类化合物也是该酶的抑制剂。与该酶并存的，可能还有甲基半乳糖醛酸裂解酶，作用的最终产物为单半乳糖醛酸或双半乳糖醛酸。

**4. 氧化酶类**

（1）催化底物脱氢，氧化生成双氧水

$$A \cdot 2H + O_2 \longleftrightarrow A + H_2O_2$$

这类酶需要 FAD（黄素腺嘌呤二核苷酸）或 FMN（黄素单核苷酸）为辅基。作用时，底物脱下的氢先交给 FAD · 2H；FAD · 2H 再与氧作用，生成 $H_2O_2$，放出 FAD，例如葡萄糖氧化酶等。

（2）催化底物脱氢，氧化生成水

$$A \cdot 2H + 1/2O_2 \longleftrightarrow A + H_2O$$

例如多酚氧化酶，先催化酚基的化合物氧化成醌，再经一系列脱水、聚合等反应，最终可生成黑色物质。

**5. 脱氢酶类**

这类酶能直接从底物上脱氢，例如脱氢酶、谷氨酸脱氢酶等。氧化还原酶是已知数量最多的一类酶。按所作用的供体类别可分为 17 个亚类，分别作用于供体的 CH—OH 基团、醛基和酮基、CH—CH 基团、CH—$NH_2$ 基团、CH—NH 基团、NADH 或 NADPH，其他含氮化合物、含硫基团、血红素基团、二酚类等各亚类中，又按受体的类别分亚亚类。

# 第三节 酶在酱香型白酒生产中的作用

酱香型白酒是一种具有较高酒精浓度的无色透明的饮料酒，是用淀粉质原料经过发酵、蒸馏而成的，是我国传统酒类之一。在生产过程中，酶的种类及其活性，与菌系、原料、生产条件等许多因素密切相关，尤其在以天然微生物进行开放式制曲和发酵的情况下，酶的相对稳定性较差，产品的优质品率也相对较低。因此，我们在微生物学及酶学等方面做了大量的研究工作。如以外加糖化酶代替麸曲，可达到提高出酒率、节约粮食、简化设备、降低生产成本等目的；添加酸性蛋白酶，可使酒中存在的蛋白质分解，以防止出现蛋白质沉淀引起的浑浊，使酒体清澈透明。

## 一、大曲中的酶

酱香型白酒大曲在发酵和储存过程中，随着微生物代谢，产生一些酶来降解小麦中的大分子化合物以满足自身的代谢需要，从而生成各种化合物，其中一些物质正是酱香型白酒的风味物质或者风味前体物质。高温大曲中的酶类主要有淀粉类酶、蛋白酶、纤维素酶、脂肪酶、果胶酶以及酯化酶等。淀粉类酶种类很多，主要是液化酶和糖化酶，芽孢杆菌和一些霉菌产生淀粉类酶。蛋白酶有酸性、中性和碱性之分，蛋白酶可以分解小麦中的蛋白质为氨基酸，经过微生物的代谢可以生成高级醇和很多风味物质的前体物质。有研究比较了不同大曲的酶活性，发现不同高温大曲中的糖化酶、液化酶和纤维素酶的活性存在显著差异，而其他酶类的活性差异并不明显。

酱香型白酒曲块的糖化力主要来源于表层，尤以白色曲块表层为高。因培养过程中过早地干皮，故品温较低而保存了小麦粉原有的糖化力。与其他香型白酒大曲的酶活性相比较（表3-3），酱香型白酒曲的酸性蛋白酶活性最强。

**表3-3　各种香型大曲的酶活性比较**

| 曲源 | 糖化力/［mg葡萄糖/（g·h）］ | 液化力/［g淀粉/（g·h）］ | 酸性蛋白酶活性/［μg酪氨酸/（g·min）］ |
|---|---|---|---|
| 酱香型酒 | 164.1 | 1.96 | 85.36 |
| 浓香型酒 | 960.8 | 6.12 | 51.57 |
| 清香型酒 | 1254.0 | 8.28 | 28.58 |
| 凤型酒 | 1590.0 | 8.07 | 40.41 |
| 特型酒 | 9.3 | 7.38 | 39.20 |
| 景芝酒 | 1310.0 | 8.16 | 45.50 |

在测定曲糖化力时，以可溶性淀粉为底物，但制酒原料中的可溶性淀粉含量很少，故仅考察糖化力以表示酶况是远远不够的。酱香型白酒大曲的主要指标是曲香，所以从蛋白酶系等方面去探索酶的组分，利于将酶与微生物、曲、发酵及成品酒的成分等联系起来，找到固有规律。

## 二、淀粉糖化工艺中的酶

糖化酶是酒类生产中常用的糖化剂，随着酶制剂工业的发展，糖化酶作为糖化剂已普遍得到应用。糖化酶具有高效糖化效果，由于酶的专一性能，仅仅对淀粉起到糖化作用，不会产生别的反应，不会产生邪杂味，酒质纯正，在各种不同香型白酒生产中均可使用。酶应用于酱酒生产中，主要在加曲糖化过程中采用外加糖化剂，加上糖化剂，便于缩短生产周期。用于酒类生产的糖化酶见表3-4。

**表3-4　用于酒类生产的糖化酶**

| 酶的类型 | 生产可发酵性糖的效果 |
|---|---|
| 糖化酶 | 将淀粉分子和糊精降解成葡萄糖 |
| 糖化酶和酸性蛋白酶 | 将淀粉分子和糊精降解成葡萄糖并且产生作为酵母营养的氨基酸和短肽 |
| 真菌α-淀粉酶 | 在55~65℃、pH4.8~5.5的条件下，将淀粉分子和糊精主要降解成麦芽糖 |
| 糖化酶和普鲁兰酶 | 可得到更高的葡萄糖产率和酒精产率 |

在大曲酱香型白酒生产中，为了能保持原有效果，适当减曲，仍然能保持原有特色。使用糖化酶的关键在于曲、酶、料三者均匀混合，淀粉质原料必须与酶充分接触，接触面积大、时间长，则效果好，因此必须将料与酶翻拌均匀。糖化酶作用 pH3.0~5.5，温度 60~65℃，pH4.0~4.5，温度 60℃。加酶量应根据曲的质量和糖化力决定，一般来说每克原料加糖化酶 10 万单位，即 0.05%~0.10%。使用时可以将糖化酶和酵母成熟醪混合后同时加入，也可以单独和曲粉搅匀，再与凉糟一起翻拌均匀，再 50~60℃堆积 30min，冷却到 28℃左右，拌入酵母醪，入池发酵酯化。

## 三、发酵过程中的酶

在白酒发酵过程中，将原料转化为乙醇及诸多香味物质的是由各种微生物所分泌的多种酶，并且各种酶系随酒醅成分及条件的不断变化，进行各种生理生化反应。白酒发酵中主要涉及淀粉酶、蛋白酶、酯化酶等。研究者通过酶联免疫法（ELISA）对糟醅样本中的 8 种酶的酶活性进行检测分析，结果发现，蛋白酶、脂肪酶、单宁酶和酯化酶影响白酒的口感和品质，$\alpha$-淀粉酶、糖化酶、纤维素酶、果胶酶主要影响原料利用率和白酒产酒率。

酒醅中的淀粉酶类以接力方式完成从原料中淀粉到葡萄糖的一系列反应。主要包括液化酶和糖化酶，多由细菌和霉菌产生。

酒醅中的蛋白酶类主要是酸性蛋白酶，主要来源于细菌、霉菌、放线菌等微生物。蛋白酶将原料中的蛋白质分解成小分子的多肽和氨基酸，供微生物生长、繁殖利用，同时也是产生高级醇、有机酸的前体物质。另外，氨基酸与还原糖会发生美拉德反应，产生四甲基吡嗪、麦芽酚等对白酒风格和质量起重要作用的物质。

白酒生产所用的原料中纤维素的成分较多，特别是固体发酵工艺生产白酒，其原料中会添加纤维素含量更高的稻糠等疏松辅料，会造成许多颗粒原料皮壳内包藏淀粉，不能彻底进行糖化发酵。纤维素酶能破坏原料及辅料中的细胞壁及细胞间质，使淀粉得到充分利用，并将纤维素降解成可发酵糖，提高发酵率和原料利用率。

半纤维素酶即木聚糖酶，是白酒发酵过程中众多酶类中重要的一种，将半纤维素酶作用于淀粉质原料，可以与纤维素酶等其他多糖水解酶协同作用，破坏原料细胞的结构，促进淀粉、蛋白质等有效成分的溶出，降低物料黏度，加速液化酶、糖化酶等的酶解作用，从而提高原料利用率和出酒率。

酯化酶能使呈香前体物质转化为香味物质，具有多向合成功能，既能催化酯的合成，也能催化酯的分解，可由酿酒微生物中的酵母菌、红曲霉、假单胞菌等产生。不同菌株产酶特性不同，增香效果也会有差异。

# 第四章　酱香型白酒生产中的原辅料

酱香型白酒酿酒生产原料为高粱，制曲原料为小麦。高粱是影响酱香型白酒品质的关键因素之一，其品质优劣与酿造出来的酒体质量息息相关。小麦含淀粉较高，维生素含量丰富，是制曲微生物生长的天然培养基。辅料则是白酒生产中除原料以外所需材料的统称。白酒生产用水主要包括制曲、发酵、勾调、包装用水等。

## 第一节　小　　麦

小麦是世界上分布最广、栽培面积最大的粮食作物之一。酱香型白酒生产中使用的高温大曲便是以小麦为原料制成的。高温大曲为酱香型白酒带入了特有的酱香风味，所谓“曲为酒骨”，大曲质量的好坏直接影响酒的产量和质量，而小麦的品种也会直接影响大曲质量的好坏。

小麦是固态酿酒制曲的主要原料，小麦淀粉含量高，富含面筋、多种氨基酸和维生素，是各类微生物繁殖、产酶的天然物料。小麦中的蛋白质和淀粉，在微生物作用下生成芳香族化合物，形成酒中香气成分和风味物质。在小麦制曲中，对籽粒的硬度、淀粉含量和软度等均有一定要求，软质小麦优于硬质小麦，蛋白质含量应在12%左右，并且淀粉含量较高，其中支链淀粉含量越高越好。此外，淀粉添加量对大曲发酵过程中的水分、酸度、糖化力、液化力、发酵力和主要微生物类群均有不同程度的影响，对其成品曲的感官品质也有一定的影响。

### 一、小麦的分类

酱香大曲生产中，使用小麦主要分为软质麦和硬质麦。一般来说，软质小麦的粉质率不低于70%，硬质小麦的角质率不低于70%。对于高温大曲的制作而言，小麦经粉碎后加水和母曲踩制成曲坯，在室内保温发酵，制曲温度最高可达65℃，经过40d以上的发酵，再进入干曲仓储存至少3个月即为成品曲。硬质麦踩制的曲坯水分偏低，曲坯过紧，入房后前期升温快、猛，中后期温度又起不来，成品曲块的感官和理化质量较差。软质麦与硬质麦的区别主要分为以下几点：

淀粉含量不同：软质小麦的淀粉含量较高，蛋白质含量较低（一般在8%~10%），面筋含量较少（湿面筋19%~25%）；硬质小麦的容重、蛋白质含量较高（一般在13.9%~17.6%），面筋含量较多（湿面筋29%~35%）。

吸水能力不同：硬质麦由于玻璃质含量高而结构紧密，不易吸水；软质麦玻璃质含量低，结构松散，易于吸水。

质地不同：硬质麦较脆，粉碎时多被粉碎为颗粒状，粗粒、粗粉含量大；软质麦较软，表皮不易破碎，粉碎时多为片状，细颗粒物料和粗皮量大。

微生物含量不同：由于气候差异，软质麦所含微生物比硬质麦高出将近一个数量级。

产地不同：小麦生长的湿度、光照、昼夜温差等环境因素对小麦的品质都会产生一定影响。一般来说，湿度大、光照不足、昼夜温差小的地区，适合种植软质麦，例如：安徽、江苏、四川、贵州等；而硬质麦主要产区为山东、河南、河北、内蒙古、天津、宁夏、甘肃、新疆等。

## 二、小麦中的主要组分

### 1. 淀粉

淀粉为人体提供重要的营养物质和能量。小麦籽粒营养成分中，淀粉含量最高，占60%~70%。根据淀粉分子结构的差异，分为直链淀粉和支链淀粉。其中支链淀粉含量在70%左右，直链淀粉含量在30%左右。直链淀粉易形成螺旋结构，分子较小没有分支，连接比较紧密。支链淀粉分子间未形成紧密区域，分子质量较大。研究表明，直链淀粉含量高的小麦淀粉糊黏度较低，回生速率高且易于膨胀，高直链淀粉还可以用于制成包装糖果和糕点的可食用薄膜。直链淀粉和支链淀粉的比例影响淀粉的特性，支链淀粉含量高，淀粉糊稳定性好，不易老化，且透明度较好，黏性强，膨胀度高。

### 2. 蛋白质

蛋白质含量较高的小麦多用于酿酒的制曲阶段，有利于微生物的生长，提高曲药的质量。小麦中的蛋白质的含量约为12.1%，主要是麦胶蛋白和麦谷蛋白。蛋白质是由α-氨基酸形成的多肽链以特定方式结合成的高分子化合物。蛋白质是小麦籽粒中仅次于淀粉的第二大组成部分，根据其溶解性不同，分为清蛋白、球蛋白、醇溶蛋白和谷蛋白，其中清蛋白和球蛋白属于可溶性蛋白，清蛋白可溶于水，球蛋白可溶于10% NaCl。醇溶蛋白和谷蛋白属于不可溶蛋白。而小麦中的面筋是蛋白质的特殊存在形式，主要由醇溶蛋白和谷蛋白构成，面筋具有很强的延展性和弹性，是评价小麦加工品质的重要指标。面筋的黏弹性主要由谷蛋白决定，因为谷蛋白存在形式主要为大分子聚合体，具有分子间二硫键。面筋的延展性由醇溶蛋白决定，因为醇溶蛋白存在形式为单体，具有分子内二硫键。小麦籽粒中蛋白质含量及各蛋白组分构成比例对小麦品质加工有显著影响。

## 三、小麦软硬质地对酿酒生产的影响

在制曲的过程中，小麦中蛋白质的分解有利于产香，硬麦的蛋白质含量较多，未分解的蛋白质容易在后期酿酒过程中变成杂醇油影响酒质。由于软硬麦各自的蛋白质含量差异，进行一定量的搭配可以使曲香更好，软硬麦制曲比例一般在7∶3左右。由于吸水能力和质地的不同，粉碎时，硬麦的颗粒较多，片状少，踩的曲块紧，制成的曲含水量较低，在发酵中后期温度低，水分不易蒸发，造成成品曲水分偏高，出现曲心霉变、白曲偏多、糖化力高等现象。另外，两者微生物含量差异对大曲质量也有一定影响，软麦所含微生物较硬麦高出一个数量级，硬麦的晶状淀粉不易被微生物利用，微生物的富集有利于大曲的发酵生香。

软麦中淀粉的含量较高，可达70%左右，且支链淀粉含量高，支链淀粉易于糊化，更有利于产量稳定。小麦的质地不同会直接或间接地影响大曲质量，进一步影响酿酒的质量、产量等。质量差的大曲在酿酒的过程中会带入霉味、苦味等杂味，影响酒质，还可能带入杂菌，破坏发酵质量，降低产能，影响生产周期。

# 第二节 高　　粱

高粱是我国重要的谷类作物，又称蜀黍、蜀秫、芦祭、红粮、红粱及红秫等，自古就有“五谷之精，百谷之长”的美誉。具有光合作用强、生物学产量高、抗旱、耐盐碱、耐瘠薄等特性。高粱因具有高含量的淀粉、低含量蛋白质和脂肪等特性，成为白酒酿造的首选原料，也是传统酱香型白酒酿造唯一原料。高粱除富含淀粉、蛋白质外，还含有各种营养元素，如无机元素、维生素等，可为酿造微生物的生长、繁殖及代谢提供物质基础。

## 一、高粱的分类

高粱按色泽可分为白高粱、青高粱、黄高粱、红高粱和黑高粱，其颜色的深浅，在一定程度上反映其单宁及色素成分含量的高低。红高粱又称为酒用高粱，主要用于酿酒；白高粱用于食用，性温味甘涩。

高粱以黏度分为粳高粱、糯高粱和兼有两者特性的杂交高粱。北方多产粳高粱，南方多产糯高粱。糯高粱几乎全含支链淀粉，结构疏松，能促进根霉生长，是传统酱酒坤沙工艺的最佳原料。粳高粱含有一定直链淀粉，结构较为紧密，蛋白质含量高于糯高粱。粳高粱与糯高粱的具体感官和理化要求见表4-1和表4-2。

表 4-1　　糠高粱和糯高粱感官要求

| 指标项目 | 指标要求 | |
|---|---|---|
| | 糯高粱 | 粳高粱 |
| 色泽 | 具有本品固有颜色，一般为红色、深褐色、褐紫色 | 具有本品固有颜色，一般为白色、浅黄色 |
| 气味 | 具有本品固有气味，无异杂味 | |
| 净度 | 无霉变、无污染 | |

表 4-2　　粳高粱和糯高粱理化要求

| 项目 | 糯高粱 | 粳高粱 |
|---|---|---|
| 容重/（g/L）或千粒重/（g/千粒） | 容重≥700<br>千粒重：20～34 | 容重≥700 |
| 不完善粒/% | ≤3.0 | ≤3.0 |
| 杂质/% | ≤1.0 | ≤1.0 |
| 水分/% | ≤14.0 | ≤14.0 |
| 总淀粉/% | 50～75 | 50～70 |

从产区分布上来看，我国高粱按生态区域划分主要有四个产区，即东北粳高粱优势区、西北和华北高粱优势区、西南糯高粱优势区、长江及黄河流域中下游高粱优势区。东北粳高粱优势区包括黑龙江省、吉林省和辽宁省大部及内蒙古部分区域，主要种植粳高粱品种，用作粮食、饲料或酿酒原料。西北和华北高粱优势区包括河北省和山西省大部及陕西省、内蒙古、宁夏和甘肃部分区域，以种植杂交粳高粱为主，主要作为酿造和饲用原料使用。西南糯高粱优势区包括贵州省和四川省大部以及湖南省部分区域，生产上以种植糯高粱品种为主，大部分用作酿酒原料。长江及黄河流域中下游高粱优势区则包括河南、山东、安徽、湖北等省部分区域，适宜多种类型高粱的种植，是发展多用途高粱的潜在区域。

## 二、高粱中的主要组分

不同品种高粱所含成分及其含量都有所不同，由于糯高粱籽粒中淀粉含量较高、蛋白质含量适中、脂肪含量较低，并且具有适量的单宁、灰分及粗纤维等物质，酱香型白酒主要以糯高粱为酿造原料。用于酱香型白酒酿造的不同品种糯高粱主要成分如表 4-3 所示。

表 4-3　　不同品种糯高粱成分含量　　单位：%

| 品种 | 水分 | 淀粉 | 粗蛋白 | 粗脂肪 | 粗纤维 | 灰分 | 单宁 |
|---|---|---|---|---|---|---|---|
| 贵州糯高粱 1 号 | 12.20 | 61.03 | 8.96 | 4.03 | — | 1.76 | 0.6 |
| 贵州糯高粱 2 号 | 12.77 | 61.62 | 8.26 | 4.57 | — | 1.8 | 0.57 |

续表

| 品种 | 水分 | 淀粉 | 粗蛋白 | 粗脂肪 | 粗纤维 | 灰分 | 单宁 |
|---|---|---|---|---|---|---|---|
| 四川泸州糯高粱 | 13.87 | 61.31 | 8.41 | 4.32 | 1.84 | 1.47 | 0.16 |
| 四川永川糯高粱 | 12.78 | 60.03 | 6.74 | 4.06 | 1.64 | 1.75 | 0.29 |
| 东北 11 号 | 13.13 | 62.46 | 10.12 | — | — | — | — |

**1. 高粱中的淀粉组分**

淀粉是由葡萄糖聚合而成的高分子碳水化合物，根据结构分为直链淀粉和支链淀粉，前者呈线性螺旋形，后者呈多分支的束状螺旋形。高粱受不同籽粒结合淀粉合成酶糯性基因的影响，会形成不同含量及比例的直、支链淀粉，粳高粱和糯高粱便是以淀粉含量的多少来分类的：粳高粱含有 20%~30%的直链淀粉，而糯高粱几乎完全是支链淀粉。在高粱籽粒中，支链淀粉与蛋白质形成角质淀粉粒（玻璃质淀粉粒），呈不规则半透明状，结构致密；直链淀粉与蛋白质形成粉质淀粉粒，呈椭圆不透明状，结构疏松。高粱淀粉颗粒粒径在 5~20μm，一般颗粒较大，表面内凹，为不规则形状；少部分颗粒表面有类蜂窝状结构；少数为小颗粒球形，表面光滑。因不同高粱籽粒的直链淀粉与支链淀粉含量、角质淀粉与粉质淀粉比例的差异，而表现出的不同胚乳质地会直接影响淀粉的物理性质和糊化特性。且胚乳质地与总糖、蛋白质、脂肪、灰分含量存在关联，还与黏度、糊化质地、凝胶强度等酿造性能显著相关。

**2. 高粱中的蛋白质组分**

蛋白质是由 20 种氨基酸按不同比例组合而成的有机大分子，高粱蛋白质组成普遍存在 6 类 14 种氨基酸，其中谷氨酸含量最高，其次为亮氨酸、丙氨酸、天冬氨酸、苯丙氨酸、酪氨酸、丝氨酸、精氨酸等，不同品种间含量变幅最大的是谷氨酸、亮氨酸、丙氨酸、酪氨酸。氨基酸是酸、甜、苦、鲜味的呈味物质，也是白酒中重要风味物质的前体物质，高粱氨基酸含量的差异会直接影响最终基酒的主要风味物质的种类和数量。在发酵过程中，蛋白质为微生物的生长提供速效氮源，同时，在芽孢杆菌、乳酸菌、醋酸菌等微生物和酶作用下，代谢生成氨基酸、多肽、有机酸等物质，蛋白质的水解伴随着相关蛋白酶活性的提高，使得微生物进一步代谢形成多种风味物质。氨基酸在酵母菌的作用下，通过转氨降解生成 α-酮酸，在酶的作用下脱羧形成醛，并进一步还原为相应的醇类，该过程称为氨基酸分解代谢途径（Ehrlich 途径）。在高温生产过程中，氨基酸易与还原糖发生美拉德反应：初始阶段，氨基酸与还原糖脱水缩合生成席夫碱，又经 Amadori 重排生成重要的不挥发性风味前体物质 1-氨基-1-脱氧-2-酮糖；中间阶段受反应环境影响分别经过 Osulose 路线（pH≤7）、还原酮路线（pH>7）和 Strecker 降解（pH>7），分别形成酱香型白酒体中重要的三类风味物质：呋喃类衍生物、吡咯类衍生物、醛酮及吡嗪类衍生物。最终醛、酮缩合的产物与中间阶段产物进一步缩合、聚合形成类黑素，赋予白酒焦香、坚果香等风味。

**3. 高粱中的脂质组分**

脂质的化学本质是脂肪酸和醇形成的酯及其衍生物，高粱中的脂质相比其他营养组分含量较少，主要集中在胚和种皮。脂质通过氧化降解和水解等方式形成的多种产物，是酒体风味物质的来源之一。在高温发酵过程中，不饱和脂质与氧反应形成的氢过氧化物本身无味，但易断裂生成各种挥发性风味物质和非挥发性的风味前体物质，如醇类、醛类、酸类、烯类、呋喃类等。此外，脂质易水解生成多种低分子有机酸和脂肪酸，如肉豆蔻酸、棕榈酸、硬脂酸及油酸、亚油酸、亚麻酸等。脂肪酸经微生物代谢生成的相应酯类或通过非酶反应分解形成的挥发性物质，均具有一定的气味。其中，亚油酸乙酯、亚麻酸乙酯等酯类经蒸馏富集到酒中，人饮用后通过代谢可摄取其中的人体必需脂肪酸，可能对降低血压、防止动脉硬化和血栓的形成具有积极作用。

但总体来说，脂质产生的挥发性物质杂味多，不良风味多，对酒体品质影响很大。虽脂质自动氧化生成的脂肪酮有助于形成香味，但不饱和脂肪酸氧化分解生成的低分子醛酮类，会造成酸败现象，给酒体带来邪杂气味。在发酵过程中，过量脂质引起的酸度升高，会影响微生物和酶的活性，且脂质与淀粉形成的复合物会提高淀粉糊化所需要的温度，影响其糊化效果。另外，过多的脂质容易使酒体遇冷变浑浊，一般酱香型白酒用高粱的脂质含量在4%左右。

**4. 高粱中的单宁组分**

高粱含有丰富的酚类物质，其含量远高于大麦、小麦等原料。大量研究表明，这些酚类物质具有抗氧化能力与自由基清除能力，能够有效地消除活性氧自由基攻击导致的蛋白质损伤、酶失活或核酸损伤。酚类化合物是芳烃的含羟基衍生物，根据分子质量可分为酚酸、黄酮类及单宁。单宁是分子质量较高的多元酚类化合物，分为水解单宁、缩合单宁以及复合单宁。高粱籽粒中大部分属于缩合单宁，又名原花青素，由儿茶素类（黄烷醇）单体缩合而成，一般聚合度越低表现出的活性越强。其酚羟基基团易与多糖、蛋白质、金属离子结合，缩合单宁与籽粒自身的蛋白质结合形成坚硬的外膜，并对收获前高粱籽粒中的酶具有抑制作用。

高粱中单宁含量不宜过高，单宁与细菌细胞壁物质结合或通过自身氧化产生过氧化氢，会干扰微生物细胞膜的通透性，从而对发酵过程中的微生物产生抑制作用。单宁对淀粉酶、纤维素酶等的酶活性也具有钝化作用，造成酒糟黏度增大，影响微生物的利用。此外，单宁对淀粉的吸附作用会影响其达到峰值黏度的时间，同时，单宁对蛋白质的收敛作用使其沉淀，造成蛋白质不能进行正常的糖化和发酵，影响风味成分的形成，并使酒体苦涩味突出。单宁在梭状芽孢杆菌、甲烷杆菌等作用下分解积累异臭味酚，如4-甲基苯酚、4-乙基苯酚、苯酚等，也会影响酒的品质。一般酱香型白酒用高粱的单宁含量要求在0.5%~1.5%最佳。

**5. 高粱中的灰分组分**

灰分指高粱的无机成分，在酱香型白酒酿造过程中，无机成分是酿酒微生物生长代谢不可缺少的营养物质，是多种酶的组成部分。另外，在白酒贮存过程中，各种元素趋于平衡，铜、锌等与白酒中硫化物发生沉淀反应，可减少新酒味；金属元素与有机物形成的络合物或螯合物，可中和杂味；金属离子的催化作用，可促进醇氧化成醛、酸，以及加快酒中高沸点酸的氧化分解，从而提升酒的品质。有研究表明，高粱中灰分含量较少，而南北方高粱灰分含量相近。高粱原料的金属元素中，钾、钙、镁、钛、镍、铁含量相对较高，其含量差异主要源于种植土壤的不同。

**6. 高粱中的粗纤维组分**

粗纤维是由葡萄糖分子聚合而成的线性大分子多糖物质，分为纤维素、木质素和半纤维素，是高粱籽粒细胞壁的主要成分，以结合态存在，不容易被微生物分解利用，但具有一定的保水性。在发酵过程中，适量的粗纤维能够保证糟醅的疏松度，通过纤维素酶，可降解产生葡萄糖供给酵母，提高原料的利用率及转化率。而粗纤维含量过高会阻碍酵母与淀粉的结合，高粱籽粒的过度破碎，会破坏粗纤维素组织而使得糟醅保水性变差，糊化后的淀粉流动性大，不利于发酵。南方糯高粱粗纤维含量普遍低于北方粳高粱，一般酒用高粱的粗纤维含量要求在 1.3%~2.0%。

**7. 高粱的多酚组分**

所有高粱品种富含多酚类物质，包括黄酮类化合物、酚酸和原花色素，它们能够在发酵过程中起到抑菌效果，并与白酒风味和其营养保健功能密切相关。据相关文献报道，高粱的基因型及其生长环境会影响其多酚类化合物的组成和含量，进而影响其颜色、外观和品质。黑色种皮的高粱品种，其中 3-脱氧花青素的含量是红、棕两色种皮高粱品种的 4 倍，而白色种皮高粱品种中黄烷酮类化合物含量最低，在柠檬黄种皮高粱品种中黄烷酮含量最高。高粱中的多酚类化合物在酿酒过程中对白酒风味等有重要的影响，同时也是白酒中功能成分的重要贡献者。再者，4-乙烯基愈创木酚是通过前体物质阿魏酸脱羧形成，同时少量的单宁经过蒸煮及发酵也能变成芳香物质，从而赋予酒特殊的香味。

红缨子高粱提取物中最丰富的多酚化合物为花旗松素及其糖苷类化合物，与其他红皮高粱多酚化合物的研究基本一致。不同品种高粱中多酚化合物含量和种类有显著差异，其中基因型、灌溉和温度是影响高粱多酚化合物差异的主要因素。不同品种高粱多酚提取物具有不同的抗氧化活性，因此针对不同产地酿酒高粱品种中所含的多酚类化合物进行分析和品种区别，对酿酒高粱的综合利用具有积极意义。经过相似度评价发现，不同地区的红缨子高粱样品间相似度均大于 0.97，说明不同地区种植的红缨子样品的质量相对稳定。对于其他酿酒高粱样品，在共有模式下与红缨子高粱的相似度均在 0.90 以下，说明其他品种酿酒高粱和红缨子高粱在多酚类化合物组成上存在较大的差异，可通过高效液相色谱指纹图谱将其与红缨子高粱区分开。

## 三、高粱影响酱香型白酒生产质量的因素

### 1. 不同高粱品种对出酒率的影响

影响白酒出酒率的因素较多，一般来说高粱籽粒中淀粉含量越多，出酒率越高，呈正相关；而单宁含量过多会影响发酵过程中微生物的活性，抑制发酵过程的进行；不同的生产工艺也会造成白酒出酒率的差异。粳糯高粱出酒率对比结果见表4-4。佳县高粱出酒率最高，为41%；粳性吉杂127出酒率最低，为35%。糯性高粱中支链淀粉含量丰富，更易于溶胀和糊化，因此，糯性高粱更适合于酿造酱香型白酒。

表4-4 粳糯高粱出酒率对比结果

| 高粱品种 | 出酒率/% | 高粱类别 |
| --- | --- | --- |
| 晋糯3号 | 40 | 糯高粱 |
| 冀酿2号 | 37 | 糯高粱 |
| 佳县高粱 | 41 | 糯高粱 |
| 吉杂127 | 35 | 粳高粱 |
| 晋杂34 | 38 | 粳高粱 |
| 辽杂19 | 39 | 粳高粱 |

### 2. 不同高粱品种对酱香型白酒质量的影响

高粱品种类型可直接影响其酱香型白酒酒体品质，选取河北高粱、天津高粱和辽宁高粱在同等生产工艺下进行酱香型白酒生产，并对其三轮次酒、四轮次酒进行感官评价。相关数据及结果见表4-5、表4-6和表4-7。

表4-5 不同高粱品种化学组分 单位:%

| 项目 | 河北高粱 | 天津高粱 | 辽宁高粱 |
| --- | --- | --- | --- |
| 淀粉 | 62.6 | 61.2 | 59.8 |
| 直链淀粉 | 2.1 | 3.9 | 8.2 |
| 粗脂肪 | 3.24 | 2.89 | 2.96 |
| 粗蛋白 | 10.2 | 9.6 | 8.5 |
| 粗纤维 | 1.34 | 1.57 | 1.68 |
| 单宁 | 1.14 | 1.22 | 0.63 |
| 灰分 | 1.34 | 1.46 | 1.27 |
| 水分 | 12.2 | 12.8 | 13.5 |

从表4-5可以看出，河北高粱淀粉含量要略高于其余两种，但三者差距较小。在直链淀粉含量上，三者都检出直链淀粉的存在。由于支链淀粉含量较高的高粱易糊化，

黏度较大，支链淀粉含量高客观上反映了河北高粱的糯性更强一点。粗蛋白、粗脂肪含量上，河北高粱也略高于其他两种。粗纤维、水分、灰分组分都在合适的范围内，差距较小，对酿酒的影响相对较小。

**表 4-6　　不同高粱品种对第三轮次酱香型白酒感官的影响**

| 高粱品种 | 评语 | 得分 |
|---|---|---|
| 河北高粱 | 酱香突出，绵甜醇厚，酒体醇厚，酸涩感适中，后味长 | 92.58 |
| 天津高粱 | 酱香浓郁、舒适，醇和，干净，酸涩感好，略有生沙味，后味较长 | 92.19 |
| 辽宁高粱 | 酱香较好，微涩，酒体较醇和，略显粗糙 | 91.56 |

**表 4-7　　不同高粱品种对第四轮次酱香型白酒感官的影响**

| 高粱品种 | 评语 | 得分 |
|---|---|---|
| 河北高粱 | 酱香突出，酒体醇厚协调，干净，后味长 | 92.89 |
| 天津高粱 | 酱香淡雅、酸涩感较好，略有糟味 | 92.42 |
| 辽宁高粱 | 酱香味较正较好，微酸涩，酒体较柔和、欠净、略粗糙 | 91.78 |

通过表 4-6 和表 4-7 可知，使用河北高粱的产酒品评得分较天津高粱和辽宁高粱的平均得分要高。酱香产酒整体品评结果都可以，辽宁高粱产酒在细腻感上稍微欠缺。因此，支链淀粉含量较高的高粱在酱香型白酒生产上具有一定优势。

# 第三节　辅　　料

在酱香型白酒酿造生产中，除主要原料之外使用的材料都称为“辅料”，主要是为辅助酱香型白酒生产，以提升酒体品质。

## 一、常用辅料及特性

**1. 麸皮**

麸皮是小麦加工面粉过程的副产品，其成分因加工设备、小麦品种及产地而异。在麸曲白酒和液态法白酒的生产中，使用麸皮为制曲原料，其原因除麸皮可给酿酒用微生物提供充足的碳源、氮源、磷源等营养物质外，还含有相当数量的 $\alpha$-淀粉酶，其次是麸皮比较疏松，有利于糖化剂曲霉菌、根霉菌的生长繁殖。但为保障高温制曲成品曲的品质，一般使用100%小麦制曲。

**2. 稻壳**

稻壳是酱香型白酒酿造的重要辅料。稻壳又名稻皮、谷壳，是稻米谷粒的外壳，根据外形可分为长瓣稻壳和短瓣稻壳。长瓣稻壳皮厚、壳质较硬；短瓣稻壳皮薄、壳质较软。因为稻壳是酿制大曲酒的填充料，所以不能太细，一般脱粒后为 2~4 瓣使用较好（因细壳中含大米的皮较多，故脂肪含量较高，疏松度较低）。一般使用前清蒸处理 30min，在蒸酒蒸粮时起到减少原料相互粘结，避免塌汽，保持粮糟柔熟不腻的作用。糠壳中有显腐烂稻草味的 4-乙烯基苯酚、4-乙烯基愈创木酚及少量乙醛，所以使用糠壳为酿酒辅料，必须先行清蒸使其挥发。

稻壳的检验可用目测法，将稻壳放入玻璃杯中，用热水烫泡 5min 后，闻稻壳的气味，判断有无异味。一般要求新鲜、干燥、无霉味，呈金黄色。江南大学、五粮液等对稻壳进行了较深入的研究，采用同时蒸馏萃取法（SDE）和固相微萃取法研究了酿酒用稻壳的挥发性气味成分。用 GC-MS 采用大体积进样方式分析，蒸馏前稻壳气味成分物质共检出 175 种，其中烃类 14 种、醛类 16 种、酮类 13 种、醇类 11 种、酸类 4 种、酯类 11 种、苯类 30 种、其他类 33 种、未知物 43 种。蒸后稻壳共检出了 41 种成分，远远少于前者，含量上也相对较少，并发现土臭素，据报道，该化合物的感官特征为：土霉或糠臭味（土霉异味）。该化合物在 46% vol 酒精度溶液中的阈值为 0.11μg/L，在水中阈值为 0.011μg/L。可见白酒中存在微量的土臭素对其风味也会造成较大的破坏。

长期以来，糠味一直是影响中国白酒感官品质的重要异味，目前能够做的就是适当延长辅料清蒸的时间，最大限度地消除辅料中的异杂物质，但是蒸过的糠壳是否合格并适用于生产，还是仅仅靠生产人员凭经验感官鉴定，如何建立快速简便的方法、标准并检测，还需要进一步的研究。只有系统地研究异杂味物质的本质、产生过程及机理，以及生产过程中的产生环节，才能有效地防止。

**3. 谷糠**

谷糠是小米或黍米的外壳，注意与稻壳的区别，它不是稻壳碾米后的细糠，酿制白酒使用的是粗谷糠。其用量较少而使发酵界面较大。故在小米产区多用谷糠作为优质白酒的辅料，也可与稻壳混用，清蒸后的谷糠会使白酒具有特别的醇香和糟香，多作为麸曲白酒的辅料。

**4. 玉米芯**

玉米芯是玉米穗轴的粉碎物，粉碎度越大，吸水量越大。但多缩戊糖含量较多，在发酵时会产生较多的糠醛，对酒质不利。

**5. 鲜酒糟**

传统固态法白酒生产中产生的废酒糟量很大，除少量可以继续作酿酒的辅料（鲜酒糟干燥后使用）外，还有大量的要做处理，如何合理利用酒糟已成为酿酒界需要面对的问题，实现“资源—产品—废弃物—再生资源—再生产品”的良性循环，是当今“节能减排”的重点。目前已有不少成功的经验，且做过不少研究。主要可作为饲料、肥料，充当制曲辅料、锅炉燃料、食用菌培养基、甲烷发酵液等。实践证明，这些都是行得通的途径。

**6. 其他辅料**

高粱糠及玉米皮既可以作制曲原料，又可以作为酿酒的辅料。花生皮、禾谷类秸秆的粉碎物等，均可作为酿酒的辅料，但使用时必须清蒸排杂；甘薯蔓作为酿酒的辅料会使成品酒较差；麦秆会导致酒醅发酵升温猛、升酸高；荞麦皮含有紫芸苷，会影响发酵。单独使用花生皮作辅料，成品酒中甲醇含量较高。

从白酒产品质量和饲料价值角度考虑，在几种填充剂中，以稻壳和小米糠为最好。常用辅料及其特性详见表4-8。

表4-8 常用辅料及其特性

| 名称 | 水分 | 粗淀粉 | 纯淀粉 | 果胶 | 多缩戊糖 | 松紧度/（g/100mL） | 吸水量/（g/100mL） |
|---|---|---|---|---|---|---|---|
| 高粱壳 | 12.7 | 29.8 | 1.3 | — | 15.8 | 13.8 | 135 |
| 玉米芯 | 12.4 | 31.4 | 2.3 | 1.68 | 23.5 | 16.7 | 360 |
| 谷糠 | 10.3 | 38.5 | 3.8 | 1.07 | 12.3 | 14.8 | 230 |
| 稻壳 | 12.7 | — | — | 0.46 | 16.9 | 12.9 | 120 |
| 花生皮 | 11.9 | — | — | 2.1 | 17 | 14.5 | 250 |
| 鲜酒糟 | 63 | 8~10 | 0.2~1.5 | 1.83 | 6 | — | — |
| 玉米皮 | 12.2 | 40~48 | 8~28 | — | — | 15.6 | — |
| 高粱糠 | 12.4 | 38~62 | 20~35 | — | — | 13.2 | 320 |
| 甘薯蔓 | 12.7 | — | — | 5.81 | 11.9 | 25.7 | 335 |

## 二、辅料与酿酒的关系

固态发酵酿制白酒时要使用一定量的填充剂，即辅料和填充料。常用的辅料有麸皮、谷糠、高粱糠；常用的填充剂有稻壳、酒糟、高粱壳、玉米芯等。辅料和填充料经蒸熟后使用，调节入池酒醅的淀粉浓度和酸度，保持一定的水分，并对酒醅起疏松作用，做到合理配料。

**1. 辅料的作用**

（1）界面作用　固态发酵与液态发酵白酒的本质区别在于固态发酵白酒的酒醅有良好的透气性，辅料是白酒固态发酵的填充料，使酒精发酵在厌氧发酵的同时，也有微量的氧气存在，微量好氧发酵的香味物质是兼性厌氧发酵香味物质种类的数倍乃至数十倍或更多。因此，固态发酵酒醅在发酵前期适当暴露在空气中有利于各种香味物质的形成，这也是生产调香调味酒的工艺措施之一。

（2）稀释、填充和提香作用　辅料不仅有透气性，也有吸水性，辅料与淀粉混合，可冲淡酒醅的淀粉浓度；辅料和底醅混合可冲淡底醅的酸度，使入池酒醅控制在适宜的淀粉、酸度和水分范围之内，有利于正常发酵；同时辅料作为填充剂，起到类似填充塔的作用，能增大气液交换和热交换的界面，在蒸酒浓缩乙醇的同时，也浓缩了其他香味物质。

(3) 升温和生酸作用　实验证明辅料的疏松性能越好，入池酒醅辅料用量越大，或因酒醅的透气性越好，导致酒醅升温和生酸也越快。作为一名优秀的酿酒师，应当多用底醅，少用辅料，在实际生产中有许多生产操作者和管理者，并未准确地认识到多用辅料的危害性。采取退底醅填辅料的办法，不仅使酒醅酸度出现恶性循环，同时也会由于辅料用量过大造成乳酸及乳酸乙酯比例失调，这是造成酒质苦涩的主要原因。

**2. 辅料的要求**

填充剂的质量优劣和用量多少，关系到白酒产品的质量及出酒率，在白酒生产中受到极大重视，要求有疏松性、吸水性好、含杂质少、无霉变等。辅料较易吸潮变质，运输过程中一定要做好防雨淋措施。仓库贮存要防潮，仓库门窗要严密，严防漏雨。如果使用霉变的辅料会使酒质产生怪味，严重影响酒的质量。

## 三、辅料的使用原则

辅料的使用与酿酒的生产、质量密切相关，因酿酒工艺、季节、淀粉含量、酒醅酸度等不同而异。酱香型白酒辅料用料较少。传统坤沙工艺中要按季节调整辅料用量，冬季适当增加，有利于酒醅升温，提高出酒率；按底醅（底糟）升温情况调整辅料用量，每次增减辅料时，应相应地补足和减少水量，以保持入窖水分标准；按出窖糟醅的酸度、淀粉调整辅料用量；尽可能减少辅料用量，在出酒率正常条件下，因季节等原因要减少投粮时，应相应减少辅料，保持粮糟比一致。

# 第四节　白酒生产用水

白酒生产用水是指在白酒生产过程中各种用水的总称，包括酿造用水及锅炉用水、冷却用水和洗涤用水等非酿造用的生产水。广义而言，厂内花草树木的浇灌用水等，均可列为生产用水。酿酒生产用水，是含有各种矿物质的自然水，与酿造过程中微生物生长、酶促反应活性、耐热性、pH 变化等有关，并影响酒的风味。对水源的要求无污染，最好选择溪水和矿泉水，其硬度较低，含杂质及有害成分少，微生物含量少，且含有适量的无机离子。其次选择深井水，再次是自来水，慎用地表水。对白酒而言，酿造用水主要包括生产过程用水、加浆降度用水、包装洗涤用水等。按白酒生产过程中水的用处不同，大体上可分为以下三种：生产过程用水、冷却水和锅炉用水。

## 一、生产过程用水

酿造用水或称工艺用水。凡制曲时拌料，微生物培养，制酒原料的浸泡、糊化、稀释，涉及工具的清洗，成品酒的加浆用水，因其均与原料、半成品、成品直接接触，故统称为酿造用水。水中所含的各种组分，均需有益微生物的生长，与酶的形成和作用，以及酒醅或发酵直至成品酒的质量密切相关，应予以足够的重视。

## 二、冷却用水

在液态发酵法或半固态发酵法白酒的生产过程中，蒸煮醪和糖化醪的冷却，发酵温度控制，以及各类白酒蒸馏时冷凝，均需大量的冷却用水。因其不与物料直接接触，故水温较低，硬度适当。若硬度过高，也会使冷却设备结垢过多而影响冷却效率。为节约用冷却水应尽可能予以回用。

## 三、锅炉用水

锅炉用水通常要求无固形悬浮物，总硬度低，pH 在 25℃时高于 7，含油量及溶解物等较好。锅炉用水若含有沙子或污泥，则会形成沉渣而增加锅炉的排污量，并影响炉壁的传热或堵塞管道和阀门；若含有大量的有机物质，则会引起炉水泡沫、蒸汽中夹带水分，影响蒸汽质量；若锅炉用水硬度过高，则会使炉壁结垢而影响传热，严重时，会使炉壁过度凸起，引起爆炸事故。

## 四、后处理用水

后处理用水包括加浆降度用水和包装洗涤用水，加浆降度用水又称为勾兑用水；包装洗涤用水会直接接触成品酒，所以对最后趟酒瓶的水要求如同勾兑用水。

**1. 后处理用水的基本要求**

总硬度应小于 1.783mmol/L（即 89.23mg/L）；低矿化度，总盐量少于 100mg/L，因微量无机离子也是白酒组分，故不宜用蒸馏水作为降度用水；其他要求为：硝酸态氮含量低于 0.1mg/L，铁含量低于 0.1mg/L，铝含量低于 0.1mg/L。不应有腐蚀质的分解产物。将 10mg 高锰酸钾溶解在 1L 水中，若在 20min 内完全褪色，则这种水不能作为降度用水；自来水应用活性炭将氯吸附，并经过滤后使用。

**2. 水处理方法**

若水质达不到以上要求，应处理后方可使用，特别是低度酒生产。常用的方法有煮沸法、沙滤法、活性炭过滤法、离子交换树脂过滤法、反渗透法、超微渗透法等，目前市面上已有相应成套设备出售，根据水质具体情况选用。

（1）沙滤法　浑浊不清的水通过自然澄清后，经过沙滤，即可得到清亮的水。沙滤设备是陶瓷缸或水泥池，两面分别铺上多层卵石、棕垫、木炭、粗沙和细沙等而成（沙子要用稀盐酸处理并洗净后才用）。混浊水通过滤层后，沙子滤去悬浮物，木炭可吸附不良气味和一些浮游生物等。此法简单易行，效果也较好，这是我国传统净水方法。将其与微孔过滤器联用，效果更佳。

（2）煮沸法 含有碳酸氢钙或碳酸氢镁的硬水，经煮沸后，可分别转变为难溶于水的碳酸钙或碳酸镁，这样水的硬度就可以降低。同时，经过煮沸，也可达到杀菌的目的。煮沸后的水，要经过沉淀、过滤才能使用。此法在酿造工业上应用较少。

（3）化学凝集剂法 往原水中加入铝盐或铁盐，使水中的胶质及细微物质被吸着成凝集体。该法一般与过滤器联用，常见的化学凝集剂等的种类如表 4-9。

**表 4-9　　凝集剂等的种类**

| 凝集剂 | pH 调节剂 | 助凝集剂 |
|---|---|---|
| 硫酸铝 | 消石灰 | 藻酸钠 |
| 聚氧化铝 | 碳酸钠 | 活性硫酸钠 |
| 氧化铝酸钠 | 氢氧化钠 | 羟甲基纤维素钠 |
| 硫酸亚铁 | — | 氢氧化淀粉 |
| 氯化铁 | — | — |

（4）活性炭吸附法 活性炭表面及内部布满平均孔径为 2~5nm（纳米）的微孔，能将水中的细微粒子等杂质吸附，再采用过滤的方法将活性炭与水分离。活性炭用量通常为 0.1%~0.2%（质量浓度）。先将粉末状活性炭与水搅匀，静置 8~12h 后，吸取上清液，经石英砂或上有硅藻土滤层的石英砂层过滤，即可得清亮的滤液。也可装置活性炭过滤器，即在过滤器底部填装 0.2~0.3m 厚的石英砂，作为支柱层，再在其上面装 0.75~1.5m 厚度的活性炭。原水从顶部进入，从过滤器底部出水。吸附饱和的活性炭可以再生，即先用清水、蒸汽从器底进行反洗、反冲后，再从过滤器底部通入 40℃、浓度为 6%~8%的 NaOH 溶液，其用量为活性炭体积的 1.2~1.5 倍。然后用原水从过滤器顶部通入，正洗至出水符合规定的水质要求即可正常运转。通常总运转期可达 3 年。若再生后的活性炭无法恢复吸附能力，则应更换。

（5）离子交换树脂过滤法 离子交换树脂过滤法是白酒企业普遍采用的水处理方法。使用离子交换树脂与水中的阴、阳离子进行交换反应即可吸附水中的各种离子。再以酸、碱液冲洗等再生法将离子交换树脂上的钙、镁等离子洗脱后，即可继续使用。阳离子交换树脂分为强酸型和弱酸型两类；阴离子交换树脂分为强碱型和弱碱型两类。若只需除去钙、镁离子，则可选用弱酸型阳离子交换树脂；若还需除去氢氰酸、硫化氢、硅酸、次氯酸等成分，则选用弱酸型阳离子交换树脂与强碱型阴离子交换树脂联用，或强酸型阳离子交换树脂与弱碱型阴离子交换树脂联用。离子交换柱一般由 1 个柱内装 1 种树脂或 2 种树脂构成的单元装置；也可由 2 个或多个柱联合使用，按水处理量及水质要求而定。一般柱体的直径相当于柱高的 1/5；柱材为有机玻璃；在柱内的筛板间，填装离子交换树脂，树脂高度通常为 1.2~1.8m。通常含氧量高的自来水，应先经活性炭吸附后，再从柱顶部通入，1 小时的出水量为树脂体积的 10~20 倍。树脂再生时先用相当于树脂体积 1.5~1.7 倍的纯水进行反洗 10~15 分钟，然后用再生剂冲洗。阳离子交换树脂一般以盐酸或硫酸为再生剂；阴离子交换树脂通常以氢氧化钠为再生剂。再生剂的具体浓度、温度，以及冲洗的流速、流量及时间等条件，以再生后达到的水质要求而定。最后再用纯水正洗，其用量为树脂体积的 2~3 倍。用离子交换树脂处理得到的降度用水，不必达到无离子的水平，可按实际需要予以控制。

（6）反渗透法　反渗透法可以有效地清除溶解于水中的无机物、有机物、细菌及其他颗粒等。所谓渗透是指以半透膜隔开两种不同浓度的溶液，其中溶质不能通过半透膜，则浓度较低的一方水分子会通过半透膜到达浓度较高的另一方，直到两侧的浓度相等为止。在还没达到平衡之前，可以在浓度较高的一方逐渐施加压力，则前述之水分子移动状态会暂时停止，此时所需的压力称为“渗透压”，如果施加的压力大于渗透压，则水分子的移动会反方向而行，也就是从高浓度的一侧流向低浓度的一侧，这种现象就称为“反渗透”。反渗透的纯化效果可以达到离子的层面，对于单价离子的排除率可达 90%~98%，而双价离子可达 95%~99%。反渗透水处理常用的半透膜材质有纤维质膜、芳香族聚酰胺类等，它的结构形状有螺旋形、空心纤维形及管状形等。这些材质中纤维质膜的优点是耐氯性高，但在碱性的条件下（pH≥8.0）或细菌存在的状况下，使用寿命会缩短。如果反渗透前没有做好前置处理则渗透膜上容易有污物堆积，例如钙、镁、铁等离子，造成反渗透功能的下降。有些膜（如 polyamide）容易被氯与氯氨所破坏，因此在反渗透膜之前要有活性炭及软化器等前置处理。

（7）超滤法　超滤法与反渗透法类似，也是使用半透膜，但它无法控制离子的清除，因为膜的孔径较大。只能排除细菌、病毒、颗粒状物等，对水溶性离子则无法滤过。超过滤法主要的作用是充当反渗透法的前置处理以防止反渗透膜被细菌污染。它也可用在水处理的最后步骤以防止上游的水在管路中被细菌污染。一般是利用进水压与出水压差来判断超过滤膜是否有效，与活性炭类似，平时是以逆冲法来清除附着其上的杂质。

# 第五章　酱香型白酒制曲工艺

制曲技术是我国特有的民族遗产，它的出现代表一个时代的进步。在曲与酒的关系上，曲是占先导地位的。尽管在无曲时就有酒，但当制曲技术出现后，酒业才得到了规模化、规范化的发展，从此酒就离不开曲，曲决定酒。俗话说："有美酒必备佳曲""曲为酒骨"。

酱香型白酒生产，是用独特的高温大曲为糖化发酵剂。酱香型大曲的原料是小麦，经粉碎后加水、母曲踩成曲坯，在室内培养，让自然界微生物繁殖，以产生酿酒中所需的糖化酶和酒化酶，再经风干、储存为形状较大并含有多酶类的曲块，对形成酱香型白酒的风格和提高酒质起着决定性作用。

## 第一节　酱香型大曲的功能性研究

酱香型大曲是酱香型白酒生产的糖化剂和发酵剂，也是酱香型白酒生产工艺最基本的保障。酱香型大曲在酱香型白酒生产中有以下作用：

**1. 提供菌源**

酱香型大曲的生产过程就是微生物富集的过程，网罗了环境中细菌、霉菌、酵母等多种微生物，经过大曲发酵后，提供到酿酒生产过程中去。

**2. 糖化发酵**

由于酱香型大曲本身制曲温度较高，使得大部分酵母被淘汰，发酵力很弱，因此它的发酵作用是通过堆积过程中网罗空气中的微生物实现的。高温大曲中含有对大曲酒发酵过程起重要作用的霉菌、酵母菌、专性厌氧或兼性厌氧的细菌和水解酶，大曲的双边效应十分明显，即窖内发酵时，可以边糖化（液化）边发酵。

**3. 投粮作用**

酱香型大曲的主要原料为小麦，小麦经过高温大曲的制备过程可产生糖以及蛋白质多肽等物质，还有较多的残余淀粉。这些糖、蛋白质多肽和残余淀粉进入白酒的发酵过程中，不但可作为产生酒精的原料，还为白酒风味物质提供前体物质，丰富白酒风格特征。

**4. 生香作用**

酱香型大曲的主要作用是生香，在制曲过程中，最高温度可达60~65℃，这个温度有利于蛋白质分解转化成氨基酸以及氨基酸的衍生物，还包括含氮化合物、酚类化合物、吡嗪化合物等极微量成分的生成，产生了极其浓郁的曲香味，制曲温度越高，生成这些极微量成分就越多。高温大曲中的蛋白质在蛋白酶的作用下分解为氨基酸，而氨基酸是白酒中香味成分的主要前体物质，经过微生物及酶的代谢，生成多种香味成分。同时，氨基酸在发酵过程中以多种方式脱氨为微生物提供氮源，脱氨后的酮酸则进一步生成醇、羰基化合物等香味成分，促进酯化。高温大曲富含有机酸，而有机酸是形成酯类的前体物质；同时高温大曲中的细菌具有一定酯化作用；再辅之以氨基酸和糖在高温下分解所产生的能量，使得总酯的合成顺利进行。小麦的表皮中的一种物质，在60℃左右温度的作用下，可以转化生成阿魏酸、香草醛、香草酸、4-乙基木酚等芳香族化合物，以提供酒中的香气成分。

# 第二节　生产工艺特点

与其他香型不同，酱香型白酒制曲生产周期也较长，且温度较高，一般为60~65℃，整个制曲周期长达5个月，从开始制作到成曲进库一般为40~60d，还需贮存3个月以上才能投入使用。酱香型大曲制作过程可以看作是酿酒微生物选择培育的过程，其微生物主要来源于原料、水和周围环境，在制曲过程中，微生物分解原料所形成的代谢产物如氨基酸、阿魏酸等，是形成大曲酒特有香味的前体物质，同时也提供酿酒微生物所需要的氮源。生料制曲也是酱香型大曲特征之一，原料经适当粉碎、拌水后直接制曲，一方面可保存原料中所含有的水解酶类，如小麦中含有丰富的$\beta$-淀粉酶，可水解淀粉成可发酵性糖，有利于大曲培养前期微生物的生长；另一方面生料上的微生物菌群适合于大曲制作的需要，如生料上的部分菌可产生酸性蛋白酶，可以分解原料中的蛋白质为氨基酸，有利于大曲培养过程中微生物的生长和风味前体物质的形成。

酱香型白酒素有“端午制曲、重阳下沙、冬不制曲”之说。在不同的季节里，自然界中微生物菌群的分布存在着明显的差异，一般是春秋季酵母多、夏季霉菌多、冬季细菌多。大曲的踩曲季节不同，各种微生物繁殖的比例也不同，在春末夏初至中秋节前后是制曲的合适时间，一方面，在这段时间内，环境中的微生物含量较多；另一方面，气温和湿度都比较高，易于控制大曲培养所需的高温高湿条件。

堆积培养是大曲生产的共同特点，根据工艺和产品特点的需要，通过堆积培养和翻曲来调节和控制各阶段的品温，借以控制微生物的种类、代谢和生长繁殖。高温大曲的堆积形式通常有“井”形和“品”形两种。“井”形易排潮，“品”形易保温，在实际生产中应根据环境温度和湿度等具体情况选择合适的形式。

# 第三节 高温大曲工艺操作及流程

酱香型大曲又称高温大曲，是以纯种小麦为原料，经人工或机械成坯、培养、翻坯、贮存等阶段使之转换为集微生物菌群、多种酶类和挥发性组分以及前体物质于一体的酿酒中间制品，主要用于生产酱香型白酒。从外观上看，高温大曲有黑色、白色和黄褐色。高温大曲是一种富含多酶多菌的微生物发酵制剂，具有糖化、发酵、生香、投粮等功能，其质量对形成酱香型白酒的风格和提高酒质起着决定性作用，也是酱香型白酒品质优劣的重要决定因素之一，具体工艺操作如图 5-1。

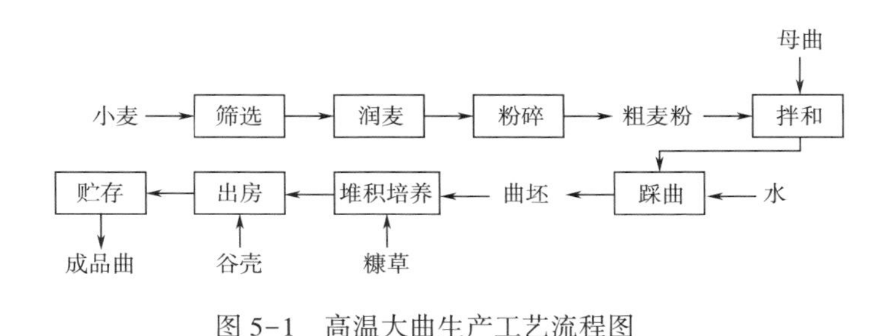


图 5-1 高温大曲生产工艺流程图

## 一、原料筛选

小麦是高温大曲的唯一原料，且用量占比酿酒总原料的 50%左右。其品质优劣直接影响酒体质量。小麦品质主要受品种、储藏时间和储藏条件等因素影响。小麦品种主要由自身基因控制的硬度和外观属性决定，其中小麦硬度是影响品种的最大因素。不同硬度小麦的容重、出粉率、吸水率、支链与直链淀粉含量区别明显。根据国家最新标准，用硬度指数表示小麦硬度，硬度指数大于60 的为硬麦，小于45 的为软麦，介于二者之间为混合麦。软质小麦淀粉含量高，吸水性好，且支链淀粉含量高，利于糊化，但蛋白质含量少，不利于蛋白质分解产香；而硬质麦蛋白质含量高，只能被分解一部分，剩余的蛋白质易形成杂醇油，影响酒质，且用于制曲不易踩出面浆，曲坯入仓松散，入仓后升温快、猛，易变形，同时曲坯成熟慢，影响成品曲品质。故一般要求软质麦和硬质麦比例在 7∶3。若软质麦比例较低，可增加润麦水，使小麦软化，使得粉碎时颗粒减少。麦粉过粗，黏着力低导致曲坯松散，曲坯易掉边角、垮塌，培养时升温快，中挺不足，后火无力；麦粉过细，曲坯紧实、水分高，不利于透气，曲心温度上不去，易形成“窝心曲”。

无论是硬麦还是软麦，都要求其颗粒饱满、干燥均匀、不虫蛀、不霉变、无农药污染等。可分别从色泽、粒状、净度和剖面来检验其质量：色泽一般呈淡黄色，且两端不带褐色；粒状形状整齐且颗粒坚硬饱满；净度方面要求无霉、无虫蛀和无夹杂物；剖面要求表皮薄，且麦粒胚乳呈粉状。

## 二、润麦

小麦经过筛选之后，通过斜式传送带自下而上运输，在传送带上方设喷水装置，为原料3%~9%比例喷洒润粮水。夏季使用常温水，春冬季使用60℃左右的温水，润粮时间为3~6h，使麦粒表皮湿润、均匀，等待粉碎。

## 三、粉碎

小麦的粉碎直接影响曲质的优劣，感官要求烂心不烂皮，呈“梅花瓣”薄片状，过20目的细粉要求占40%~60%。原料粉碎的粗细影响成品大曲的质量。实际生产应合理调节小麦粉碎度，不可太粗或太细。粉碎太粗时，曲坯黏着力不强，不利于曲坯的成型，易掉边缺角，曲坯升温快，中挺时间不足，后火无力；粉碎太细时，曲粉吸水强，黏着紧，不利于曲坯透气，无法形成厌氧的发酵条件，发酵时水分不易挥发，难以达到顶点品温。关于粉碎度的控制，应根据气候变化的情况而定，冬春季节可适当粗一些，夏秋季节可适当细一些。

## 四、润粉

拌料前先配料，将粉碎后的麦粉与3%~8%的母曲粉进行拌和，夏季加入母曲量3%~5%，冬季加入母曲量5%~8%。母曲粉为上批次优质母曲粉碎制成，是新曲的主要微生物来源，母曲的好坏对新曲品质起着至关重要的作用，通常选用菊花心、红心的金黄色大曲。拌料是否均匀将直接影响曲块中营养物质和水分的分布均匀及曲块的透气性。因此要求均匀透彻、无白粉、无灰包、无球团，用手握成团后不散，不粘手。拌后的曲料要立即使用，不要堆积过久，以防酸败变质。

配好料后加水拌和，酱香型高温大曲一般拌曲配料水分为35%~40%，根据季节、地理环境做合理调整，一般夏季35%~37%，冬季37%~40%，过高或过低的水分都不利于曲坯发酵。若拌和水分过低，曲料干，松散，曲坯不易成型，使培菌挺温时间短，后火不足，位于曲堆四周的曲坯易形成糖化力较高的“白块曲”；若拌和水分过高，曲料又黏又软，曲块不易收汗与转移，不仅延缓生产进程，还会使曲坯内部水分挥发不尽，滋生杂菌。大曲质量主要与制曲温度有关，制曲温度又与润粉加水量有关。若制曲水分高，升温幅度大，反之升温幅度小。掌握制曲水分的高低，可有效地控制升温幅度，利于提高麦曲质量。制曲温度如达到60℃以上，麦曲的酱香、曲香均较好，产酒具有酱香风味。这是提高酱香型白酒风格质量的基础。

因此，加水拌料在制曲生产上是重要一环，加水量的多少要依据原料品种及其本身含水量、制曲季节、曲室条件、粉碎粗细等情况调节决定，以达到制曲最佳条件。

## 五、压制曲坯

曲坯制作分人工踩曲和机械制曲两种，曲坯要求松而不散。小麦粉与母曲拌和水分后，压制成长方形曲块，要求表面光滑，无缺角、裂缝，中间突起，提浆好，无夹灰。曲包高度不同影响曲块成型、仓内发酵温度和曲块水分挥发。适宜的曲包高度利于踩制、曲坯发酵和环境微生物的富集，所以曲包高度一般控制在12~13cm为宜。若曲包高度低，会导致踩制曲坯太紧，富集微生物数量少，发酵升温异常；若曲包高度高，会导致踩制曲坯困难，曲坯疏松和易变形，发酵升温过猛。因此，有效控制曲包高度对生产优质高温大曲的重要性不言而喻。

若采用人工踩曲，踩曲者须用足掌从曲模中心踩起，再沿四边踩压，要求踩紧、踩平、踩光，曲块中间可略松，棱角要分明，不得缺边掉角，每块曲重误差小于0.2kg。曲坯踩好后，侧立收汗，立即送入曲室培养。曲块的大小影响曲的质量和操作，曲坯太小不易保温，操作费工费时；曲坯太大、太厚，培曲时微生物不易长透长匀，也不便于操作。踩曲要注意曲坯强度，曲坯过软，往往会产生裂纹，容易引起杂菌生长，成品曲颜色不正，曲心会有异味；另外，曲坯疏松度对曲坯水分的挥发速度也有重要影响。若曲坯踩制太松散，曲块便不易成型。实验研究发现曲坯越疏松，储存期曲块虫蛀现象越严重；若曲坯踩制太紧，会造成曲坯内部的氧气含量降低，影响好氧微生物的正常生长繁殖与代谢，还会造成“曲心”水分无法正常由里及表散发，形成“窝水曲”或“黑心曲”。无论“白块曲”“窝水曲”还是“黑心曲”，都会造成成品曲质量不达标，降低曲药品质。

## 六、入仓堆曲

曲室应具有保温、保湿能力，又能通风、排潮，曲坯进房前，首先将曲室打扫干净，久未生产的曲房要进行消毒。曲室地面应铺一层糠壳或稻草（5~10cm），起到保温和接种微生物的作用，检查发酵室内的铺垫糠壳厚度是否满足生产要求，过厚或过薄应提前进行调整。入室前应将曲坯侧立，经过1.5~2h，曲坯表面水分蒸发，一部分水分被麦粉吸收。当曲坯表面呈半干状态时，俗称“收汗”。

堆曲方法：每间发酵室排放三层，按三横三竖排列，曲块间距约2cm，中间用草隔开。排满一层后，每层也同样用一层稻草隔开，草层约厚7cm，但横竖与下层错列，以起到通风保温的作用，促进霉衣生长，依次排五至六层为止，并且最后要留空一二行位置，作为翻曲时转移曲块之用。四周离墙间隙8~15cm，曲坯间用细散谷草填塞，曲堆四周内层用细散谷草填塞，外层用厚草帘搭盖，安满一间发酵室后，随即围盖上草帘、麻袋或塑料编织袋，起保温、保湿作用，阻止冷凝水直接滴入曲块，引起酸败，同时有助于曲块后期的干燥。最后关闭门窗，并保证发酵室内保持一定的温度、湿度。曲坯入室后，技术员应每天检查仓内温度 1～2 次，并如实做好记录。曲坯品温、淀粉、水分、酸度、发酵力、液化力、酯化力、糖化力的定期测量未做相关规定。

## 七、堆积培养

堆曲结束应通过洒水来维持曲室湿度和环境温度，但应注意洒水时水不能滴入曲堆，洒水量一般为投粮量的 3%～5%。由于一年四季气候的不同，空气及发酵室内的湿度也不相同，因此对发酵室内的空气湿度必须进行控制和调整。在夏秋季节气候干燥时，为了增大环境湿度，应根据空气的干燥程度适当喷洒水，喷洒在墙壁、草帘上，并考虑室温的高低，确定洒水的温度和水量，室温高时可适当多洒一些，以草帘不滴水不流入曲坯为适宜；在冬季气温较低时，可用 60～80℃热水喷洒。

盖草洒水后，立即关闭门窗，微生物即开始繁殖，曲块品温逐渐上升，夏季经 5～6d，冬季经 7～9d，曲堆内部温度可高达 63℃左右，曲室内的湿度也会接近甚至达到饱和。这时曲块表面长出霉衣，80%～90%的曲块表面布满白色菌丝，这是霉菌和酵母大量繁殖的结果。此后，曲块品温上升会稍缓，主要是 $CO_2$ 抑制微生物生长繁殖所致，或是高温使部分微生物停止生长或死亡造成的。当品温升到控制的最高点时即可进行第一次翻曲。目前主要依据曲坯中层温度及口味来决定第一次翻曲时间，当曲坯中层品温达到，口尝曲块有甜香味时（类似糯米蒸熟时的香味），手摸最下层曲块已感发热，即可进行第一次翻曲。

翻曲操作主要是调温调湿，促使曲坯发酵均匀与干燥程度一致。翻曲过早，曲坯的最高品温会偏低，导致大曲中白色曲居多；翻曲过迟，导致曲坯黑色曲增多。翻曲时要注意，尽量将湿草帘取出，地面及曲坯间应垫以干草，为促使曲坯的成熟与干燥，便于空气流通，可将曲坯的行距加大，竖直堆曲。翻曲的主要依据是以曲坯温度来确定时间，目的是调节温湿度，补给发酵室内的氧气，使每块曲坯均匀成熟。翻曲时应将上、下层和内、外行的曲块位置对调，曲块本身直立的位置也应颠倒，充分调节曲块各部位的温度、湿度，使微生物在整个曲块上均匀生长。尽量将曲坯间湿草取出，地面及曲坯间应垫以干草，为促使曲坯的成熟与干燥，便于空气流通，可将坯间的行距加大，竖直堆曲。

曲坯经翻曲后，菌丝开始从曲坯表面向内生长，曲的干燥过程即为霉菌、酵母菌体由曲坯表面向内部逐渐生长的过程。经第一次翻曲后，由于散发掉大量水分和热量，曲坯品温可以降到 50℃以下，但过 1～2d 后，品温又会很快回升，约一周后（一般入室 14d 左右），品温又升到第一次翻曲温度，即可进行第二次翻曲。二次翻曲后，曲坯温度还会回升，但后劲已不足，很难再出现前面那样高的温度，过一段时间后，品温就开始平稳下降。

## 八、拆曲贮存

二次翻曲后，品温逐步下降，当曲块品温下降到室温时，曲块绝大部分已干燥，即可拆曲转入曲库贮存，拆曲时如发现有的曲堆下层的曲块过湿，含水量大于16%，则应置通风处，促使曲坯干燥。半成品曲通过外观可分为黑色、黄色和白色三类。若曲坯呈黑色，表明发酵过度，白色表明未完全发酵，而黄色质量最佳。曲药出仓前必须将曲块上的稻草刮干净，长15cm以上的稻草应回收再利用，利用风、筛、簸进行曲渣回收，曲药出仓须遵循先进先出的原则。出仓曲坯要求成型率在80%以上，无霉烂和烧坏的成品曲入库。

曲坯入库时，应将曲库清扫干净，堆码要整齐，按曲库的设置留出相应间距，两端和顶部用稻草将曲堆遮盖好，以免受空气中微生物的直接侵入污染，仓库要求干燥通风，堆码整齐。贮存时，曲库管理员应认真、准确地做好曲药的原始记录，包括生产日期、数量、等级、温度、湿度等信息，并每天检查温度，做好记录。

## 九、贮存管理

贮存过程中，曲块微生物酶活性和理化性质随贮存时间发生变化。贮存前期，酸度变化小，糖化力、液化力、发酵力逐渐增长，酶活性降低。贮存3~6个月后，糖化力、发酵力变化小，水分降低；贮存6个月以后，发酵力、糖化力再次降低；贮存一年以后，生物酶活性和理化性质均再次减弱。贮曲期不能过长，实践证明，贮放多年的老陈曲，糖化力微弱，发酵力会逐渐降低。长时间的贮存还可能导致曲虫对大曲的严重侵蚀，当大曲中曲虫量在适宜范围时，曲香味保持持久，酱香味积累较快，曲块的色泽良好，曲中无异杂味。若曲虫量高，大曲的曲香散失较快，酱香味积累慢，色泽容易变差，容易出现异杂味，甚至能导致大曲的曲香味和酱香味消失，所以大曲不是越陈越好。一般贮存3~6个月后通过感官、理化检验判断是否符合质量指标，再交由生产车间酿酒生产使用。

成品曲储存过程中温度、湿度的变化会影响成品曲储存效果。当半成品曲入储存仓后，其温度逐步降到环境温度，又因堆积作用，曲堆温度一般会上升5~10℃。贮存温度不宜过高或过低。过高温度会造成曲坯中微生物群落多样性发生变化和曲虫大量滋生，影响曲药品质；而过低的温度不利于曲坯后火生香和有益微生物纯化。一般要求储存仓达到较强的通风排潮能力，以保证储存仓低湿度和干燥。储存仓湿度大会解除曲坯中微生物的休眠状态，导致曲质下降。

# 第四节　制曲工艺中指标参数的影响

大曲的质量对形成酱香型白酒的风格和提高酒质起着决定性作用，也是酱香型白酒品质优劣的重要决定因素之一。想要获得优质的酱香型大曲，就是为酿酒微生物创造适宜生长、繁殖、代谢的良好条件，以期产生足够的香味物质及前体物质。所以把控酱香型大曲的制作关键工艺，为微生物提供优质环境非常重要。

## 一、翻曲次数对半成品曲品质的影响

曲坯品温在发酵过程中呈现明显的规律性变化，即前缓、中挺、后缓落。在曲坯的保温培菌阶段，常通过翻曲来调节仓内温湿度的变化，使有益微生物更好地生长繁殖。翻曲是高温大曲制作中重要的工序之一，对曲药质量有重要影响，目前，酱香高温大曲生产中多为二次翻曲，但也有部分酒企为三次翻曲。不同季节翻曲次数对大曲品质影响见表 5-1 和表 5-2。

**表 5-1　　冬季翻曲次数对半成品曲品质的影响**

| 翻曲次数 | 色泽平均比例/% | | | 等级平均比例/% | | |
|---|---|---|---|---|---|---|
| | 黄褐色曲 | 黑褐色曲 | 灰白色曲 | 特级曲 | 优级曲 | 一级曲 |
| 二次 | 92 | 4 | 4 | 38 | 62 | 0 |
| 三次 | 84 | 10 | 6 | 18 | 78 | 4 |

**表 5-2　　夏季翻曲次数对半成品曲品质的影响**

| 翻曲次数 | 色泽平均比例/% | | | 等级平均比例/% | | |
|---|---|---|---|---|---|---|
| | 黄褐色曲 | 黑褐色曲 | 灰白色曲 | 特级曲 | 优级曲 | 一级曲 |
| 二次 | 84 | 5 | 11 | 8 | 78 | 14 |
| 三次 | 87 | 4 | 9 | 18 | 78 | 4 |

结合表 5-1，表 5-2 可以看出，夏季生产的半成品高温大曲质量明显优于冬季生产的半成品高温大曲，在保证酱香型白酒各轮次曲药正常供应情况下，因此可安排夏季多生产，冬季少生产。在传统制曲工艺基础上，翻曲次数是决定半成品高温大曲质量的关键控制因素之一，夏季适合三次翻曲，冬季适合二次翻曲。酒厂应根据不同时节合理地调节翻曲次数，若环境温度较高，可翻三次曲，有利于发酵仓排潮和降温，可以一定程度提升曲药质量，若环境温度较低，只翻二次曲，可以保障曲药质量。

## 二、制曲温度对大曲品质的影响

高温大曲主要用于生产酱香型白酒。酱香型郎酒的酿造以“二次投粮、九次蒸粮、八次发酵、七次取酒”和“高温制曲、高温堆积糖化、高温发酵、高温流酒、生产周期长、贮存时间长”为其显著工艺特点。大曲是影响酱香型白酒风格和酒质的重要物质基础，而温度是影响大曲质量的一个重要因素。制曲温度对成品曲感官的影响见表5-3。

**表5-3 制曲温度对成品曲感官的影响**

| 项目 | 65~70℃ | 60~65℃ |
| --- | --- | --- |
| 外观 | 黑褐色、表面有光泽、细腻 | 褐色略带微黄色 |
| 断面 | 灰褐色，粗糙 | 灰白色略带微黄色 |
| 香味 | 酱香、焦香突出，曲香、酱香馥郁味浓 | 曲香、酱香突出 |
| 成色 | 黑褐色 | 褐色、微黄 |

采取各种技术措施适当提高制曲品温，由传统的60~65℃提高为65~70℃，使生产出的成品曲为黑褐色，横断面主要呈褐色或深褐色，酱香、焦香突出，曲香、酱香馥郁味浓，从而提高了大曲感官质量。但目前超高温大曲生产技术难度较高，并且不易控制，所以暂不提倡。

## 三、贮存温度对大曲品质的影响

传统酱香型大曲讲究“端午制曲”，因此大曲贮存一般在夏季，温度较高，容易受到虫害影响，大曲贮存温度对大曲风味和感官的影响见表5-4、表5-5。

**表5-4 不同贮存温度下大曲感官指标变化**

| 贮存时间/d | 10℃ | 20℃ | 30℃ |
| --- | --- | --- | --- |
| 0 | 黄褐色，曲香浓郁，略有酱香，无可见虫蛀 | 黄褐色，曲香浓郁，略有酱香，无可见虫蛀 | 黄褐色，曲香浓郁，略有酱香，无可见虫蛀 |
| 39 | 黄褐色，曲香浓郁，略有酱香，无可见虫蛀 | 黄褐色，曲香稍淡，有酱香，表面有轻微虫蛀 | 黄褐色变淡，曲香稍淡，有酱香，虫蛀较多，表面有可见曲虫活动 |
| 78 | 黄褐色，曲香稍淡，有酱香，无可见虫蛀 | 色泽稍淡，曲香减少，曲虫虫蛀增加，表面可见曲虫活动，有酱香 | 黄褐色变淡，曲香减弱，酱香显著，大曲表面有粉末状曲粉，虫蛀明显，曲虫活动明显，底部有白色虫卵 |
| 117 | 色泽略淡，曲香浓郁，有酱香，无可见虫蛀 | 色泽稍淡，曲香减少，酱香较显著，曲虫虫蛀增加，表面可见曲虫活动，底部出现白色虫卵 | 黄褐色变淡，大曲表面和底部有粉末状曲粉，虫蛀明显，曲虫活动明显，底部白色虫卵孵化。略有曲香和酱香，略有刺鼻的异杂味 |

续表

| 贮存时间/d | 10℃ | 20℃ | 30℃ |
| --- | --- | --- | --- |
| 156 | 色泽略淡，曲香浓郁，酱香较显著，无可见虫蛀 | 色泽变淡，曲香减弱，酱香显著，大曲表面和底部出现粉末状曲粉，曲虫活动明显 | 曲块略有灰白色，大曲表面和底部粉末状曲粉增多，虫蛀明显，曲虫活动明显。略有曲香和酱香，刺鼻的异杂味增加 |
| 195 | 色泽略淡，曲香浓郁，酱香显著，无可见虫蛀 | 色泽略有土褐色，曲香减少，酱香显著，大曲表面和底部粉末状曲粉增多，略有些异杂味，曲虫活动明显 | 曲块略有灰白色，大曲表面有粉末状曲粉，虫蛀明显，曲虫活动明显，底部白色虫卵变多。略有曲香，酱香味淡，刺鼻的异杂味严重 |
| 234 | 色泽略淡，曲香浓郁，酱香显著，无可见虫蛀 | 色泽略有灰色，曲香减少，酱香味明显，大曲表面和底部粉末状曲粉增多，略有些异杂味 | 曲块灰白色，虫卵孵化，粉末状比例变多，曲香和酱香味淡，刺鼻的异杂味严重，曲块质地变松散 |
| 273 | 色泽略淡，曲香浓郁，酱香显著，无可见虫蛀 | 色泽略有灰白，曲香减少，酱香略有降低，大曲表面和底部曲粉增多，异杂味变重 | 曲块灰白色，虫卵孵化，粉末状比例更多，曲香和酱香基本消失，刺鼻的异杂味严重，曲块质地松散 |

**表 5-5　　贮存温度对大曲香味物质的影响**

| 香味物质 | 相对含量/% | | |
| --- | --- | --- | --- |
| | 10℃贮存 6 个月 | 20℃贮存 6 个月 | 30℃贮存 6 个月 |
| 醛类化合物 | 7. 33 | 15. 07 | 19. 44 |
| 醇类化合物 | 19. 47 | 8. 22 | 9. 99 |
| 酮类化合物 | 2. 23 | 2. 70 | 2. 25 |
| 吡嗪、呋喃类化合物 | 5. 27 | 16. 12 | 12. 37 |
| 烷烃类化合物 | 19. 37 | 18. 90 | 13. 67 |
| 芳香族化合物 | 20. 29 | 27. 33 | 30. 78 |
| 酯类化合物 | 25. 67 | 10. 91 | 8. 62 |

从表 5-4 和表 5-5 可以看出，贮存温度低有利于大曲曲香保存，但提高贮存温度有利于与酱香密切相关的吡嗪类和醛酮类物质的合成。因此将贮存温度控制在 20℃左右，能有效降低酱香型大曲贮存的损耗，并保持酱香型大曲的风味。

## 四、曲虫量对酱香大曲香味物质的影响

一般酱香型大曲生产后按照传统要求需要贮存 3~6 个月才能投入使用，但长时间贮存会使大曲受到曲虫的侵害严重。在酱香型大曲的贮存时期内，曲虫不但啃食大曲，同时也造成理化和生化性能方面的降低。曲虫数量对大曲香味物质的影响见表 5-6。

表 5-6 曲虫数量对大曲香味物质的影响

| 香味物质所占比例/% | 曲虫量 | | | |
|---|---|---|---|---|
| | 无 | 0. 1g/7kg | 0. 3g/7kg | 1. 0g/7kg |
| 醛类 | 14. 75 | 14. 75 | 6. 56 | 8. 20 |
| 酮类 | 6. 56 | 8. 20 | 1. 64 | 1. 64 |
| 醇类 | 6. 56 | 4. 92 | 4. 92 | 1. 64 |
| 酯类 | 16. 39 | 11. 48 | 4. 92 | 4. 92 |
| 芳香族类 | 24. 59 | 16. 39 | 18. 03 | 9. 84 |
| 烷烃类 | 19. 67 | 19. 67 | 14. 75 | 11. 48 |
| 吡嗪、呋喃类 | 11. 48 | 4. 92 | 8. 20 | 4. 92 |

曲虫数量对酱香型大曲的感官具有较大的影响，在 7kg 大曲中曲虫量为 0. 3g 以下时，大曲的曲香味保持持久，酱香味积累较快，曲块的色泽能够保持优异淡黄色，大曲中异杂味出现的时间晚，而曲虫量为 1. 0g/7kg 时，大曲的曲香散失较快，酱香味积累慢，色泽容易变差，异杂味出现早，且异杂味最终比较严重。甚至能导致大曲的曲香味和酱香味消失。

# 第五节　酱香型大曲生产关键工艺技术

酱香型大曲生产是酱香型白酒工艺的重要组成部分，是“酱香型白酒”中酱香、曲香、焦香等典型香气特征的重要来源之一。提升高温大曲质量，主要就是给有益微生物创造适宜生长、繁殖、代谢的良好条件，以产生足够的香味物质及前体物质。

## 一、制曲温度

高温制曲是酱香型大曲生产工艺的关键，高温制曲对酱香大曲内的微生物区系有重要的影响。在对高温大曲微生物区系的初步研究中发现，高温大曲中的微生物主要来自曲母、原料和环境。成品曲中，细菌在数量上占绝对优势，只有少量霉菌存在，酵母菌和放线菌很少。这说明高温制曲使大曲内的菌系向繁殖细菌方向转化，高温细菌在细菌中占优势，说明高温制曲也是对高温菌的富集过程。采用传统分离培养方法和现代分子生物学方法，对酱香型白酒高温大曲中微生物的多样性进行研究分析。从酱香型白酒高温大曲中分离出 147 株微生物，其中 97 株为细菌，包括芽孢杆菌、放线菌、葡萄球菌、微球菌 4 类；50 株霉菌，包括青霉、曲霉、毛霉、交链孢霉、茎点霉菌、球毛壳、散囊菌和红曲霉 8 类。因此，高温制曲时，曲中酿酒微生物种类多样，从而可以使酿造生产出来的酒体风味具有多样性，富有层次感。

## 二、翻曲时间

在制曲过程控制翻曲的时间和翻曲后曲坯的水分含量也至关重要。翻曲过早时，曲坯品温低，成品曲中含白曲多；翻曲过晚，成品曲中黑色曲多；翻曲适中，成品曲最佳，成品曲含黄曲最多。翻曲有利于调温、调湿，同时促使每块曲坯均匀成熟与干燥。科学合理的翻曲是曲坯生香和正常生化反应的保障，若提前翻曲会骤然降低曲坯温度与湿度，使嗜热性微生物生长受到抑制，生化反应速率降低，物质代谢变缓，导致半成品曲香味偏淡，颜色浅，白块曲比例高。若推迟翻曲会使曲仓长期处于高温与高湿环境中，造成生化反应强烈，曲坯颜色变黑，带有焦煳味，曲坯断面菌丝减少等。因而每次翻曲都需要根据温度、湿度、曲坯的感官与理化情况，选择合适的时间进行操作。

## 三、制曲原料

原料小麦是制备酱香型大曲的基础，原料小麦对于酱香型大曲的品质有着一定的影响。小麦中含量最高的是淀粉等碳水化合物，其余依次为粗蛋白、粗脂肪、灰分、氨基酸等，小麦中富含面筋等营养成分，含 20 多种氨基酸，维生素含量也很丰富，黏着力也很强，是各类微生物繁殖、产酶的优良天然物料。有研究表明，原料中含有淀粉、支链淀粉和蛋白质越高，越有利于微生物生长和繁殖，可以提高酱香大曲的品质。原料中蛋白质含量越高，筋力越大，黏度越大，曲坯更容易踩制成型，培曲时保温效果好，前期升温较快、中期的高温时间过长、后期降温较慢，导致曲块挂衣较差，曲块后期的含水量较高。

# 第六节　酱香型大曲异常现象及其防治

在酱香型白酒酿造中，酱香型白酒的风味物质取决于参与白酒发酵的微生物的种类和数量，酱香型大曲的品质直接关系到酱香型白酒品质，也直接影响到酱香型白酒的风格特征及其风味。

## 一、曲皮异常

在高温、高湿中，一部分曲块的皮层容易变黑，这种曲称为黑曲。黑曲带有枯草臭气味，糖化力很低。为防止黑曲产生，应在制曲过程中注意适时翻曲，避免长时间在高温、高湿中培养；可用干稻草隔开曲坯，让热气和湿气散发；麦粉不宜过粗，以免升温过猛；还可采取在曲坯间换用新干稻草，不用旧烂稻草和延长曲坯晾干时间等措施。通过翻曲、通风排潮予以解决，特别是夏秋季节，适当调节曲坯间距和延长排潮时间和次数。

曲堆上层和边房，常见有白色皮面，亦称白曲。白曲的形成由于曲坯表面水分蒸发，干燥较快，曲坯的温度过低，霉菌不易生长，主要见于曲堆上层和边层，糖化力较高，发酵力高，酯化力、液化力较低。通过翻曲手段及时调节曲坯的位置，并加强曲堆外层的保温，主要在冬春季节容易出现，因此优化翻曲的时间，避免后火过小过快下降。如白曲不过厚时，对酿酒质量影响还不太大。为防止白曲形成，可将新踩的曲坯堆在上层，堆后及时盖稻草，避免长时间暴露空间，进房后的头 3~4d 紧闭门窗，保持较高的温度和湿度。

## 二、曲心异常

曲块出房时，如曲心断面仍未干燥，称为曲块不过心，其原因多为曲堆通气不良，或曲坯露在曲堆外，保温不够好，出室时曲心断面水分较高或有生面呈乳白色，其香气弱，基本无酱香。或曲料过粗或前期温度过高，致使水分蒸发而干涸，或后火过小，水分不能走完，导致微生物不能生长繁殖。故在生产过程中应时常打开曲坯，检查曲的中心微生物生长状况，以做预防。如早期发现此现象，可喷水于曲坯表面，覆以厚草，按照不生霉的方法处理，如过迟发现曲坯内部已经干燥，则无法再挽救。故制曲有“前火不可猛，后火不可过小之说”，前期曲坯微生物繁殖旺盛，温度易过高，温度过高利于有害细菌的繁殖；后期繁殖渐弱，温度极易下降，时间既久，水分已失，有益微生物不能充分生长，故会产生局部生曲。

曲块内部产生的黑灰色而松散的团块，或曲心与曲的外皮分离的现象，一般也称为马蜂窝。醋虱常由烂稻草、墙壁或曲母中的某种因素造成。防止醋虱的方法，是在曲堆内层少用旧的烂稻草，曲房墙壁及地面保持清洁，选用优质曲块作曲母，制曲时麦粉和曲母要拌和均匀后再加水。

## 三、不穿衣

曲坯入房 2~3d，仍未见表面生出白斑菌丛，即称为不生霉或不生衣。主要是皮厚或室温极低造成的，在冬春季节通过揭开草帘，散热或再喷洒 40℃ 的温水，至曲块表面湿润为止，然后关上门窗，注意保潮，使其发热上霉或加大母曲的使用量及掌握好晾霉时间等手段调节。曲坯上霉要特别注意低温缓火，缓慢升温。如果来火很急，曲间品温很快上升到 40℃，则上霉不好。制伏曲，上霉不好，主要是气温高、升温快、来火急、曲表皮过早干燥，不能长霉。在低温缓火的情况下，还要注意保潮工作，温度低些，潮度大些，才能使 90% 以上的曲块上霉良好。曲坯入室后 2~3d，如表面仍不发生菌丝白斑，这是由于曲室温度过低，或曲表面水分蒸发太大所致。应关好门窗，并在曲坯上加盖席子及麻袋等，以进行保温。喷洒40℃温水至曲坯上，湿润表面，促使曲坯升温，表面长霉。

## 四、风味异常

若闻有烟熏味，则表明曲质量很差，主要是曲坯水分过大和排潮翻曲不当造成的，通过控制拌料水分来控制曲坯的含水量，冬春季节与夏秋季节的曲坯水分应严格控制，根据曲坯的含水量和品温决定翻曲的有效时间；若从闻香上能够明显感觉有青霉味，且颜色呈绿青色，主要是后期后火小造成的，可通过提前堆烧和加强后期的保温措施进行控制。

## 五、受风受火

曲坯表面干燥，而内生红火，这是因为对着门窗的曲坯受风吹，表面水分蒸发，中心为分泌红色素的菌类繁殖所致。因而曲坯在室内的位置应常调换，门窗处应设置席、板等，以防风直接吹到曲坯上；曲坯于入室后6~7d（夏季则为4~5d），微生物繁殖最旺盛，此时如果温度调节不当，使温度过高，曲即受火，使曲的内部呈褐色，酶活性降低。此时应特别注意，应拉宽曲间距离，使之逐步降温。

## 六、曲虫防止

前文已提到，曲虫泛滥会对贮存中的成品曲造成较大影响。曲块滋生曲虫是不可避免的现象，也是各类大曲储存过程中始终无法解决的一个重大难题。曲虫的产生与自然温度、曲块含水量、呈香、仓容大小等有直接关系。自然温度越高，曲香越浓，仓容越大，产生的曲虫量就越多。高温大曲储存过程中，若产生大量曲虫，会导致成品曲数量减少5%~8%，出曲率下降，成品曲布满虫眼，曲块香味变淡。为保障成品曲质量和数量，合理地对成品曲管理显得尤为重要。经过多年试验验证，采用小容量仓储存，辅以合理的物理灭虫措施，落实科学的堆曲和通风排潮技术，选择合适的储存时间，可有效控制曲虫生长，提高成品曲出曲率和质量。

# 第六章　酱香型白酒生产工艺

酱香型白酒历史悠久，源远流长，其香气幽雅、细腻，酒体醇厚丰满为消费者所喜爱。中华人民共和国成立初期主要在贵州省仁怀市茅台镇周边生产，后逐渐在赤水河流域扩散，随着各省同行间的广泛技术交流和相互学习，酱香型白酒已延伸到全国10余个省、市、自治区。各产区酱香型白酒风味各有千秋，但工艺特点却大致相同，本章主要介绍了坤沙、碎沙、翻沙等酱香型白酒工艺特点。

## 第一节　生产工艺特点

酱香型白酒生产工艺较为独特，原料高粱称之为“沙”，用曲量大，曲料比达1：1。其生产工艺特点可概括为“四高两长”“12987”。四高指高温制曲、高温堆积、高温发酵和高温流酒；两长指生产周期长和储存时间长；“12987”指的是酱香型白酒完整的生产周期为一年，在这一年里，要经过两次投粮、九次蒸煮、八次发酵和七次取酒才会进入下一生产周期。按照传统工艺，酱香型白酒端午制曲、重阳下沙，主要目的是在合适的温度和湿度下进行制曲酿酒，更利于酱香型白酒酿酒微生物的生长繁殖，进一步提升出酒率和品质。酱香型白酒的生产属于开放式、多菌种混合的边糖化边发酵的双边复式发酵，发酵容器为条石泥底窖，酱香型白酒在酿造过程中产香微生物主要来源于酱香大曲、发酵环境和生产原料。

酱香型白酒生产按工艺类型可分为四大类：坤沙工艺、碎沙工艺、翻沙工艺和串沙工艺。其中，坤沙工艺采用单一原料——高粱，配合独特的酱香大曲，经过粮食蒸煮、摊晾配料、高温堆积、石窖发酵、分层蒸酒等多道工序酿制而成，因此酿造出来的酱香型白酒品质最优；碎沙工艺将原料进行粉碎，并按照传统酱香型白酒工艺进行酿造，此法虽然可压缩酱香型白酒的生产周期，达到提高出酒率、降低生产成本的目的，但酿造出来的品质相比坤沙工艺较次；翻沙工艺则是将正常坤沙工艺生产周期结束时的丢糟，加入定量的酒曲和人工酵母，进行再发酵和蒸馏取酒，此法酿制而成的酱香型白酒质量较差，但也因其低廉的价格受到一些消费者的喜爱；串沙工艺就是利用食用酒精串蒸而成，此法生产出来的酒质量最差，并不具备酱香型白酒典型特征，故不在本书讨论范围之内。

## 第二节 坤沙工艺

### 一、操作及流程

坤沙工艺又称复蒸回沙工艺，一般每年重阳节开始投粮下沙生产，次月二次投粮，并经过九次蒸煮、八次发酵和七次取酒完成一个生产周期。因其石窖泥底发酵、四高两长的工艺特性，坤沙工艺相比其他类型白酒生产工艺较为复杂，也相对传统。具体操作流程如图 6-1。

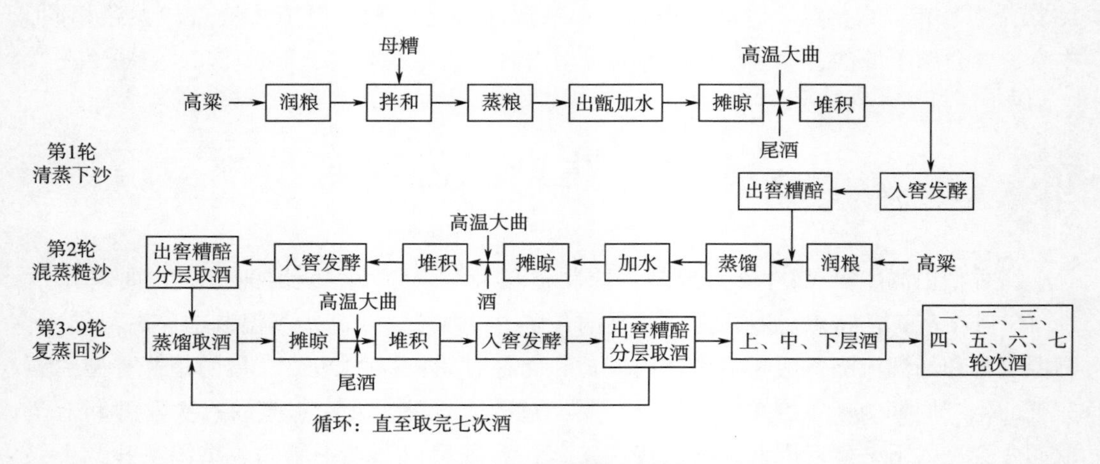


图 6-1 酱香型白酒坤沙工艺流程图

**1. 原料前处理**

坤沙工艺均采用单一原料——高粱酿造，其质量好坏可直接影响酒体品质及出酒率。高粱主要成分为淀粉，其含量随品种、气候、土壤和肥料而不同，关于酿酒原辅料的介绍详见第四章第二节，此章节不再赘述。

（1）原料粉碎　在酱香型白酒坤沙工艺中，第一次投粮称为“下沙”或“清蒸下沙”，第二次投粮称为“糙沙”或“混蒸糙沙”。在下沙中，高粱粉碎度为 17%~20%，糙沙中，其粉碎度一般为 27%~30%，按一个生产周期投粮总量来计算，其粉碎度为 22%~25%。高粱粉碎后有利于润粮过程时高粱籽粒充分吸水，促进高粱蒸煮过程时籽粒中的生淀粉转化为糊精，但若完全粉碎也会让出酒率超出正常范围，虽缩短了生产周期，但出酒品质也会受到严重的影响。高粱粉碎度的大小直接影响着高粱的蒸煮程度，也决定着全年酿酒生产的基酒质量是否正常。目前，还有一些企业使用完整高粱浸润蒸煮，达到淀粉糊化要求，同样能够有效控制整批生产的产品优质率。

（2）润粮 润粮也称为润料，即在蒸煮前对原料进行润水，使原料中淀粉颗粒均匀吸收一定水分，实现淀粉初步膨胀，并破裂淀粉粒的细胞壁，为原料蒸煮糊化创造有利条件。在酱香型白酒生产中，因为下沙和糙沙是生粮操作，为使高粱更好地蒸煮糊化，须进行润粮操作。各酱香型白酒企业的润粮操作虽各有不同，却也大同小异，润粮用水量 50%~55%，分多次加入，总润粮时间约为 24h，并按润粮次数可分为二道润粮法（总润粮数为 2 次，以下以此类推）、三道润粮法、四道润粮法和五道润粮法。

（3）拌和 生沙在上甑蒸馏之前都须添加母糟（又称“发酵糟”，即未经蒸馏取酒的酒醅）。每甑添加母糟为原粮质量的 2%~5%。母糟一般为七轮的发酵糟，添加时用木锹拌和 2~3 次，使其均匀，不生结块。

拌和母糟的主要目的是母糟含有发酵的酒精等芳香成分，可调节生沙的气味；母糟的酸度比较高，可快速提高生沙的酸度，有利于糊化和发酵；母糟中还有残余淀粉、糖分等成分，可为微生物生长提供碳源、氮源。

配料的母糟在最开始使用的是最末轮次的酒糟，随着酱香型白酒工艺的升级发展，现基本采用经 8 次发酵 6 次取酒的酒醅。

**2. 清蒸下沙**

酱香型白酒在一个生产周期内酿酒原料需要分两批次投放，第一次投料时间固定在每年的重阳节左右。两批原料投放量视企业相关规定而有所不同，下沙投粮大致比例为整批投粮计划的 50%~60%。从第一批粮食投放到下窖发酵的过程称为“清蒸下沙”。

（1）蒸粮 糊化度：蒸粮过程主要表现为淀粉的糊化过程，而糊化过程的原理是在热诱导下，淀粉颗粒从有序状态到无序状态的演变过程。因此，淀粉的糊化程度是表征“蒸粮”程度的重要指标。

糊化度计算公式：

$$\text{糊化度} = \frac{\text{还原糖含量(扣除水分)} \times 0.9}{\text{高粱淀粉含量}} \times 100\%$$

式中 0.9——葡萄糖和淀粉的换算系数

下沙环节中，由于润好的粮醅未经过酒精发酵，故第一次下沙蒸粮不会产生酒精，因此又称为“清蒸下沙”。蒸粮主要是为了实现在润粮的基础上使高粱中的淀粉颗粒进一步吸水、膨胀，进而糊化，使得淀粉结构发生变化，有利于微生物的利用和代谢。对于酱香型白酒酿造，“蒸粮”是一个非常重要的工艺环节，高粱蒸煮程度合适与否直接决定全年酿酒生产的品质高低，因此要通过控制高粱的蒸煮程度来控制整批酱香型白酒生产的总体分布趋势。

生沙上甑前应先加底锅水，在甑底均匀撒上稻壳，将气压调整在 0.1~0.2MPa 范围内即开始上甑。上甑时生沙应均匀装入甑内，按照轻、松、匀、平的要求逐层添加，并使甑内生沙四周高、中心低，呈锅底形，以保持疏松，均匀上汽。装甑约为 1h，上满甑后，将甑内高粱理平并在甑内中心及四周撒上适量的稻壳，然后盖上营盘以大火进行蒸粮。蒸粮以蒸馏器来水开始计时，蒸粮时间≥3h，蒸粮气压≥0.25MPa。蒸出的汽水一律倒掉，不能作锅底水用，以免影响质量。

（2）出甑晾堂　高粱蒸煮完成后，出甑至晾堂中，为有效避免晾堂期间产生霉菌，应按一定比例补充水温在95℃以上的量水，要求均匀泼洒在粮醅中，焖润十分钟后即可摊开粮醅降温，也可用尾酒进行处理，但效果不如热水。其具体操作方法是翻铲成行，使其降低温度，待晾堂粮醅温度降到35~40℃后即可收成条形梗子，并在梗子中间铲出一条10~20cm宽小槽，将数量为1%~1.5%的次品酒均匀洒在梗子上。次品酒主要是丢糟酒，又称酒尾，酒精度数约为18%vol~25%vol。洒酒尾的主要目的是抑制有害微生物的繁殖，促进淀粉酶和酒化酶的活性，促进糖化发酵和产香。次品酒洒完之后开始将麦曲粉均匀撒在梗沟中，铲粮醅盖上即可进行二人对拌。撒曲时不高扬，防止麦曲粉飞扬损失，并要做到翻拌均匀，使粮糟都粘有麦曲粉。粮醅与曲药拌和均匀后收成小堆（下沙用曲量为投粮量的9%~10%），然后开始糖化堆积。

（3）糖化堆积　与其他香型的白酒不同，酱香型白酒糖化堆积时的温度一般较高，以网罗环境中的微生物进行生长繁殖，代谢产生多种酒体香味物质及前体物质，为入窖发酵创造条件，起到培菌增香的作用。收堆温度、堆积时间应随环境因素的变化而变化，在清蒸下沙环节中，收堆温度控制在28~32℃为宜（地温高于35℃时可平地温），因为此温度区间糟醅内酵母菌数量最多，有利于糖化发酵。

收堆时，先在堆积地面上撒麦曲粉2.5kg，以中心向外堆积，因为堆积可使“熟沙”暴露在空气中，使麦曲中微生物繁殖，利于糖化发酵产生酱香味。堆积要求从四面向上堆，做到一层覆盖一层，要求疏松透气，糖化堆无糟团；冬季堆高，夏季堆矮，堆积时间为3~5d，糖化温度控制在50~55℃，并用手插入堆积糟内感到热手且各部位温度穿面并有明显甜味时，即可下窖发酵。糟醅堆积时间过长过短都会影响后期的出酒质量：若堆积时间过短会导致糟醅过“嫩”，酒体香气会受到一定影响；若时间过长会导致糟醅过“老”，导致酒体产生糙辣、冲鼻、酸苦等气味。

堆积发酵异常处理：在冬季生产过程中，糖化堆积时可能会产生“腰线”。“腰线”是酱香型白酒冬季生产中糟醅颜色呈白色或微黄色，结构呈团状或块状，带有酒香味或霉味的一层酒醅，是由于排与排之间酒醅温差过大、过度糊化以及水分作用共同造成的发酵现象。它的形成会影响堆积发酵过程中微生物与微生物、微生物与环境之间物质和能量的交换，对堆积发酵会产生不利影响。在酿酒生产过程中，酒企可通过控制好糊化时间、缩短上堆时间和糟醅各层温差等方式尽量避免产生“腰线”。对于已经发现“腰线”的糖化堆则需通过松堆、翻堆等方式进行处理。

糖化堆升温过慢或无法升温也是酱香型白酒冬季生产中容易出现发酵异常现象的因素，这是由于环境气温过低、微生物发酵异常等因素引起的。破堆移位法是有效解决此异常情况的常用手段。即将异常堆子四周挖开后转移到旁边的空地上进行再次堆积发酵。采用破堆移位的方法处理堆子能够促进各类微生物的生长繁殖，有效提高酒醅出酒率。在理化指标方面，破堆移位处理能使异常堆恢复正常升温，显著增加二轮次酒醅中还原糖含量，有效降低酒醅的总酸与水分含量；微生物菌系方面，能显著增加二轮次堆积酒醅中的好氧菌，如芽孢杆菌和高温放线菌的数量，并减少乳酸杆菌数量。

（4）入窖发酵　窖池：糖化堆积主要是培菌的过程，培菌完成后便进行发酵。白酒糖化堆进行发酵的容器统称为窖池，窖池的材质和规格因香型的不同而有所区别。酱香型白酒窖池一般窖壁用方块石或长条石堆砌而成，窖底以窖泥为主，并配有排水沟。酱香型白酒的窖底泥是将新鲜土壤与高温大曲，以及尾酒混合均匀后置于窖池底部，对白酒中微量香味成分的形成及其量比关系的协调起着重要的作用，从而提高酱香型白酒酿造品质。

酱香型白酒所用窖池规格因企业而有所差异，其中较小的窖池一般长2.7m，宽2.0m，深2.6m，容积约为14m$^3$，每窖可投高粱8500kg；中等的窖长3.8m，宽2.2m，深3.0m，容积约为25m$^3$，每窖可投高粱11000~12000kg；较大的窖长5.3m，宽2.7m，深3m，容积约为43m$^3$，每窖可投高粱20000kg左右。

烧窖：糖化堆下窖前应用木柴烧窖，以消灭窖内杂菌，提高窖内温度，并除去上一生产周期最后一轮发酵时产生的枯燥气味。烧窖木柴用量应根据窖池大小、新旧程度、闲置时间和干湿情况来决定，一般每个窖池需用木柴50~100kg，烧窖时间为1~2.5h。若是新建窖或长期停用窖则需用木柴1000kg左右，烧窖在24h以上。烧窖完毕，待窖内温度稍降，需扫尽窖内灰烬，并用少量酒糟撒入窖底，随即扫除丢糟，然后开始下窖。为节约成本，可用95℃以上热水淋窖，达到灭杀杂菌、提高窖温的目的。

下窖：下窖前，用喷壶盛30%vol酒尾15kg喷洒在窖底和四周窖壁上，再撒麦曲粉（底曲）15~20kg。下窖时需使糖化堆的上、中、下各部稍加混合，再用簸箕或手推车倒入窖内。每下2~3甑堆积糟过后，用喷壶洒酒尾一次，并逐渐加大洒尾酒量，一般在清蒸下沙环节中，酒尾用量占原粮约3%。下窖操作时间尽可能短，防止杂菌污染，避免酒尾挥发，保持发酵温度正常。

封窖：下窖完毕，需将酒糟表面铺平，并用木板轻轻压紧，撒一层稻壳（刚好覆盖酒糟即可），再加两甑盖糟，最后用窖泥封窖。封窖的目的是杜绝空气和杂菌的侵入，利于有益微生物的厌氧发酵，切忌封窖泥太薄和漏气。封窖泥厚8~10cm，并且要有专人管窖，保证窖面不干裂。如果窖面出现裂缝或四周出现塌窖，要立即用窖泥补好。为防止窖面干裂，窖面应定期洒水抹光，防止窖内发酵糟透气烧包，烧包后的酒醅蒸出的酒现苦味及邪杂味。每轮次一般用新泥进行封窖，若原来的窖泥不臭，仍可在拌和均匀后继续使用或掺入新泥使用。封窖用水以清洁的冷水为佳。

酱香型白酒在生产酿造过程中，仅在窖池的底部和顶部用到窖泥。因此，酱香型白酒生产过程中窖泥的质量直接决定着酱香白酒两种调味酒的质量——窖底酒和窖面酒。封窖用泥主要来自茅台镇的紫红泥，但由于用量大、成本高的特点，许多中小酱香型白酒企业放弃用窖泥封窖。

发酵：堆积糟下窖后，因需在隔绝空气条件下进行厌气性发酵，所以需要每天用泥板抹光窖的封泥，避免开口裂缝。否则有空气进入窖内，发酵时酒糟易长霉成团块，这种现象称为“烧包”“烧籽”。发酵时间约为30d，称为一个发酵周期，发酵温度在35~43℃。生沙操作中堆积和发酵糟淀粉含量，随堆积和发酵时间有规律地下降，其他成分逐渐上升，酒糟的糖分在第12d增加显著，之后趋于平缓，说明固态发酵是糖化和发酵同时进行。窖内发酵糟的酒精含量也较高，故有“以酒养糟”的说法，但随发酵逐渐进行，酒精增长量逐渐降低。

**3. 混蒸糙沙**

酱香型白酒生产每年每窖只投两次新料，随后6个轮次不再投放新料。第二批粮食投放后需要与第一轮次（清蒸下沙）发酵完成后的酒糟混合蒸馏，蒸粮与蒸酒同时进行操作（清蒸下沙环节酒糟蒸馏出来的原酒一般产量很低、品质很差，一般用于窖池维护和晾堂操作）。故从第二批粮食投放到发酵完毕后上甑蒸酒的过程称为“混蒸糙沙”。

（1）开窖混粮　润粮：待第一轮酒糟下窖发酵一个月之后，立即进行第二次投放原料，并按照第一次清蒸下沙投料量的40%~50%进行投料，称为“糙沙”。与清蒸下沙环节一样，新料需要进行粉碎、润粮等前处理工艺，且工艺步骤相同。其中原料按照27%~30%的粉碎度进行粉碎，略高于生沙操作；润粮用水量占总料的50%~53%（其中第一次加水量为30%~32%，第二次加水量为20%~21%），润粮温度与生沙操作保持一致（95℃以上）。

无论是下沙还是糙沙，润粮用水使用时要严格计量、准确使用，润粮时从粮堆一边开始，加水后迅速翻拌2~3遍，使粮食与水充分接触，然后翻堆，翻堆结束后迅速倒堆2~3遍。两次倒堆要有适当的时间间隔，不能连续倒堆，间隔时间以堆顶部水分能渗透到堆底部为宜，防止打“窝子水”，也要防止水打穿打漏，倒堆结束后堆成圆堆。

起窖：将封窖泥挖除运至泥坑池内，再挖盖糟运往丢糟处，并扫净发酵糟上面的盖糟和泥块，先在窖内起半甑发酵糟与润好的新料拌和，共翻拌3次，使其混合均匀。上甑前将熟糟醅按配比数量配入已润好的粮堆中，拌和均匀后即可开始上甑［熟糟醅与生粮比例控制在1∶(0.8~1)］。

（2）蒸粮蒸酒　在混蒸糙沙环节中，由于拌有新粮和已经发酵过一轮的酒糟，故蒸粮蒸酒同时进行。糙沙上甑与生沙方法相同，上甑时间为55~62min，装满甑后盖甑盖，接通冷却器蒸馏，开始火力不宜过大，蒸出的酒不多，有生涩味，称为“生沙酒”，可作次品酒回窖发酵用。蒸完酒之后继续蒸粮，蒸粮时间长达3~4h，高粱糊化要求与下沙相同。糙沙蒸馏时有少量酒，摘酒以脱花为止，糙沙酒不直接入酒库，而是单独储存，主要用于回酒发酵或经末次生产处理后入库。

（3）摊晾撒曲　粮醅蒸煮达到感官要求后（与下沙要求相同）即可出甑降温，并补充占粮比例1%~1.5%的量水，量水温度要求95℃以上。与清蒸下沙环节工艺操作相同，熟沙泼量水后便可进行晾堂操作，具体操作方法是翻铲成行，使其降低温度，待晾堂粮醅温度降到35~40℃后即可收成1.5~2m条形梗子，并在梗子中间铲出一条10~20cm宽小槽，将数量为1%~1.5%的次品酒均匀洒在梗子上。混蒸糙沙环节中所用次品酒主要是上一发酵蒸馏产生的生沙酒，酒精度数约为30%vol。次品酒洒完之后开始将麦曲粉均匀撒在梗沟中，铲粮醅盖上即可进行对拌。撒曲时不高扬，防止麦曲粉飞扬损失，并要做到翻拌均匀，使熟沙都粘有麦曲粉。粮醅与曲药拌和均匀后收成小堆（下沙用曲量为投粮量的9%~11%），然后开始进行糖化堆积。

（4）糖化堆积和下窖发酵　糖化堆积：混蒸糙沙环节的糖化堆积的工艺操作与清蒸下沙环节相同，同样先在堆积地面上撒麦曲粉2.5kg，然后以中心向外堆积，并从四面向上堆，做到一层覆盖一层，要求疏松透气，糖化堆无糟团。由于糖化堆积发酵升温的快慢与当时的气温条件十分密切，且进行混蒸糙沙时环境温度会比清蒸下沙要低，因此糙沙糖化堆积的时间要比下沙堆积时间长1~2d方可入窖发酵，且糙沙糖化堆积的收堆温度也会比下沙略高5℃左右。但在实际操作中，糙沙起堆收堆温度要比工艺要求的高5℃左右，因为在操作过程中室内温度降低很快，季节也接近冬季，而每排间隔时间较长导致堆温降低。堆积发酵的标准是发酵酒醅必须有酒香味和甜香味，才算符合入窖要求。且适当提高堆积温度也可以有效提升酒质和产量，在后面复蒸回沙环节中也是如此。

下窖发酵：糖化堆积完毕便开始下窖发酵，其相关工艺步骤要求与清蒸下沙操作时相似。若堆积槽在原窖发酵则不用进行烧窖操作，若使用新窖则需进行烧窖操作，具体要求同清蒸下沙操作时一样，目前大多企业用95℃以上的热水淋窖。在下窖前，用喷壶盛30%vol酒尾15kg喷洒在窖底和四周窖壁上，再撒麦曲粉（底曲）15~20kg。下窖时需使糖化堆的上、中、下各部稍加混合，并用簸箕或手推车倒入窖内。每下2~3甑堆积糟过后，用喷壶洒酒尾一次，逐渐加大洒酒尾量，目前大部分酱香型白酒生产企业都采用行车抱斗入窖。下窖操作时间尽可能短，防止杂菌污染，避免酒尾挥发，保持发酵温度正常。下窖结束之后立即用窖泥进行封窖，厚度为8~10cm。发酵时间约为30d，温度在35~43℃。

**4. 复蒸回沙**

酱香型白酒生产以一年为一周期，一年只投入两次原料，即清蒸下沙和混蒸糙沙时各投一次，随后的6个发酵轮次不再投入新料，只是将发酵糟（酒醅）反复蒸酒、出甑晾堂、撒曲堆积和下窖发酵，因此又称为复蒸回沙工艺。

（1）开窖蒸酒　每轮次开窖起糟具体步骤与混蒸糙沙环节相同，但是一次性起粮糟不可过多，按照随起随蒸、一窖多甑的原则进行上甑馏酒，上甑时间要控制到50min左右。当起窖快到底时留下一甑酒醅于窖池内，并提前准备好上轮的堆积糟，在最后一甑酒醅出窖后立即将堆积糟下窖。蒸馏时需要加入少许清蒸稻壳（清蒸稻壳又称为“熟稻壳”，使用时要在甑内冲蒸至少40min），起到疏松的作用。稻壳用量逐渐增加但不得超过粮重4%，即每甑用量不得超过25kg；从取完第三次酒之后，开始进行双轮底、窖面酱香等特殊工艺酒的生产，主要用于后期酱香型白酒的调香调味。

蒸馏时气压要控制在0.1~0.2MPa，流酒温度一般较高，在25~35℃，蒸酒时间为16~36min。每甑取酒时要做到量质摘酒，边摘边尝。每甑需摘头子酒0.25~0.5kg，头子酒摘取后随即洒在待蒸馏的酒醅中复蒸，也可集中稀释后用于制作培养液或培养窖泥，且凡带涩，有生糠、酸涩、苦辣或其他不正常气味的酒，也一律作酒尾回窖发酵用。底糟酒及各种特殊工艺酒醅（双轮底、面糟酒等）要分开蒸馏、分类入库，分级贮存。

（2）摊晾撒曲　酿酒主要是酿酒微生物在起作用，温度过高会导致微生物活动受限，造成不可逆的影响，因此蒸完酒后需要摊晾降温，同时撒曲拌料，为糖化发酵做准备。与清蒸下沙和混蒸糙沙环节有所不同，复蒸回沙时摊晾不需要泼洒量水和次品酒，其他工艺步骤与下沙、糙沙相同。

（3）糖化堆积　高温堆积发酵是酱香型白酒生产过程中的核心工艺，也是酿酒微生物富集、生长繁殖和发酵的过程，为入窖前酒醅理化参数的调整及各类风味前体物质的形成奠定基础，故堆积发酵工艺也被称为“二次制曲”。堆积酒醅的疏松度和含氧量对各种菌系的生长繁殖影响较大，而堆积酒醅的疏松度正是源于收堆过程中的细致操作。复蒸回沙中的堆积工艺具体操作步骤与清蒸下沙和混蒸糙沙操作相同。

当收堆温度达到28~32℃，方可收堆堆积，轮次酒堆积时间依环境温度变化而变化，但一般较下沙、糙沙堆积时间长，为3~4d。一轮次、二轮次分别在春节前后，为堆积发酵最长的两个轮次，在二轮次以后则逐渐缩短。堆积时必须注意堆积位置、高度和温度等，要求堆积糟疏松而含有较多空气，均匀一致。待堆积糟品温达50~55℃时，手摸表层已有热的感觉，且面上有一层硬壳，可闻到带甜的酒香气味，此时即可下窖发酵。

（4）下窖发酵　发酵酒窖一般使用原窖，每次下窖前应用次品酒（多为酒尾）泼窖，并根据不同轮次，酒尾使用量依次减少，使用区间为5~15kg，操作与前述相同。除轮次影响之外，堆积糟下窖时酒尾用量也以上轮产酒好坏、堆积糟干湿而定，若质量出现偏差，常用酒尾调节。下窖时用窖泥进行封窖，厚度为8~10cm。每轮次发酵时间为30~33d，发酵温度在35~43℃。

复蒸回沙操作时堆积和发酵糟品温，较清蒸下沙和混蒸糙沙时要低，淀粉含量随堆积和发酵时间延长逐渐减少，糖分变化尚不规律；水分、酸度和酒精含量随堆积发酵时间延长而逐渐上升，表明发酵酿酒过程运行正常。

（5）上甑蒸酒　高温流酒也是酱香型白酒生产过程中相对重要的一环。蒸酒时气压要控制在0.1~0.2MPa，流酒温度一般为25~35℃，高时可达40℃以上，每甑上甑时间控制在50min左右，蒸酒时间大约为30min。开窖起糟上甑流酒的具体步骤与前述相同，要做到随起随蒸、探气均匀、掐头去尾、疏松均匀，不压气，不跑气，缓慢蒸酒等。各轮次蒸馏时都需要加入少许清蒸稻壳，起到疏松的作用。从取完第三次酒之后，便可根据企业实际需求开始进行双轮底、窖面酱香等特殊工艺酒的生产。

从轮次的质量看，第二轮的糙沙酒稍带生涩味；第三、四、五轮酒称为“大回酒”，质量较好；第六轮酒又称为“小回酒”；第七轮酒为“枯糟酒”，稍带枯燥和焦枯味；从不同糟层看，发酵糟所处部位不同，产酒的质量和风味也有差异，可以分为酱香、醇甜和窖底香三种典型香气。酱香在窖池中部和窖顶发酵糟产生较多，是决定香型的关键；窖底香由窖底靠近窖泥的发酵糟产生；醇甜香一般产自位于窖池中部的发酵糟，产量较多。

## 二、坤沙工艺中指标参数的影响

**1. 原料粉碎度对糊化程度的影响**

高粱粉碎度的大小直接影响着高粱蒸煮的程度，也决定着全年酿酒生产基酒产量和质量是否正常。高粱粉碎度与清蒸蒸煮糊化度指标的关系见图 6-2。

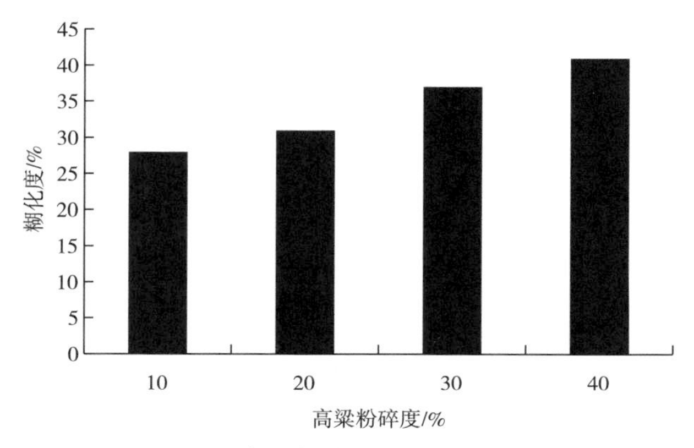


图 6-2　高粱粉碎度对糊化度的影响

随粉碎度逐渐增加，高粱蒸煮糊化度逐渐增加，呈正相关性。在高粱蒸煮中，素有“下沙七分熟，糙沙八分熟”的说法，通过与蒸煮糊化度进行关联度研究，见表 6-1。

**表 6-1　传统感官判定高粱蒸煮程度与糊化度数据关联对应结果**

| 序号 | 传统感官判定结果 | 糊化度数据区间 |
|---|---|---|
| 1 | 七分熟显生 | 糊化度≤8% |
| 2 | 七分熟略显生 | 8%≤糊化度≤10% |
| 3 | 七分熟 | 10%≤糊化度≤16% |
| 4 | 七分熟略显软 | 16%≤糊化度≤20% |
| 5 | 八分熟显生 | 16%≤糊化度≤22% |
| 6 | 八分熟略显生 | 22%≤糊化度≤25% |
| 7 | 八分熟 | 25%≤糊化度≤32% |
| 8 | 八分熟略显软 | 32%≤熟化度≤36% |

因此，下沙环节中高粱粉碎度在17%~20%，糙沙环节中高粱粉碎度在27%~30%时，可达到“下沙七分熟，糙沙八分熟”的酿造条件。

**2. 不同润粮参数对高粱水吸收的影响**

高粱的蒸煮糊化与润粮关系密切，通过润粮使高粱淀粉颗粒吸水膨胀，为蒸煮糊化创造条件，因此高粱含水量可直接影响其蒸煮糊化效果。在酱香型白酒传统酿造润粮过程中，润粮水温、润粮间隔时间、润粮总用水量、润粮方法与高粱含水量呈正相关，影响酱香型白酒的生产和质量，见表6-2、表6-3和表6-4。

**表6-2　　不同润粮水温下平均高粱含水量**

| 润粮水温/℃ | 润粮开始前平均高粱含水量/% | 润粮时间/h | 润粮结束后平均高粱含水量/% | 平均高粱含水量/% |
|---|---|---|---|---|
| 65 | 11.93 | 24 | 32.52 | 20.59 |
| 75 | 11.90 | 24 | 36.46 | 24.56 |
| 85 | 11.89 | 24 | 42.62 | 30.73 |
| 95 | 11.95 | 24 | 44.72 | 32.77 |

润粮水温与润粮上水量呈正相关，即高温更有利于高粱糊化，润粮温度控制在95℃以上为宜。

**表6-3　　不同润粮间隔时间下平均高粱含水量**

| 润粮开始前平均高粱含水量/% | 润粮水温/℃ | 润粮间隔时间/h | 润粮结束后平均高粱含水量/% | 平均高粱含水量/% |
|---|---|---|---|---|
| 11.90 | 95 | 1 | 36.10 | 24.20 |
| 11.88 | 95 | 2 | 38.94 | 27.06 |
| 11.92 | 95 | 3 | 40.64 | 28.72 |
| 11.90 | 95 | 4 | 42.44 | 30.54 |
| 11.95 | 95 | 5 | 43.54 | 31.59 |
| 11.96 | 95 | 6 | 43.01 | 31.05 |

在润粮间隔时间为1~5h时，润粮上水量与润粮间隔时间呈正相关，在5h时高粱含水量最大，为31.59%，但在润粮间隔时间延长到6h，润粮结束后高粱水分含量呈下降趋势。为让原料高粱充分吸收水分，每次加水润粮后都需要一定静置时间。润粮间隔时间过短，润粮水在静置的过程中未被高粱充分吸收而大量流失，原料高粱吸水不足，合理延长润粮间隔时间有利于原料高粱最大限度吸收水分。但润粮总时间过长，水分挥发，会导致原料发芽（一般润粮总时间达到20h以上高粱开始发芽），淀粉损耗，高粱水分含量反而减少，因此一般润粮间隔时间控制在3~5h相对较优。

表 6-4　　不同润粮总水量平均高粱含水量

| 润粮总水量/kg | 润粮开始前平均高粱含水量/% | 润粮时间/h | 润粮结束后平均高粱含水量/% | 平均高粱含水量/% |
|---|---|---|---|---|
| 300 | 11.90 | 24 | 34.52 | 20.62 |
| 350 | 11.91 | 24 | 36.46 | 24.55 |
| 400 | 11.93 | 24 | 42.62 | 30.09 |
| 450 | 11.95 | 24 | 43.72 | 31.76 |
| 500 | 11.89 | 24 | 43.89 | 32.00 |
| 550 | 11.87 | 24 | 44.05 | 32.18 |

润粮总用水量是润粮操作过程中重要的关键控制点之一，且与高粱含水量呈正相关，但润粮总用水量超过高粱最大吸收量时，溢出来的水分会带走高粱中少部分淀粉和单宁，淀粉和单宁在酱香型白酒生产中均为有益成分，因此润粮总用水量控制在占粮比50%~56%为宜。

此外，润粮过后粮堆都需要静置一段时间，在静置过程中，温度逐渐降低会造成水分流失，因此适当增加润粮道数可使润粮效果达到最优，从而促进后续蒸煮糊化，利于提高出酒率和酒体优质率，见表6-5。

表 6-5　　不同润粮道数各轮次酱香型白酒优级品率情况　　单位:%

| 项目 | | 生产轮次 | | | | | | | 累计占比 |
|---|---|---|---|---|---|---|---|---|---|
| | | 一次酒 | 二次酒 | 三次酒 | 四次酒 | 五次酒 | 六次酒 | 七次酒 | |
| 二道润粮法 | 出酒率 | 2.12 | 5.03 | 10.01 | 10.25 | 9.01 | 7.82 | 4.33 | 48.57 |
| | 优级品率 | 60 | 72 | 80 | 100 | 90 | 80 | 84 | 85 |
| 三道润粮法 | 出酒率 | 3.78 | 6.56 | 10.01 | 11.2 | 8.23 | 6.86 | 2.23 | 48.87 |
| | 优级品率 | 68 | 78 | 100 | 100 | 100 | 82 | 88 | 91 |
| 四道润粮法 | 出酒率 | 4.01 | 7.63 | 10.32 | 11.23 | 8.81 | 6.32 | 1.23 | 49.55 |
| | 优级品率 | 80 | 90 | 100 | 100 | 100 | 90 | 90 | 95 |
| 五道润粮法 | 出酒率 | 5.23 | 8.65 | 12.77 | 11.23 | 6.02 | 3.21 | 2.01 | 49.12 |
| | 优级品率 | 76 | 91 | 100 | 100 | 85 | 67 | 64 | 90 |

由表6-5可知，在润粮间隔时间、润粮总用水量、润粮水温相同的情况下，适当增加润粮次数有利于出酒率和酒体优级品率的提高，其中四道润粮法效果最好，润粮五道出酒率及出酒品质均出现下降趋势，且劳动强度过大，不利于酒厂进行成本控制。

下沙和糙沙是酱香型白酒传统生产工艺的基础，只有拥有坚实的基础才能向上拔高，而润粮操作又是下沙和糙沙环节的重中之重，其可通过影响高粱蒸煮熟化效果进而影响后续的蒸酒环节。因此，对润粮次数、用水总量、润粮水温和润粮间隔时间的精准把握可使润粮效果达到相对最优。

### 3. 生沙操作中堆积糟和发酵糟成分变化

生沙操作中，堆积糟和发酵糟成分的变化见表6-6。

表6-6　生沙操作中堆积糟和发酵糟成分的变化

| 糟别 | 时间/d | 品温/℃ | 水分/% | 淀粉/% | 糖分/% | 酸度/（mmol/10g） | 酒精/（55%vol） |
|---|---|---|---|---|---|---|---|
| 堆积糟 | 1 | 31 | 40.00 | 39.14 | 0.93 | 0.32 | - |
| | 2 | 35 | 40.38 | 38.10 | 1.10 | 0.48 | 0.51 |
| | 3 | 37 | 41.55 | 37.40 | 1.24 | 0.63 | 0.88 |
| 发酵糟 | 封窖 | 35 | 42.87 | 35.72 | 1.30 | 0.90 | 1.69 |
| | 1 | 37 | 45.29 | 35.70 | 0.91 | 1.23 | 2.03 |
| | 3 | 40 | 45.31 | 35.17 | 1.31 | 1.42 | 2.46 |
| | 5 | 40.5 | 45.40 | 34.85 | 1.71 | 1.55 | 2.88 |
| | 7 | 43 | 45.40 | 34.25 | 2.56 | 1.69 | 2.96 |
| | 9 | 42 | 45.41 | 34.12 | 2.46 | 1.69 | 2.99 |
| | 12 | 41 | 45.75 | 34.00 | 3.14 | 1.69 | 3.02 |
| | 15 | 41 | 46.28 | 33.88 | 3.07 | 1.83 | 3.24 |
| | 18 | 41 | 46.55 | 33.72 | 4.04 | 1.88 | 3.72 |
| | 21 | 40 | 47.48 | 33.72 | 3.70 | 1.93 | 4.00 |
| | 25 | 40 | 47.48 | 33.23 | 5.08 | 1.98 | 4.12 |
| | 开窖 | 40 | 47.40 | 32.60 | 4.87 | 2.08 | 5.11 |

生沙操作中堆积糟和发酵糟淀粉含量，随堆积和发酵时间有规律地下降，其他成分逐渐上升，酒糟的糖分在第12天增加显著，之后趋于平缓，说明固态发酵是糖化和发酵同时进行。窖内发酵糟的酒精含量也较高，故有“以酒养糟”的说法，但随发酵逐渐进行，酒精增长量逐渐降低。

### 4. 糙沙操作中堆积糟和发酵糟成分变化

糙沙操作中，堆积糟和发酵糟的成分变化见表6-7。

表6-7　糙沙操作中堆积糟和发酵糟的成分变化

| 糟别 | 时间/d | 品温/℃ | 水分/% | 淀粉/% | 糖分/% | 酸度/（mmol/10g） | 酒精/（55%vol） |
|---|---|---|---|---|---|---|---|
| 堆积糟 | 1 | 31 | — | — | — | — | — |
| | 2 | 36 | 44.75 | 37.13 | 2.37 | 0.99 | 2.20 |
| | 3 | 45 | 47.75 | 36.86 | 2.43 | 1.36 | 4.42 |
| 发酵糟 | 1 | 41 | 47.70 | 34.08 | 3.05 | 1.49 | 5.90 |
| | 3 | 43 | 47.90 | 33.81 | 4.60 | 1.61 | 5.90 |
| | 5 | 43 | 47.98 | 33.61 | 4.09 | 1.78 | 5.90 |
| | 7 | 43 | 48.10 | 33.20 | 6.39 | 1.86 | 6.05 |
| | 9 | 44 | 48.51 | 33.19 | 6.86 | 1.86 | 6.27 |
| | 12 | 44 | 49.30 | 32.52 | 6.45 | 1.86 | 6.30 |
| | 15 | 43 | 50.00 | 32.24 | 6.72 | 1.98 | 6.38 |

续表

| 糟别 | 时间/d | 品温/℃ | 水分/% | 淀粉/% | 糖分/% | 酸度/（mmol/10g） | 酒精/（55%vol） |
|---|---|---|---|---|---|---|---|
| 发酵糟 | 18 | 43 | 51.37 | 32.21 | 8.22 | 2.00 | 6.52 |
| | 21 | 43 | 52.70 | 32.19 | 8.09 | 2.09 | 7.19 |
| | 25 | 44 | 53.00 | 32.00 | 8.55 | 2.11 | 8.21 |
| | 开窖 | 44 | 54.20 | 31.80 | 8.74 | 2.26 | 8.30 |

混蒸下沙环节的糖化堆积和发酵过程中，水分和酸度均有规律地增长，但增长幅度较清蒸下沙操作时大。其淀粉含量随糖化堆积和发酵的时间增加而下降，糖分则逐渐增加且效果显著。这是因为糖化堆积和发酵时温度会逐渐升高，导致酵母菌减少，糖分未被利用于发酵。在此环节，因酵母菌的生物活动，酒精含量逐渐增加，堆积时的酒精含量占开窖酒精含量的30%~50%。

**5. 轮次酒操作中堆积糟和发酵糟的成分变化**

轮次酒操作中，堆积糟和发酵糟的成分变化见表6-8。

**表6-8　轮次酒操作中堆积糟和发酵糟成分变化**

| 糟别 | 时间/d | 品温/℃ | 水分/% | 糖分/% | 淀粉/% | 酸度/（mmol/10g） | 酒精/（55%vol） |
|---|---|---|---|---|---|---|---|
| 堆积糟 | 1 | 29.5 | 49.40 | 5.67 | 25.12 | 2.10 | 1.19 |
| | 2 | 32.5 | 50.20 | 5.64 | 24.80 | 2.21 | 1.34 |
| | 3 | 36 | 50.41 | 4.80 | 24.02 | 2.12 | 2.54 |
| 发酵糟 | 1 | 33 | 50.62 | 5.22 | 23.99 | 2.14 | 3.38 |
| | 3 | 38 | 53.01 | 2.29 | 22.60 | 2.14 | 6.43 |
| | 5 | 39 | 55.25 | 2.90 | 21.39 | 2.16 | 6.63 |
| | 7 | 38 | 55.48 | 2.31 | 20.79 | 2.19 | 8.44 |
| | 9 | 37 | 55.49 | 2.32 | 19.91 | 2.20 | 8.49 |
| | 12 | 36 | 55.51 | 2.59 | 19.65 | 2.25 | 8.72 |
| | 15 | 35 | 55.53 | 2.78 | 19.48 | 2.26 | 8.96 |
| | 18 | 34 | 56.04 | 4.12 | 19.03 | 2.40 | 9.20 |
| | 21 | 34 | 56.12 | 3.59 | 18.82 | 2.41 | 9.31 |
| | 25 | 33 | 56.12 | 3.08 | 18.73 | 2.56 | 9.48 |
| | 开窖 | 32 | 61.98 | 2.92 | 18.25 | 2.94 | 9.88 |

复蒸回沙操作时堆积糟和发酵糟品温较清蒸下沙和混蒸糙沙时要低，淀粉含量随堆积和发酵时间延长逐渐减少，糖分变化尚不规律；水分、酸度和酒精随堆积发酵时间延长而逐渐上升，表明发酵酿酒过程运行正常。

# 第三节　碎 沙 工 艺

坤沙工艺是现在酱香型白酒的主流工艺，但由于其生产成本较高、生产周期较长，许多酱香型白酒企业为了缩短生产周期和减少成本，进行碎沙工艺操作。与坤沙工艺不同，碎沙工艺是以破碎的高粱为原料，酱香大曲为糖化发酵剂，经 2~3 轮发酵蒸馏便可结束一轮生产周期。碎沙工艺生产出来的酒（碎沙酒）具有发酵时间短、出酒率高、贮存期短、性价比高的特点。

## 一、工艺流程图

碎沙工艺流程见图 6-3。

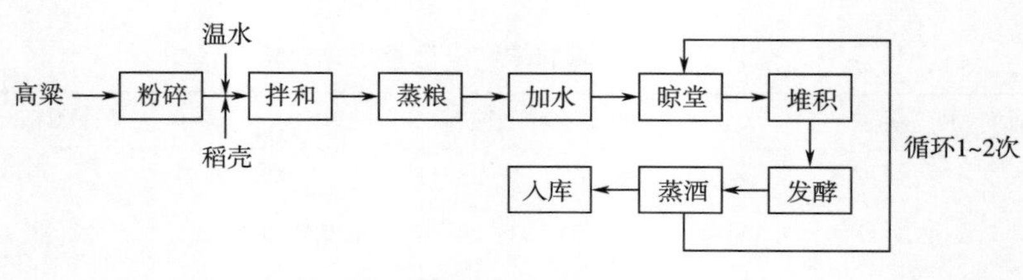


图 6-3　碎沙工艺流程

## 二、原料粉碎及润粮

高粱经磨粮机粉碎成无整粒、细粉少的沙状粒后，以每甑为一堆，将破碎后的高粱倒在晾堂中，加入占高粱量 7%~8%的清蒸后的稻壳翻拌均匀和一定比例的润粮水进行润粮工艺，润粮水温在 40℃左右，边加水边翻拌，目的是尽量使所有高粱吸水均匀。翻拌时两人在粮堆两侧相对，将高粱向同一方向翻出，粮堆中间要铲遍，并紧贴晾堂地面以免底部高粱翻拌不均匀，要多人轮流翻拌保证翻拌速度，同时将散开的粮食和流出的水及时扫归粮堆。润粮后将粮堆成半球形，润粮后第二天进行蒸粮，粮醅要求达到滋润、不粘手、无干粉，否则调整润粮水用量，直至达到要求为止。

## 三、高粱的蒸煮与摊晾

将蒸馏设备地锅加入一定量水，打开蒸汽开关，待地锅水沸腾后，在甑底均匀撒上一层稻壳后，按轻、松、薄、准、匀、平、见汽压甑的原则，将粮醅上入甑内，上满后将甑盖好，控制蒸粮气压在 3.0MPa 左右，上甑时间一般控制在 30~40min，当蒸粮时间达 90~120min 时即可下甑。在实际生产中又可区分为清蒸混入、混蒸两种。

下甑后将粮醅均匀摊开在晾堂上冷却，摊晾时粮醅厚薄要均匀，要勤翻、勤扫，防止粮醅结连成块。当粮醅温度达到拌曲品温时，依次均匀撒上制备好的糖化发酵剂和酱香大曲粉，翻拌均匀，收成矮堆。

## 四、糟醅摊晾及配粮

接酒完毕，将糟醅运至晾堂中加入一定量热水翻拌均匀，按糟醅摊晾薄厚一致、勤翻、勤扫的要求做好晾堂操作，使糟醅松散无大块。当糟醅温度下降到 30℃左右时，将制备好的糖化发酵剂按每甑用量撒在糟醅上并翻拌均匀，配完的糟醅需进行堆积糖化发酵。

## 五、入窖发酵与蒸馏取酒

在糖化堆升温至 45~50℃时，将翻拌均匀的糟醅下到窖池内，窖池装满后检查窖内发酵温度，当手伸入窖面糟醅下 10cm 感觉到糟醅升温时即可封窖。封窖前将窖面糟醅拍平整，形成中间高四周低平面梯形状态。在糟醅表面撒上稻壳，防止糟醅与封窖泥粘连。将封窖泥均匀铺在糟醅表面，厚薄一致（约 5cm），覆盖完整、拍平。

车间管理人员要时常检查封窖泥情况，当封窖泥出现裂口时，及时将封窖泥修复好，窖内发酵 30d，发酵期满后及时开窖取醅。在出窖糟醅中加入一定量稻壳，用打糟机打散，放置在酒甑前待用。将底锅加入一定量水，在甑底均匀撒上一层稻壳，以免酒醅与甑底粘连，然后铺上一层 5~8cm 厚的酒醅，打开蒸汽阀门待蒸汽冒出酒醅表面后，按轻、松、薄、准、匀、平、见汽压甑的原则，将粮醅上入甑内，上甑时间控制在 30~40min，酒醅上满后将甑盖好，控制气压在 0.1MPa 左右进行接酒，并将酒甑周围酒醅打扫干净集中放好。酒流出后，结合酒精计看花摘酒，当接酒桶中酒的浓度达到要求时，及时更换酒桶接酒尾，并将气压调整到 0.15~0.2MPa，接满一桶后即可出甑。

## 六、循环发酵馏酒

制备好的糟醅均匀洒上制备好的糖化发酵剂液翻拌均匀，再撒上酱香大曲粉后翻拌均匀，入窖发酵。在发酵周期满后开窖取醅蒸酒，反复循环润粮、蒸煮、摊晾、发酵、蒸酒、配粮等工艺环节 1~3 次。

## 第四节　翻 沙 工 艺

与坤沙工艺和碎沙工艺不同，翻沙工艺则是在坤沙工艺第七轮次取酒结束后，继续将糟醅经摊晾、堆积、入窖、发酵、蒸馏、取酒的操作流程使糟醅剩余的糖分全部转化成酒精（操作参数与碎沙工艺相关操作相同）。翻沙工艺生产出来的酒质较差，通常不直接作为基酒使用，一般酒企在勾调成品酒时为节约酒体成本，在不影响整体酒体风格质量的情况下会添加适量翻沙酒。

通过翻沙工艺出产的基酒具有酱香较纯正，酒体较醇厚，细腻感和丰满度不如大曲酱香酒，后味有焦枯感，空杯留香短，焦枯味重等特点。同时由于加糖化酶作为糖化发酵剂的关系，使其酒体杂醇油含量降低。翻沙酒体焦煳味重的特殊性，又使其具有成为调味酒的可能，焦煳味可以增加酒体的后味与厚重感。

丢糟是酱酒工艺最终副产物，加上含高浓度有机物和高悬浮物的酒糟废水，如果得不到及时处理，会严重污染周边环境，不仅浪费资源，还会给酿酒企业和周边生态环境带来巨大压力。目前利用丢糟酒醅进行食用菌种植和生产牲畜食用饲料等技术逐步被人们所接受，并发展成一定产业规模。食用菌生长过程可分泌多种生物活性物质，包括能分解纤维素和半纤维素的复合酶，其对丢糟具有较好的生物降解作用，食用菌采收后，菌糠中残留大量菌丝体，富含蛋白质和氨基酸，将所栽培食用菌的菌糠应用到反刍动物、猪以及家禽的饲料中，会取得较好的饲用效果。

## 第五节　提高酱香型白酒质量的技术措施

### 一、木柴烧窖技术

20 世纪 60 年代以前，茅台酒在下生沙前用木柴烧窖，可消灭窖内杂菌和提高窖内温度，并保持在高温条件下发酵，这样有利于产生高沸点的香味物质，蒸馏出产品还稍有烘烤味，这与英国苏格兰威士忌酒用泥炭烘干麦芽，使酒带有烟熏味相似，这样使产品形成了一种独特的风格。用木柴烧窖的方法，现在已改用沸水喷淋法，其对产品质量风味孰好孰坏还有待研究。

### 二、高温堆积技术

酱香型白酒生产工艺中有一个独特的堆积操作，目的是网罗空气中有益微生物，并使酵母菌生长繁殖，为积累酱香物质及酱香前体物质创造条件。这是形成酱香型白酒风味必不可少的工艺环节。如堆积时间较长，堆积温度较高，产酒也较多，则酱香突出，风格典型。从文献中报道堆积与未堆积的对比试验发现，两者在高级醇、乙缩醛、双乙酰、2,3-丁二醇以及有机酸和酯类的含量上都有明显的差异。在相同条件下的堆积试验表明，堆积温度较高，堆温较均匀的产酱香好。因此，必须严格掌握堆积时间和温度，包括堆积的高度和疏松程度等，才能生产出优质酱香型白酒。

## 三、高温发酵技术

在我国名优白酒的生产中，浓香型白酒强调的是低温发酵，这是由于生产设备、工艺和大曲质量不同等决定的。酱香型白酒发酵温度恰恰与浓香型白酒相反，要高温发酵，出酒率才高，酱香才突出。高温发酵为最终生成酱香物质提供了良好的发酵条件，它不仅是生成酱香物质的必要条件，同时也是生成酒精的必要条件。这说明高温发酵时生成酒精，可能是细菌而不是酵母菌的作用。即使是酵母，也是长期高温条件下驯化的耐高温酵母菌。严格控制发酵温度，有利于提高酱香型白酒的风味。

## 四、高温蒸酒技术

酱香与浓香型白酒，由于生产工艺不同，发酵温度有差异，在发酵过程中生成的香味成分也不一样。不同的香味成分具有不同的沸点，因此蒸酒温度也应不同。浓香型白酒是要求低温缓慢蒸酒，尽可能将低沸点的酯类物质收集于酒中，使其浓香风味更典型。酱香型白酒采用高温蒸酒，是为了将高温发酵生成的酱香物质最大限度地收集于酒中，更突出其酱香风格。酱香型白酒的高沸点成分，特别是糠醛，还有总酸、高级醇都高于浓香型白酒，所以说“生香在发酵，提香靠蒸馏”是有科学道理的。

# 第七章　陈酿与老熟

在酱香型白酒生产中，新酿造的酱香型白酒具有较多的游离氨、烯醛类（丙烯醛、丁烯醛等）、硫化物（硫化氢、硫醇、二甲基硫等）等物质。这些游离氨都带有辛辣、苦涩味，并且香气不纯，口感欠佳，饮后会感到燥辣而不醇和，只有经过一定时间的贮存后，异杂味会消失，口感也会变得醇和绵柔，回味悠长。这称为“老熟”或“陈酿”。酱香型白酒贮存管理方法与其酿造工艺互相影响，入库时的酒精浓度较低，大多在55%vol左右，化学反应缓慢，需要较长的贮存时间。不同酒体以及不同容器、容量、温度等对应的贮存期应有所不同，因此不能片面地以时间为标准。酱香型白酒在一年生产周期里共生产七轮次酒，其中第一、二、六、七轮次酒酒质较差，可在不锈钢罐贮存，且由于陈酿潜力有限，贮存时间不宜过长；三到五轮次酒质量较好，多用于陶坛贮存，贮存时间可根据自身情况而延长。另外，通过特殊工艺生产的调味酒也用陶坛储存，以提升品质。

## 第一节　陈酿机理

酱香型白酒贮存时间一般较其他香型更长，这是因为酱香新酒具有酸、涩、冲、辣、糊、枯和香不足等特点。在贮存过程中，其香气会逐渐变得更加优雅圆润，口感更加柔和、醇厚、细腻、味长，还具有空杯留香持久等特点。酱香型白酒独特的酿造工艺形成了特殊的微生物菌系，这些微生物的代谢活动与美拉德反应的相互重叠作用最终形成了酱香型白酒中一系列特殊的风味物质。这就导致酱香型白酒的香味物质非常丰富，除了有低沸点的醛类、酯类外，还有高沸点的酸类、芳香族和杂环类香味物质。刚刚蒸馏出来的新酒，各香味物质之间不是很协调，会出现刺激、糙辣等不和谐的口感，经过长期贮存可使酒体更加醇厚、饱满、细腻、优雅。

陈酿机理包含缔合、酯化、氧化、溶出和挥发等。缔合指游离的乙醇分子会让新酒口感辛辣，但随着陈酿期的延长，水和乙醇分子通过缔合作用能够形成新的缔合体结构，较强的缔合作用力使游离的乙醇分子被束缚，从而降低了酒体在口感上的刺激；酯化指陈酿过程中，醇先被氧化成醛，醛再被氧化成酸，最后生成的酸与醇反应生成酯类物质，从而提升酒质；氧化是指酒体中乙醇等物质的缓慢氧化能够生成乙醛、乙缩醛以及一些酯类物质。有研究表明，乙醇通过贮存容器中的小空隙可与氧气充分接触，并在某些金属离子的作用下，氧化为乙醛。乙醛能够持续与醇类及自身发生缩合反应，生成稳定的乙缩醛等缩醛类物质，从而降低酒体辛辣感，同时生成的乙醛能进一步氧化为乙酸，乙酸能进一步与醇生成酯类物质，导致总酸、总酯的含量增加，从而改善酒的品质；溶出指基于不同贮存容器对陈酿作用的不同而提出的，它表明不同材质的贮存容器能向酒中溶入不同的微量金属离子，这些金属离子能够加速白酒的陈酿；挥发指白酒在陈酿过程中，有刺激性气味的低沸点硫化物和游离氨等物质不断扩散和挥发，使新酒的杂味和刺激性减弱，而使酒体香味得以呈现，口感变得醇和绵柔。

## 第二节　贮存容器分类及特点

白酒经过贮存老熟可以消除新酒异杂味、增加陈酒感，从而使酒体风味变得柔和、绵软。因此白酒的贮存方式会对白酒的品质造成很大的影响。除贮存时间、贮存温度外，白酒贮存容器的不同，其贮存效果有着明显的区别。目前酱香型白酒贮存用得最多的是陶坛和不锈钢罐。

### 一、陶坛贮存

陶坛贮酒是我国酿酒生产中一项独特且运用广泛的贮酒工艺，也是优质白酒陈酿的“独门秘方”。陶坛是由优质黏土经高温烧结而成，不仅稳定性高，不易氧化变质，而且耐酸、碱，抗腐蚀，因此在酱香型白酒企业被广泛使用。

陶坛贮酒的特点主要包括：陶坛在烧制中形成的微孔结构，其网状孔隙结构和极大的表面积使其具有氧化作用和吸附作用，并可有效导入外界的氧气，促进酒的酯化和氧化还原反应，进一步促进酱香型白酒的老熟陈酿；陶坛中含有金属离子，能增强乙醇分子与水分子的缔合能力，金属氧化物溶解于酒中，与酒体中的香味成分发生缩合反应，加速酒体进入一个稳定的状态，并降低酱香型白酒的水解速度；陶坛中富含硒、铁、锌、钙等微量元素，可使酒体中生成更多更丰富的对人体有用的生物活性物质。

陶坛贮存中对新酒的氧化作用、吸附作用和催化作用以及新酒中物质间的化学反应，使原酒中的部分醇、醛类成分氧化成酸，增加酒体呈香呈味物质，因此通过陶坛贮存的酱香型白酒在口感上会发生明显的优化。通过这种方式，坤沙工艺酿造出来的新酒骨架成分变化较快，冲鼻气味明显减弱，硫化物等异味物质减少，燥辣感减弱，口感变得醇和，甜度略有增强，有效缩短了白酒的贮存期，加速了白酒的老熟。

陶坛贮存可在常规酒库和露天环境中进行，露天陶坛贮存虽可以大幅提高酒基老熟速度，但由于露天气温过高，会使酒体损耗较大，适合短期贮存，贮存 1 年至 1 年半后应转入室内陶坛进行贮存，通过降低环境温度来减弱其化学反应，减缓老熟周期，提升酒体品质。虽然陶坛贮存可以有效提升老熟效率，提高酱香型白酒品质，但亦有周期长、酒损耗高、库容大、管理不便等缺点。前文已经提到，酱香型白酒具有贮存周期长的特点，因此在酱香型白酒贮存时，品质较好的酒可在室内陶坛进行长期贮存，品质稍次的可在陶坛贮存一段时间并待酒质相对稳定后并入不锈钢罐贮存。

## 二、不锈钢贮存

陶坛和不锈钢容器均是酱香型白酒常用的两种陈酿容器。使用这两种容器贮存时总酸和总酯变化基本相似，但在主要的微量成分变化方面存在显著差异：在酸类物质方面，经陶缸贮存的原酒乳酸和乙酸上升较多，经不锈钢桶贮存的略有上升，在酯类物质方面，几种主要酯在贮存过程中都会下降，用不锈钢桶贮存，下降相对较慢。近年来，由于其方便管理和成本较低等原因，不锈钢罐贮酒容器逐渐成为酱香型白酒主要贮酒容器之一。

不锈钢罐贮存具有占地面积小、储量大、管理便捷等特点，适合合并经过大盘勾的基酒，减少土地空间和效益成本，并可使原酒品质相对统一，具有耐腐蚀、不渗漏、损耗低、计量准等优点。不锈钢罐最大的缺点是分子间排列紧密，透气性差，没有外界氧化催熟作用，基本不含钾、铜等促进新酒老熟的金属元素，造成新酒老熟慢，缺乏陈味，不能用于贮存调味酒。但酱香型白酒企业可通过降度、过滤、搅拌等几种方式综合使用达到加快白酒老熟的目的，也可利用露天高温来促进原酒快速老熟，调整原酒的贮存结构，实现良好的贮存效果。

## 三、新型容器贮存

现用贮酒容器以陶坛和不锈钢罐为主，两者各有优势，但都有明显缺陷，前者老熟效果好但成本高，后者成本低但老熟效果不好。一种结合陶瓷和不锈钢于一体的新型集束式陶管不锈钢罐被提出，这种贮存容器既有不锈钢罐的低成本，又有陶坛的老熟效果。具体操作方法是将陈旧或渗漏的陶坛敲击成碎片，放置在不锈钢大罐中，并在不锈钢大罐中装置高速旋转的机械动力，促进白酒的陈化和缔合，老熟效果也较为明显。

# 第三节　酱香型白酒贮存要求

酱香型白酒贮存时间一般比其他香型较长，因此如何在贮存过程中降低能耗，并有效提升品质已成为酱香型白酒生产企业非常重视的技术问题。

## 一、分级贮存

为保障品质，酱香型白酒贮存需按照其轮次、品质、类型等科学合理地进行分类入库贮存管理。一般来讲，酱香型新酒应分轮次贮存一年，再按一定比例进行盘勾后分级储存。这样能最大限度地节约贮酒库房和容器、减少资金的占用和降低管理成本。就风格类型而言，酱香型原酒可分为酱香、醇甜和窖底香三种。酱香型原酒具体分类如下。

酱香型酒：它是以3~7次底糟或取酒后双轮底糟醅为原料，采用特殊工艺在窖池上部进行发酵蒸馏而得。这种酒酱香非常突出，入口醇厚细腻，空杯留香持久，具有较好的酱香风格，因此需指定专门的地点贮存（多陶坛贮存）。

醇甜型酒：一般为中层糟醅发酵而得，这种酒酱香较突出，醇甜协调，尾净爽口。1~7轮次的大宗酒基本是这类酒，它是酱香型半成品酒的主要部分，可用不锈钢罐贮存。

窖底香酒：由窖底部分糟醅发酵蒸馏而得，或采用特殊的双轮底工艺制成，这种酒窖底香比较突出、酒体醇厚回甜、后味较长。其按窖底香可分为一级、二级、三级，它是酱香型白酒较好的调味酒之一，多用陶坛进行贮存。

一般轮次酒：多为坤沙工艺中复蒸回沙取酒时中层糟的1~7轮次酒，这类酒大多3~5轮次酒质量较好，“两头”轮次质量较差，但为节省容器使用，大多企业一般按照特殊比例进行混合（大盘勾），再进行分类贮存，多用不锈钢罐贮存。

碎沙酒：碎沙工艺生产出来的酒，此类酒相比坤沙工艺生产出来的酒质量较差，几乎都用不锈钢罐贮存。

次品酒：多为头沙酒、插沙酒、翻沙酒等，此类酒一般不贮存，直接用于窖池维护，或用不锈钢罐贮存。

## 二、贮存环境

不考虑成本的情况下，酱香型白酒最好的贮存容器为陶坛，不锈钢罐次之。陶坛是黏土经750℃左右的高温烧制而成，内含的有机物质被烧灼挥发，且坛内部呈多微孔网状结构，其酒体在微氧状态下使得老熟效果达到最佳。此外陶坛表面的铁离子、铜离子去新酒味能力较强，促使酒香更陈，让酒体醇厚绵柔，陈香飘逸。但由于陶坛贮存容量有限，且价格高昂，大多数酱香型白酒企业基于成本不会大规模地使用陶坛贮存原酒，因此陶坛主要应用于贮存调味酒、特优级酒等高档基酒，质量一般的基酒用不锈钢罐贮存。

此外，贮存环境也不容忽视。酱香型白酒应恒温贮存，环境温度不宜超过30℃，理想温度15~27℃。温度过高会导致酒精挥发，并会出现“跑度”现象；温度过低会导致酒体分子活性降低，不利于酱香型白酒老熟。酱香型白酒贮存的相对环境湿度应控制在40%~60%。过于潮湿的环境，不但会遮挡贮酒坛上的气孔，甚至会让水反渗入坛，可能导致酒体污染。过于干燥的环境，容易造成塑膜爆裂，影响贮存效果。

除了温度与湿度，酱香型白酒贮存应避免阳光直射，并少量通风。一般来讲，天然溶洞贮存效果最好，其次是地下或半地下，露天贮存效果最差。这是因为天然溶洞或地下库基本恒温恒湿，受外界气候变化影响较小，酱香型白酒老熟的效果最佳。而露天贮存由于受外界环境变化的影响，原酒很难保持稳定的贮存状态，不利于酱香型白酒陈酿，且夏季的高温也会让酒体损耗更快，其细腻和协调感也会相对较差。

## 三、贮存时间

酱香型白酒本身就具有贮存时间长的特点。这是由于新酒在老熟过程中，其带有刺激性气味的醛类物质、硫化物等经过一段时间放置后逐渐反应消耗，辛辣刺激感明显减轻，香气和风味都得到改善，口感也会变得醇和柔顺。对于其他香型酒，贮存时间3年就可以算时间相对较长的了。而对于酱香型白酒，3年的贮存时间只能作为基本要求（不包括翻沙酒、次品酒等质量较差的原酒）。许多大型酱香型白酒企业的一般轮次酒的贮存时间为5年以上，而品质较高的调味酒一般贮存时间达到10年以上。但从理论上来讲，白酒不是贮存时间越长越好，当白酒酯化反应平衡后，继续贮存会使酒度降低，酒味变淡，挥发损耗增大。因此酱香型白酒在贮存过程中，企业的尝评人员应定期跟进酒体贮存情况，判断其是否还具有贮存潜力，以降低成本。

## 四、规范管理

酱香型白酒贮存应始终围绕4个目的：安全、合理使用容器、减少酒损耗、排杂增香。因此酒企应建立一套完整的新坛入库检验制度和贮存管理体系。用陶坛贮存酱香型白酒时，应对新入库的陶坛的壁厚薄、均匀程度，有无孔隙、砂眼，渗漏情况，特别是内釉情况的好坏等参数进行检查，杜绝无内釉或内釉差的陶坛入库装酒，避免因陶坛渗漏而造成酒体损耗；用不锈钢罐贮存酱香型白酒时，应严格按照贮存管理体系制度进行相应作业。修建罐区时，应根据相关规定规范建造，杜绝安全隐患。酱香型白酒在贮存过程中只要措施得当、规范管理就能有效减少贮存损耗，增加效益。

# 第四节　人工老熟

酱香型酿造结束后，需经过一段时间贮存，这一过程称为“陈酿”或“老熟”。目前名优酱香型白酒供不应求，生产周期长是主要矛盾之一。茅台酒从原料进厂到成品出厂平均需要5年以上的时间，因此酱香型白酒的人工老熟是目前的重要科研课题。所谓人工老熟，就是人为地采用物理的或化学的方法，加速酒的老熟作用，以缩短贮存时间。

## 一、化学处理法

人工老熟的化学处理法应用得较少。它是利用一些化学药物对白酒进行处理的方法。药物处理对优质酱香型白酒是不适用的，仅适用于原料质量差的酱香型白酒，以减少或除去白酒中的杂味及不良物质，从而使酒体更加柔和。处理时药物用量要根据化验及品尝结果来确定，不能使用固定配方。一般用高锰酸钾或氧气进行氧化处理，高锰酸钾加入量要适宜，如过量，反而比不添加更坏，处理时需注意过滤除去二氧化锰。用氧气处理的方法，其目的主要是促进氧化作用，从而达到人工老熟的目的。也可以用工业氯气，在室温下直接通入酒内，密闭存放3~6d，经处理后的白酒柔和，回味甜，但香味淡薄。

## 二、物理处理法

物理处理法就是利用一些物理因素，如声、光、磁等的作用对白酒进行人工催陈的方法。目前，物理处理法促使白酒老熟的研究比较成熟，它不会像化学处理法那样给白酒带来一些不利的化学物质。物理处理的方法很多，常见的方法如下。

**1. 红外线处理**

红外线是一种电磁波，一种不可见光，用它来对酱香型白酒进行人工老熟有较明显的效果，能达到酒体醇和、除杂、增香的目的。经适当时间的红外线老熟，可使酱香型白酒达到相当于自然老熟半年到一年的效果。当用红外线对白酒处理时，酒温升高，一方面促使硫化氢、硫醇、醛类等不愉快气味的挥发；另一方面入射在白酒中的红外线辐射频率与乙醇分子、水分子和氢键的振荡频率一致时，就会发生共振吸收，使乙醇分子和水分子强烈振动和转动，以增大乙醇分子和水分子的缔合率，使稳定的缔合体群越来越多。由于温度升高，酒内活化分子的百分数增加，促进氧化、酯化和还原作用，使白酒中的醇、醛、酸、酯等成分能快速达到新平衡，因而红外线人工老熟酱香型白酒有较明显的效果。

**2. 磁化老熟法**

酱香型白酒中醇、醛、酸、水等均是极性分子。磁化老熟就是利用强磁场的作用，使酒内极性分子键能减弱，使分子定向排列，让各种反应易于进行，达到白酒人工老熟的目的。酱香型白酒在强磁场的作用下，可产生微量的过氧化氢，过氧化氢可通过微量重金属离子分解出氧原子，促进氧化作用。更主要的是使酒中主要成分乙醇和水的缔合群组合得更稳定，致使酒体醇和，达到缩短贮存时间的目的。磁场处理选用的

磁通量密度为 $1.77\times10^5\sim3.54\times10^5$T（单位：特斯拉），普通酱香型白酒处理 48h，优质酱香型白酒处理 36h 为宜。磁场老熟既能提高酱香型白酒质量，酒度也没有损耗，而且还能有效缩短自然老熟的时间。同时还具有设备简单、节能、占地面积小、投资少等优点。

**3. 超声波处理法**

在超声波的高频振荡下，由于声波的机械作用，可有效增加贮存酒体中各类化学反应概率，并促进氧化、酯化、还原等反应的进行，还可能改变酒中分子结构，从而达到人工老熟的目的。一般来说，超声波处理使用频率为 14.7kHz，功率 200W 的超声波发生器，普通白酒处理 34h 左右，优质酒处理 21h 左右为宜。如时间过长，酒味苦；时间过短则效果甚微。经超声波处理后的白酒，其总酯较原酒有所增加，香味好，口味也平和。利用超声波促进白酒的老熟，应取得不同酒体所对应的频率、功率和处理时间、最佳处理酒液温度和体积、效果稳定的处理条件及效果的持久性等相关数据，才能达到超声波老熟的最佳效果。

**4. 微波处理法**

微波能破坏酒液中的各种缔合群体。在某一瞬间将部分乙醇分子及水分子切成单独分子，并重新缔合，从而形成更加稳定的缔合体群，达到人工老熟效果。相关研究表明，当微波能源输出为 20kW，处理酒温为 55～62℃，流出量为 400kg/h 时，经过 1 次处理的新酒相当于自然贮存 2～3 个月；经过 2 次处理的新酒，相当于自然贮存 4～5 个月；处理 3 次的新酒，相当于自然贮存 6 个月以上的酒。但若处理次数过多，也会对酒体产生负面影响，故不宜过度处理。

**5. 紫外线处理**

紫外线是波长小于 400nm 的光波，具有较高的化学能量。在紫外线作用下，可产生少量的新生态氧，促进一些成分的氧化过程。初步认为以 16℃处理 5min 效果较好，若处理时间过长，会出现过分氧化的异味。

**6. 通气处理**

通气处理的目的，主要是促进氧化作用，从而达到人工老熟的目的。在室温下用袋装工业用氧直接通入酒内，密闭存放 3～6d 后尝评，经处理后的酒较柔和，但香味淡薄。用新酒直接通空气和氮气试验，发现经 10min 或 20min 处理后，酒的香气和酒度略有降低，其化学变化不显著，但后味有所改进。

**7. 声光老熟**

声光的实质，归根结底是超声辐射场的声子，借助激光辐射场的光子的高能量，对物质分子中某些化学键进行撞击，致使这些化学键出现断裂或部分断裂，某些大分子团被“撕碎”成小分子，或成为活化络合物，自行络合成新分子。利用声光的特性，就能在常温下为酒精与水的相互渗透提供活化能，使水分子不断解体成游离态氢氧根，同酒精分子亲和，完成渗透过程。

**8. 振荡处理**

利用摇床的机械运动，增加酒精和水分子的碰撞机会，增加反应的概率。但有实验表明，用往复式摇床分别振荡 5h、12h、36h、48h，处理后经尝评效果并不明显。

**9. 高频处理**

采用高频电场和紫外线综合处理，有利于人工老熟。有研究表明，使用高频处理可有效排除新酒杂味。

## 三、综合处理法

人们在实践中发现，仅靠上述的某一种方法对白酒进行人工老熟处理，其效果都不理想。而将其中几种物理或化学方法进行科学配合，其效果要好得多，于是综合酒类陈酿设备应运而生。综合酒类陈酿设备是根据酒类自然老熟的原理，运用多种催陈功能同时作用于白酒，使酒体在 6~10min 的处理中，促进白酒增香，改善新酒的生、冲、杂味。经 10min 处理可相当一年的自然贮存效果。

人工老熟目前还只是用于普通白酒老熟，对于名优白酒的人工老熟目前还没有较成熟的方法，只有靠自然贮存。质量越差的新酒，经人工老熟处理后，质量提高越明显；质量较高的新酒处理后的效果就不太明显。不同方法处理新酒，对新酒中各种成分有不同的影响，因此，在实践中要恰当地选择适宜的老熟方法。

# 第八章　品评与勾调

同其他香型一样，酱香型白酒勾调就是根据酒体设计，用不同年份、不同香型等级、不同轮次、不同酒精度的基础酒组合在一起，在基酒组合的基础上，添加微量调味酒，依靠感官，使酒体酸甜苦辣涩等诸味协调、丰满、幽雅细腻，风格典雅，“色、香、味、格”俱佳。使酒体中酸类、脂类、醛类、酚类等微量元素含量达到动态平衡。由于目前的仪器设备未能完全检测出白酒中所有的香味物质，鉴于快速、准确等特点，人的品评对于勾调而言非常重要。

## 第一节　品评的作用与意义

白酒的品评又称为尝评或鉴评，是利用人的感觉器官（视觉、嗅觉和味觉）来鉴别白酒质量优劣的一门检测技术，它具有快速而又较准确的特点。到目前为止，还没有被任何分析仪器所替代，是国内外用以鉴别白酒内在质量和产品真假的重要手段。

快速：白酒的品评，不需经过样品处理而直接观色、闻香和品味，根据色、香、味的情况确定风格和质量，这个过程短则几分钟，长则十几分钟即可完成。只要具有灵敏度高的感觉器官和掌握品评技巧的人，就很快能判断出某一种白酒的质量好坏。

准确：人的嗅觉和味觉的灵敏度较高，能比较准确地判断酒的质量。在空气中存在 $3\times10^{-7}$mg/L 的麝香香气都能被人嗅闻出来；乙硫醇的浓度只要达到 $66\times10^{-7}$mg/L，就能被人感觉到。可见对某种成分来说，人的嗅觉甚至比气相色谱仪的灵敏度还高，而且精密仪器的分析结果，通常需要经过样品处理才能分析得到。

方便：白酒品评只需要品酒杯、品评桌、品评室等简单的工作条件，就能完成对几个、几十个、上百个样品的质量鉴定，方便简洁的特点非常突出。

适用：品评对新酒的分级、出厂产品的把关、新产品的研发、市场消费者喜爱品种的认识都有重要的作用。而且品酒师的专业品评与消费者的认知度如果一致，就会对产品的消费产生重要的影响。

然而，感官品评也不是十全十美的，它受地区性、民族性、习惯性以及个人爱好和心理等因素的影响，同时难以用数字表达。因此，感官品评不能代替化验分析，而化验分析因受香味物质的温度、溶剂、异味和复合香的影响，只能准确测定含量，因而对呈香、呈味及其变化也不能准确地表达。所以，化验分析也代替不了品评，只有二者有机结合起来，才能发挥更大作用。

## 一、品评的作用

品评在白酒行业中起着极为重要的作用，不仅基酒的分类、分级要通过品评来确定，而且组合调味的效果、成品酒出厂前的验收也要由品评来把关。也就是说品评贯穿于白酒生产的许多重要环节。因此，人们常把一个厂的品评技术水平当成这个酒厂产品质量好坏的重要标志。

**1. 确定质量等级**

品评是确定质量等级和评选优质产品的重要依据。对企业来说，应快速进行半成品和成品检验，加强中间控制，以便量质接酒、分级入库和贮存，确保产品质量稳定和不断提高。为此，建立一支过硬的评酒技术队伍是非常必要的。国家管理部门和行业协会通过举行评酒会，检评质量，分类评优，颁发质量证书，这对推动白酒行业的发展和产品质量的提高能起到很大的作用。优质产品分国家级、部级、省级和市级，主要是通过对白酒的品评选拔出来的。

**2. 了解酒体缺陷**

根据品评发现生产中的问题缺陷，从而指导生产和新技术的开发、推广和应用。作为生产的“眼睛”，品评可以掌握酒在贮存过程中物理和化学变化规律，以便采取措施，为提高本厂产品质量提供科学依据。

**3. 体验勾调效果**

勾调是白酒生产的重要环节，能巧妙地将基酒和调味酒合理搭配，使酒的香味达到平衡、谐调的效果，突出典型风格。为了稳定和提高产品质量，需要通过品评来检验和判断勾调效果。勾调离不开品评，品评是为了更好地勾调。

**4. 鉴别假冒伪劣**

利用品评鉴别假冒伪劣商品。在流通领域里，假冒名优白酒商品冲击市场的现象屡见不鲜。这些假冒伪劣白酒的出现，不仅使消费者在经济上蒙受损失，而且使生产名优白酒的企业的合法权益和声誉受到严重的侵犯和损害。实践证明，感官品评是识别假冒伪劣酒的直观而又简便的方法。

**5. 征求市场反馈**

白酒消费者通过品评可以广泛为酒厂提出口感意见，厂商可在较短时间内收到市场品评反馈，有助于酒企提高和改善产品质量，满足市场需求，增强产品竞争力。

## 二、勾调的作用

勾调是生产中的一个组装过程，是指把不同车间、班组以及窖池和糟别等生产出来的各种酒，通过巧妙的技术组装，组合成符合本厂质量标准的基础酒。基础酒的标准是“香气正，形成酒体，初具风格”。勾调在生产中起到取长补短的作用，重新调整酒内的不同物质组成和结构，是一个由量变到质变的过程。

无论是我国的传统法白酒生产，还是其他新型白酒的生产，由于生产的影响因素复杂，生产出来的酒质相差很大。例如，固态法白酒生产，基本采用开放式操作，富集自然界多种微生物共同发酵，尽管采用的原料、制曲和酿造工艺大致相同，但由于不同的影响因素，每个窖池所产酒的酒质是不相同的。即使是同一个窖池，在不同季节、不同班次、不同的发酵时间，所产酒的质量也有很大差异。如果不经过勾调，每坛酒分别包装出厂，酒质极不稳定。通过勾调，可以统一酒质、统一标准，使每批出厂的成品酒质量基本一致。

勾调可起到提高酒质的作用，实践证明，同等级的原酒，其味道各有差异，有的醇和，有的醇香而回味不长，有的醇浓回味俱全但甜味不足，有的酒虽然各方面均不错，但略带杂味、不爽口。通过勾调可以弥补缺陷，使酒质更加完美一致。

## 三、影响品酒效果的因素

**1. 身体健康状况与精神状态因素**

品评员的身体健康状况与精神状态如何对品评结果影响很大。因为生病、情绪不佳及极度疲劳都会使人的感觉器官失调，从而使品评的准确性和灵敏度下降。因此，品评员在品评期间应保持健康的身体和良好的精神状态。

**2. 心理因素**

人的知觉能力是先天就有的，但人的判断能力是靠后天训练而提高的。因此，品评员要加强心理素质的训练，注意克服偏好心理、猜测心理、不公正的心理及老习惯心理，注意培养轻松和谐的心理状态。在品评过程中，要防止和克服顺序效应、后效应和顺效应。

顺序效应：品评员在品评酒时，产生偏爱先品评酒样的心理作用，这种现象称为正顺序效应；偏爱后品评酒样的心理作用称为负顺序效应。在品评时，对两个酒样进行同次数反复比较品评或在品评中以清水或茶水漱口，可以减少顺序效应的影响。

后效应：品评前一个酒样后，影响后一个酒样的心理作用，称作后效应。在品完一个酒样后，一定要漱口，清除前一个酒的酒味后再品评下一个酒样，以防止后效应的产生。

顺效应：在品评过程中，经较长时间的刺激，嗅觉和味觉变得迟钝，甚至变得无知觉的现象称为顺效应。为减少和防止顺效应的发生，每轮次品评的酒样不宜安排过多，一般以 5 个酒样为宜。每天上、下午各安排二轮次较好，每评完 1 轮次酒后，必须休息 30min 以上，待嗅觉、味觉恢复正常后再评下一轮次酒。

**3. 品评能力及经验因素**

这是品评员必须具备的素质之一。只有具备一定的品评能力和丰富的品评经验，才能在品酒中得到准确无误的品评结果。否则，不能当品评员。因此，作为品评员，要加强学习和训练以及经常参加品评活动，不断提高品评技术水平和丰富品评经验。

# 第二节　品评的组织

品评的组织，即科学、有效地组织品评工作顺利进行。品评工作组织得好，能使品评员对所提供酒样进行正确的分析，得出科学的结论，达到品评的目的。白酒的品评，是一项严肃认真的工作。环境条件与人感觉的灵敏度和准确性有很大关系，评酒环境的好坏，对评酒结果有较大的影响。为了排除外界干扰，获得准确的品评结果，正式的评酒应在特设的品评室中进行。

## 一、品评与品评员

白酒是用于消费和鉴赏的，因此品评就成为评价白酒质量的最有效手段之一。实际上，只有品评才是我们真正认识白酒的唯一手段。任何人都可以品评，而且都可能成为品评员。但是，要使一般的“喝”变成品评，就必须集中注意力，努力捕捉并且正确表述自己的感觉。毫无疑问，品评最大的困难是描述自己的感受，并给予恰当的评价。

品评是一门科学，也是一门艺术。同时，品评还是一种职业，或者是职业的一部分。品评的学习方法，主要是在有了一定的理论基础和训练后，在有经验的、能正确表达其感觉的专家品评员的指导下，经常进行品评，就能记住很多表达方式。这也是一种实实在在的味觉和嗅觉的训练。但是，在这种情况下，教师和学生之间的联系，始终是不完全的。因为在白酒面前，任何人都只能代表个人，每一个人都有自己不能言传的感觉。要成为一个品评员，需要个人不懈的努力、专心致志和持之以恒。

要成为优秀的品评员，除必需的生理条件和良好的工作方法外，最主要的是个人的兴趣和热情。要品评白酒，就必须热爱白酒；学习品评白酒，也就是学习热爱白酒。大多数人都具备白酒品评必需的嗅觉和味觉，而最缺乏的是给他们提供经常品评不同白酒的机会。

当然，有的人某些方面的感觉特别敏锐，还有极少数人对所有的味觉和嗅觉都非常敏锐。他们的这些优点，同时也源于他们已经训练出来的敏锐度和区别不同感觉的能力。生理方面的原因造成的嗅觉和味觉严重减退的人很少。通常情况下，如果嗅不到某种气味，是因为他不认识或者不知道怎样辨别这种气味，在味觉上也有同样的情况。但是，不同的人，对同一种味或香气的敏感性的差异可以是很大的。根据这一现象，可以这样认为，每一个人对每一种感觉都有一个固定的感觉的最低临界值。要达到这一临界值，就必须经过长期的训练。

在白酒的品评过程中，人的感官就像测量仪器那样被利用。我们可建立一些规则，以使这些“仪器”更为精确，避免出现误差。但是，对于品评员本人来讲，他不只是“仪器”，不只是操作者，他同时也是解释者，还是评判者。他可以表现甚至想象出他所品评白酒的样子，而且我们不能用任何仪器来替代；他的不全面性，正是他个性的一部分，这就是品评的反常现象，即尽量使主观的手段成为客观的方法。因此，要使品评成为真正的客观方法，除了其他方面外，品评员还必须具备的基本素质有：具有尽量低的味觉和嗅觉的感觉阈值（敏感性）；对同一产品重复品评的回答始终一致（准确性）；精确地表述所获得的感觉（精确性）。

## 二、品评的环境

品评环境的好坏，对品评结果有一定的影响。据有关资料介绍，在隔音、恒温、恒湿的品酒环境中用 2 杯法品评酒样，其准确率达到 71%，而在有噪声和震动的条件下，品评准确率仅为 55%，如果在空气有异味的环境中评酒，准确率就更低了。这说明了品评环境是影响品评结果的一个不容忽视的因素。一般对品评环境的要求为：无震动和噪声，清洁整齐，无异杂气味，空气新鲜，光线充足，温度以 20～25℃，相对湿度以 50%～60%为宜。品评室内还应有专用的品评桌，在桌子上有白色台布、茶水杯，并备有痰盂等，使品评员在幽雅、舒适的环境中进行品评活动。

## 三、品评的条件

**1. 专业品酒员**

专业品酒员应具备一定素质。品酒员的品评能力、敬业精神和业务知识水平决定了品酒的结果。只有高水平的品酒员，才能当好评酒裁判员；只有正确评价酒的质量，才能找出质量的根源和提高产品质量的办法。因此，选择好的品酒员是十分重要的。

**2. 品酒时间**

在我国，一般认为上午 9～11 时，下午 3～5 时较适宜。在饭前或者饭后立即品酒都会影响品评结果。

**3. 品酒温度**

酒样的温度对香味的感觉影响较大。一般人的味觉最灵敏的温度为 21～30℃。为了保证品评结果的准确性，要求各轮次的酒样温度应保持一致。一般在品酒前 24h 就必须把品酒样品放置在同一室内，使之同一温度，以免因温度的差异而影响品评的结果。

**4. 品酒容器**

品酒杯应为无色透明，无花纹，杯体光洁，厚薄均匀的郁金香型酒杯，容量为40~50mL。品酒杯的标准应符合 GB/T33404-2016《白酒感官品评导则》规定，如图8-1 所示。

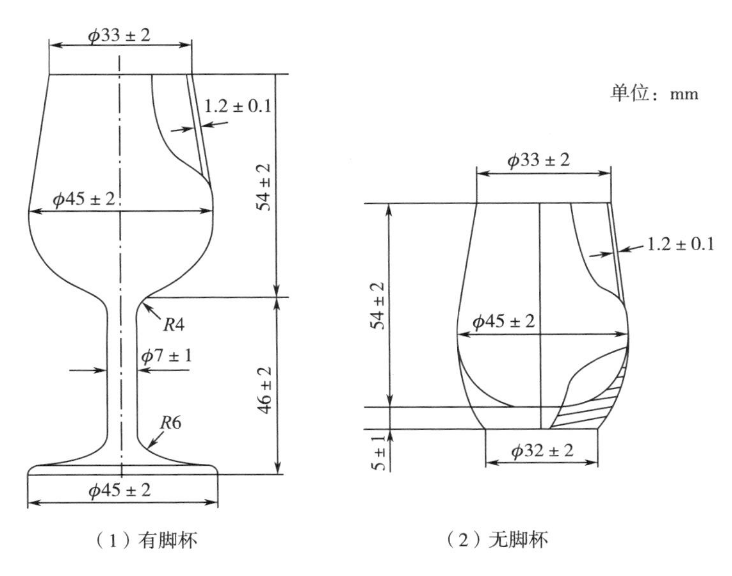


图 8-1　标准品酒杯

## 四、白酒品评的标准和规则

**1. 白酒品评的标准**

白酒品评的主要依据是产品质量标准。在产品质量标准中明确规定了白酒感官技术要求，它包括色、香、味和风格 4 个部分。白酒品评就是将酒样与标准对照，看其达到标准的程度。目前在产品质量标准中有国家标准、行业标准、地方标准和企业标准。根据《中华人民共和国标准化法》规定，各企业生产的产品必须严格执行产品标准。首先要执行国家标准，无国家标准的再执行其他标准。GB/T10345《白酒分析方法》规定了白酒感官要求的检测评定方法，适用于各种香型白酒感官的分析评定。

**2. 白酒品评的规则**

（1）品评员一定要休息好，充分保证睡眠时间，要做到精力充沛，感觉器官灵敏，有效地参加品评活动。

（2）品评期间品评人员和工作人员不得用香水、香粉和使用香味浓的香皂。品评室内不得带入有芳香性的食品、化妆品和用具。

（3）品评前半小时不准吸烟。

（4）品评期间不能饮食过饱，不吃刺激性强的、影响品评效果的食物，如辣椒、生葱、大蒜以及过甜、过咸、油腻的食品。

（5）品评时保持安静。要独立思考，暗评时不许相互交流和互看品评结果。

（6）品评期间和休息时不准饮酒。

（7）品评员要注意防止品评效应的影响。

（8）品评工作人员不准向品评员暗示有关酒样情况，严守保密制度。

（9）非工作人员品评时不能进入准备室和品评室。

（10）酒样编号、洗杯、倒酒等准备工作应在准备室内进行。

## 五、酒样的收集、归类及编号

**1. 酒样的收集**

品评的目的不同，酒样的收集（获取）方法和途径也不一样，其中比较严格的是较高层次的分级品评和质量检验品评。前者是为了排定同一类型白酒的不同样品名次，后者是为了确定白酒是否达到已定的感官质量标准。获取酒样时，组织单位应实地或从市场上随机取样、购样、封样，然后由提供样品单位将封样样品寄送到指定地点，并由组织单位进行验样，最后登记入库。

**2. 酒样的归类、编号**

酒样入库登记后，应将酒样归类、编号，可以在品评时按一定顺序提供给品评员。以质检和分级为目的的品评，要求酒样按国家规定的分类进行归类，这样才能将同一类别的不同白酒进行比较。如按照酒的香型将其分别归入酱香、浓香或清香等；再按照质量优劣，将其归入特级、一级、二级等。为排除其他因素的干扰，保证结果的可靠性，品评时提供的酒样一般为密码编号。所以应对酒样进行密码编号，并保存好原始记录。

# 第三节　品评的方法与技巧

随着行业科技发展，各香型的品评机制也在不断完善，虽然各香型风格不尽相同，但其品评方法基本一样。

## 一、品评的基本步骤

白酒的品评主要包括：色泽、香气、口味和风格、酒体、个性六个方面。

**1. 眼观色**

白酒色泽的评定是通过人的眼睛来确定的。先把酒样放在评酒桌的白纸上，用眼睛正视和俯视，观察酒样有无色泽和色泽深浅，同时做好记录。在观察透明度、有无悬浮物和沉淀物时，要把酒杯拿起来，然后轻轻摇动，再进行观察。根据观察，对照标准，打分并做出色泽的鉴评结论。

**2. 鼻闻香**

白酒的香气是通过鼻子判断确定的。当酒样上齐后，首先注意酒杯中的液面高度，把酒杯中多余的酒倒掉，使同一轮酒样中液面高度基本相同之后，才嗅闻其香气。在嗅闻时要注意鼻子和酒杯的距离要一致，一般在1~3cm；吸气量不要忽大忽小，吸气不要过猛；只能对酒吸气，不要呼气。

在嗅闻时，按1、2、3、4、5顺次辨别酒的香气和异香，做好记录。再按反顺次进行嗅闻。综合几次嗅闻的情况，排出质量顺位。在嗅闻时，对香气突出的排列在前，香气小、气味不正的排列在后。初步排出顺位后，嗅闻的重点是对香气相近似的酒样进行再对比，最后确定质量优劣的顺位。

当不同香型混在一起品评时，先分出各编号属于何种香型，然后按香型的顺序依次进行嗅闻。对不能确定香型的酒样，最后综合判定。为确保嗅闻结果的准确性，可采用把酒滴在手心或手背上，靠手的温度使酒挥发来闻其香气，或把酒液倒掉，放置10~15min后嗅闻空杯。后一种方法是确定酱香型白酒空杯留香的较好方法。

**3. 口尝味**

白酒的味是通过味觉确定的。先将盛酒样的酒杯端起，饮入少量酒样于口腔内，品评其味。在品评时要注意每次入口量要保持一致，以0.5~2.0mL为宜；酒样布满舌面，仔细辨别其味道；酒样下咽后，立即张口吸气，闭口呼气，辨别酒的后味；品评次数不宜过多。一般不超过3次，每次品评后茶水漱口，防止味觉疲劳。品评要按闻香的顺序进行，先从香气小的酒样开始，逐个进行品评。在品评时把异杂味大的异香和暴香的酒样放到最后品评，以防味觉刺激过大而影响品评结果。在品评时按酒样多少，一般又分为初评、中评、总评三个阶段。

初评：一轮酒样闻香后，从嗅闻香气小的开始，以入口酒样布满舌面，并能下咽少量酒为宜。酒下咽后，可同时吸入少量空气，并立即闭口，用鼻腔向外呼气，这样可辨别酒的味道。做好记录，排出初评的口味顺位。

中评：重点对初评口味相近似的酒样进行认真品评比较，确定中间酒样口味的顺位。

总评：在中评的基础上，可加大入口量，一方面确定酒的余味；另一方面可对暴香、异香、邪杂味大的酒进行品评，以便从总的品评中排列出本轮次酒的顺位。

**4. 综合起来看风格、看酒体、找个性**

根据色、香、味品评情况，综合判断出酒的典型风格、特殊风格、酒体状况、是否有个性等。最后根据记忆或记录，对每个酒样打分项扣分和计算总分。

**5. 打分**

实际上是扣分，即按品评表上的分项的最后得分，根据酒质的状况，逐项扣分，将扣除后的得分写在分项栏目中，然后根据各分项的得分计算出总分。分项得分代表酒分项的质量状况，总分代表本酒样的整体质量水平。

一般分项扣分的经验是：色泽、透明度这两项很少有扣分，最多的扣 0.5~1 分；香气一般扣 1~2 分，口味扣 2~12 分；风格扣 1 分，酒体扣 1 分，个性扣 1 分；这样酒样最低得分在 80 分以上。

一般各类酒的得分范围是：高档名酒得分 96~98 分，高档优质酒得分 92~95 分；一般优质酒得分 90~91 分；中档酒得分 85~89 分，低档酒得分 80~84 分。

**6. 写评语**

各位品评员对酒样的综合评定结果（即得分），参照本酒样标准中确定的感官指标，对不同酒精度、不同等级的酒有不同的描述，最后专家组集体讨论的结论。书写评语时要注意评语描述要选用香型、标准中的常用语，并尽量保持一致性；评语中应明确表示出该酒样的质量特点、风格特征及明显缺陷；评语对企业改进提高酒质有帮助。

## 二、品评的方法分类

根据品评的目的、提供酒样的数量、品评员人数的多少，可采用明评和暗评的品评方法，也可以采用多种差异品评法的一种。

**1. 明评法**

明评法又分为明酒明评和暗酒明评。明酒明评是公开酒名，品评员之间明评明议，最后统一意见，打分并写出评语。暗酒明评是不公开酒名，酒样由专人倒入编号的酒杯中，由品评员集体评议，最后统一意见，打分，写出评语，并排出名次顺位。

**2. 暗评法**

暗评法是酒样密码编号，从倒酒、送酒、评酒一直到统计分数，写综合评语，排出顺位的全过程，分段保密，最后揭晓公布品评的结果。品评员所做出的评酒结论具有权威性，其他人无权更改。

**3. 差异品评法**

国内外的酒类品评，多采用差异品评法，主要五种，即一杯品评法、两杯品评法、三杯品评法、顺位品评法和五杯分项打分法。

（1）一杯品评法　先拿一杯酒样，品尝后拿走，然后再拿另一杯酒品尝，最终做出两个酒样是否相同的判断。这种方法可用来训练品酒师的记忆力。

（2）两杯品评法　一次拿出两杯酒样，一杯是标准样酒，另一杯是对照样酒，找出两杯酒的差异，或者两杯酒相同无明显差异。此法可用来训练品酒师的品评准确性。

（3）三杯品评法　一次拿出三杯酒样，其中有两杯是相同的，要求品酒师找出两杯相同的酒，并说出这两杯酒与另一杯酒的差异。此法可用来训练品酒师的重复性。

（4）顺位品评法　事先对几个酒样按差别由大到小顺序标位，然后重新编号，让品酒师按由高到低的顺位品尝出来。一般酒度的品尝均采用这种方法。

（5）五杯分项打分法　一轮次为五杯酒样，要求品酒师按质量水平高低，先分项打小分然后再打总分，最后以分数多少，将五杯酒样的顺位列出来。此法适用于大型多样品的品评活动。国内多以百分制为主，国外多以20分制为主。

## 三、现行品评方法

1979年全国第三届评酒会确立的百分制多杯品评方法，一直是企业、行业主管部门进行评酒活动普遍采用的方法。该法确定了按色、香、味、风格四大项进行综合评定的基础，并合理地分配了各项分值；该法又统一了各香型酒评比用语，较全面地反映产品质量的真实性，对指导生产、引导消费、评选名优产品起到了巨大的推动作用。这一方法在中国白酒评比历史上是功不可没的。随着社会的发展和科技的进步，传统方法的某些不足之处得到不断改进和提高，形成了现行的传统品评方法。其特点如下：

延续了“五杯分项百分制”的方法。这种方法样品的得分值高，容易被社会接受、认可；样品的给分范围大，容易区别酒的质量差距；五杯为一轮次，保持了以对照、比较为主差异的品评原则；适应了传统习惯，容易被新、老品评员接受。

增加了新项目。原传统方法分为色泽、香气、口味、风格四个项目。现行方法又增加了两个项目，即酒体与个性。酒体是指对本样品色、香、味、风格的综合评价，分完美、丰满两项。如果本样品在色、香、味、风格等几大项中基本无缺陷或缺陷很少，即可视为完美，高档次的或高度名酒都能达到这个程度。丰满主要是针对香气口味而言，一般的高度酒都应具备这一点。个性是指本样品特有的香气、口味、风格，主要是区别于其他产品或其他产品都不具备。个性也分两项：一是这种个性应突出明显，能被消费者及品评员们认知；二是这种个性应是被消费者、品评员所接受、所喜爱的。

改变了各项分值。现行方法的各项分值：色泽5分，香气20分，口味60分，风格5分，酒体5分，个性5分。

# 第四节　酱香型白酒品评要点及感官评语

酱香型白酒从下沙（投粮）到丢糟，一个生产周期七个产酒轮次。各轮次堆积发酵条件随气候改变，故各轮次出酒率、基酒酒精度、化学成分和风味质量也不尽相同，各轮次基酒经过盘勾、分级分类贮存后重新组合，使得酱香型白酒风味成分更加复杂、独特，从而形成了酱香型白酒酱香突出，优雅细腻，酒体醇厚，回味悠长，空杯留香持久的风味特征。

## 一、酱香型白酒品评技巧

白酒的品评是一种技巧。所谓技巧，就是经过刻苦的学习和训练，练就成熟的一种技能，俗话说："熟能生巧。"到了巧的地步，就说明基本功已经升华，发生了质的变化。这些质的变化使品评上升到技术加技巧的高度。

**1. 品评技巧的学习**

学习理论知识。学习探讨白酒中各种香味成分的生成机理即有机化学基础理论和知识，学习并探索微生物代谢产物与香味成分的关系，即微生物学和生物化学的基础理论知识。同时，还要学习计算机的基础理论知识，掌握计算机的操作程序。学习酿酒技术理论知识，学习酿酒工艺学，搞清工艺条件与香味成分生成的关系；学习传统工艺积累的经验，掌握外界因素变化对传统工艺的影响；懂得工艺管理，掌握工艺管理与提高白酒质量的关系；熟悉各种香型白酒的香味特征，能识别出不同香型的酒；掌握勾调技术，经常参加勾调实践；严格进行基本功的训练，只有具备了各种相关的知识和扎实的基本功，才能有较高的品评技巧，才能更好地完成品评任务。

**2. 品酒技巧的掌握**

首先看色，然后闻香，再尝味，最后记录；闻香操作程序先从编号 1、2、3、4、5，再从编号 5、4、3、2、1，如此顺序反复几次。每次要适当休息，使疲劳得以恢复；先选出最好与最差的，然后将不相上下的做反复比较，边闻香边做记录，不断改正。待闻香全部结束后，稍事休息开始品味；品评的程序及要点：在品评时，先从香气淡的开始，按闻香好坏排序，由淡而浓要经几次反复，暴香与异香都留到最后品评，防止口腔受到干扰。每次要做好记录，并不断纠正。最后加大入口量，检查回味，反复 3~4 次即可定局；嗅闻空杯，加以印证：将酒液倒出，空杯放置一到两分钟，再嗅闻，体会原料带来的粮香、发酵的焙烤香、贮存的陈香。好酒空杯留得持久，酒液倾出后仍保持原有的风味特点；尊重初评结果：如果后来评得混乱，不应轻易否定初评结果，绝不能乱改，常常开始对了，后来反而改错了，这在品评中是经常发生的。所以最终评定结果以初评阶段的记录为准，是十分重要的经验技巧。做记录：认真做好每次品评的记录，写出心得，找出不足，并勤翻看，加深对某种产品的记忆。

## 二、酱香型白酒的感官特征

酱香型白酒的酱香突出，香气芬芳，幽雅，非常持久、稳定；空杯留香能长时间保持原有的香气特征；入口醇甜，口味细腻、绵柔、醇厚，无刺激感，回味悠长，香气和口味持久，落口爽净。

## 三、酱香型基酒品评描述语

酱香型白酒按发酵轮次可分为 1~7 轮次酒。其中，一、二次酒香味特殊；常用作调味酒，三、四、五次酒又称大回酒，酒香醇厚，酒体丰满；六、七次酒带有糊香，也是酱香型白酒不可或缺的部分。大曲酱香型酒因其工艺复杂，发酵轮次多，故新酒的类别不但多而且差异较大，又因贮存是酱香型的重要再加工工艺，所以陈酒与新酒相比变化之大，按酒的风味可分为酱香酒、醇甜酒、窖底香酒三类。其中，酱香风格酒微黄透明，酱香突出，入口有浓厚的酱香味，纯正爽口，余味较长；醇甜风格酒微黄透明，具有清香带浓香气味，入口绵甜，略有酱香味，后味爽快，酒醅气味明显；窖底香风格酒微黄透明，窖香较浓，醇厚回甜，稍有辣味，后味欠爽，略带酒醅香。

# 第五节　酱香型白酒的组合与调味

勾调即组合、调味，是将不同风格特点、不同贮存时期以及不同发酵周期的酒按照合适的比例相互组合的工艺。勾调能够使不同酒体相互补充、衬托，协调平衡，改善酒质，在色、香、味、格上使白酒达到目标酒样的标准。现代化的勾调是先通过酒体设计，制定统一标准，再按照质量标准勾调，对酒体风格、质量进行综合平衡。

## 一、发展历史

20 世纪 50 年代以前，白酒的质量以酒精含量为准，工人根据经验将酒和水进行组合，以酒花作为判断依据，酒精含量在 50%vol~65%vol，后来出现酒精计，国家酒类专卖局对酒精度进行了统一规定，茅台酒为 53%vol（20℃）。这个时期的白酒质量以酒精度为标准，若未达到规定酒精度，则视为假酒，白酒的勾调手段为简单的高度酒加水稀释。酱香型白酒各轮次基酒风格品质差异大，因此茅台酒厂早已开始勾调，将不同轮次、酒度、贮存时期的酒相互搭配，调整白酒口味，提高酒体质量。

20 世纪 50 年代后期，市场对白酒有了更高的需求，不再局限于以酒精度判断白酒品质好坏，开始有对口感的追求。浓香型白酒率先推出优级、一级、二级等产品，以此适应不同消费群体的需求，也奠定了白酒按等级定价的基础。白酒质量尝评员也因此诞生，推动了白酒生产工艺的改革与创新，对白酒发展提出了新要求。

20 世纪 60 年代后期，随着白酒酿造工艺研究试点实验的开展，白酒生产工艺与白酒质量发展进入新阶段。这个阶段围绕白酒质量提升开展了系列技改工作，操作工人和技术人员开始了勾调工作，出现了第一批尝评勾调人员，推动了白酒工艺的科技进步与科学发展。茅台酒厂的勾调是由成品酒车间主任负责，因其对酒库的存酒有全面的了解，且有一定的勾调经验。将选取的酒逐坛品尝，取少量于酒瓶中混合尝评，直至满足标准需求为止。勾调则在包装车间小酒库内进行，使用与被勾调酒坛数相同的空酒坛，将要勾调的酒均匀分装至空酒坛中进行勾调，勾调好的酒需静置 15~20d，待悬浮物沉淀，色泽透明，香气增浓，口感更加丰满协调，该方法又称为坛内勾调法。

20 世纪 70 年代，专职勾调人员开始出现，以感官尝评为主，判断酒体香气与口味进行组合。勾调人员发现酱香型白酒窖池上中下层可分为酱香、醇甜和窖香三种单型酒，考虑到不同轮次、不同贮存时间，要使其恰如其分地组合在一起，勾调操作变得更加精细，极大推进了勾调工艺的发展。随着气相色谱等设备应用至白酒检测，研究人员意识到白酒典型风味与各类风味物质的组合比例有关，尤其对名优酒中风味成分的分析研究，极大促进了白酒风味化学的发展。随后，行业推出白酒勾调技术，旨在将原酒根据尝评进行分级保存，再通过取长补短，按适宜比例组合，最后进行微量的添加，即调味。这一技术有效提高了优级品率，保证了产品自身风格的同时也稳定了白酒产品的品质。并且勾调工艺由工人经验口口相传发展至数字组合勾调，再到计算机勾调调味阶段。勾调技术的普及和提高使中国白酒工艺和白酒品质发展取得了质的飞跃。

20 世纪 80 年代，勾调工具和仪器得到了进一步发展，盛酒容器也由竹提发展为量筒和针筒注射器，也意味着勾调工艺变得更加精细，条件好的酒厂也陆续采用气相色谱对白酒微量成分进行分析，为白酒勾调提供了科学的、客观的数据支撑。在此时期，提出了“勾兑”与“调味”的不同含义，先勾兑，再调味。

20 世纪 90 年代，为响应国家政策，节约粮食，降低成本，克服传统工艺的缺陷和不足，行业科研人员开始利用现代科技改造白酒工艺，从而诞生了新内涵的勾调技术。通过不同香型白酒（包括食用酒精）进行组合，然后调味，允许添加食用添加剂、非发酵的香料和调味液来调整白酒微量风味成分的量比组合，达到改善风味、口感的目的。这类新型白酒迅速推广开来并得到快速发展，也为白酒行业带来了可观的收益，同时促进了全国散酒大流通的局面。新型白酒勾调技术的出现，体现了白酒勾调工艺由经验型向科学型的转变，对勾调人员的科学理论知识水平提出了一定要求。但也出现了大量不法分子利用高甲醇含量的工业酒精勾调假酒，造成大面积人员中毒甚至死亡，接二连三的假酒事件让消费者对“勾兑”二字望而生畏，将勾兑与假酒画上了等号。为减轻消费者抵触情绪，勾兑也逐渐使用勾调代替。

白酒勾调工艺是白酒生产工艺中必不可少的一环，而白酒微量风味分成和形成过程的复杂性决定了长时间内仍然要走感官尝评与仪器检测相结合的道路。随着科技的发展，越来越多精密检测仪器的使用，加上科研人员对白酒生产工艺及其发酵机理的进一步研究，白酒勾调技术必将取得更好的发展。

## 二、组合的作用

组合从字面上讲就是掺兑的意思，也有人叫调配、扯兑。引申到酿酒行业，就是把具有不同风格特点、不同贮存时期、不同发酵周期的酒，采用物理方法，按恰当比例掺和，使之相互取长补短，协调平衡，改善酒质，在色、香、味、格各方面均达到既定酒样的质量。通俗的说法就是按一定的比例掺兑在一起，以保持酒的质量稳定，形成符合标准的成品酒。组合是白酒生产工艺中的一个重要环节，对于稳定、提高白酒质量以及提高名优酒率均有明显的作用。组合实际上就是一个取长补短的生产工艺，它相当于现代化工厂的组装车间，把各车间、各部门生产出来的零件、部件组合成一个完整的产品，对成品质量的优劣起着非常重要的作用。通过组合使酒全面达到各级酒的质量标准，并能将一部分比较差、不够全面的酒或略带有杂味的酒变成好酒，从而提高相同等级酒的质量和产量。

## 三、组合的原理

组合的主要原理就是酒中各种微量香味成分含量的多少与它们相互之间的比例达到平衡，使各微量香味成分的分子重新排列，相互补充，协调平衡，烘托出标准酒的香气，形成独特的风格特点，从而体现出与设计相吻合的标准酒样。白酒中含有醇、酯、酸、醛、酚等微量成分，不同类型的白酒各成分含量多少及其量比关系各异，从而构成了白酒的不同香型和风格。如不经过组合就包装出厂，则酒质极不稳定，故只有通过组合才能统一酒质、标准，使每批出厂的酒，做到质量基本一致，使具有不同特点的基础酒统一在一个质量标准上，也就是“弥补缺陷，发扬长处，取长补短”，使酒质更加完美。

## 四、勾调的方法与步骤

组合之前首先应将酒杯、针管、三角瓶（一般规格为250mL）、渣酒盅等材料和器具准备好，每个酒样正前方摆放一个酒杯，并且每个酒杯旁配一支针管，按顺序摆放在桌面上，并准备好记录本和笔。

酱香型白酒勾调方法有多种，一般采用不同轮次、酒度和新老酒等单型酒相互搭配，其工艺流程是：标准型风格的基础酒→逐坛尝评→调味酒→尝评鉴定→比例勾兑→成品贮存→质量检验。

勾调工作主要凭实践经验，把握住勾调酒所具有的特点，包括无（或微黄）色透明，闻香好，酱香突出，空杯留香持久，口感醇厚，芳香绵软，回味悠长，稍带舒适的微酸味。这种由感官尝评的酒样，经检测各种微量香味成分，大多数与企业质量标准相吻合。

小样勾调是取1~7次不同轮次的酒，二三百个单型样品进行勾调。一个成型的酒样，先从勾兑一个小样的比例开始，至少要反复做10次以上试验，这是一个极其烦琐的操作，少的需要20d左右，多在两个月以上。试验是用5mL的容器，先初审所用单型酒，以一闻、二看、三尝评、四鉴定的步骤进行。取出带杂、异味酒，另选 2~3 个香气典型、味道纯正的酒留着备用，其他部分则按新老、轮次、香型、酒度等相结合，但不能平均用量。一个勾兑比例少的酒样需要用 30 个单型酒，多则用 70 个。一般情况下，多以酒质好坏来决定所用酒的用量，然后再根据每种酒特点，恰当地使它们混合在一起，让它们的香气能在混合的整体内各显其能，各种微量香味成分得到充分的中和，比例达到平衡、协调，从而改善香气平淡、酒体单调，使勾兑样品酒初步接近“风格”。勾兑小样时，必须计量准确，做好详细的原始记录。

大型勾调是取贮存约 3 年的各轮次酒，以大回酒产量最多，质量最好，一次和六次酒产量最少，质量稍差。勾兑时一般是用醇甜型作基础酒，香型酒作调味酒。要求基础酒气味正，形成酒体，初具风格，其质量、风味的优劣，直接影响整个勾兑工作。常规勾兑的轮次酒是两头少、中间多，以醇甜为基础（约 55%），酱香为主体（约 35%），陈年老酒为辅的原则（约 8%），其他特殊香作调香（约 2%）。按照勾兑好的基础酒，再调整其香气和口味，除参考酒库的档案卡片登记的内容，必须随时取样尝评，掌握勾兑好的特性和用量，以取其每坛酒之长，补基础酒之短，达到基础酒的质量要求，这是酱香型白酒勾兑工作的第一步，最关键的主要在调味。

调味是针对基础酒中出现的各种不足，加以补充。采用调味酒就是代替和弥补基础酒中出现的各种缺陷。如选出的调味酒用来调整基础酒的芳香、醇厚、增甜、压糊、压涩，改进辣味等缺陷，这是从勾兑实践中积累起来的经验。选用调味酒是否准确，是非常关键的。若调味酒选不准确，不但达不到调味的目的，反而会影响基础酒酒质。根据勾兑实践经验，差酒与差酒搭配，在某种情况下能生成好酒，差酒与好酒搭配，在某种条件下变得更好，在某种程度上，好酒与好酒却不能完善其“风格”，甚至还会出现一些不足。一些感官尝评认为较差的酒，有可能是它的微量成分有一种或数种偏多，也可能是稍少而引起的反应，当与较好的酒掺和时，偏多的微量成分得到稀释，较少的可能得到补充。经多次试验发现，带酸与带苦的酒掺和时变成醇陈；带酸与带涩的酒变成喷香、醇厚；带麻的酒可增加醇厚，提高香气；后味带苦的酒可增加基础酒的闻香，但显辛辣，后味微苦；后味带酸的酒可增加基础酒的醇和，也可改进涩味；口味醇厚的酒能压涩、压糊；后味短的基础酒可增加适量的一次酒以及含己酸乙酯、丁酸乙酯、己酸、丁酸等有机酸和酯类较高的窖底酒。此外，以新酒来调香、增香，用不同酒度的酒来调整酒度，茅台酒禁止用加浆降度，这是酱香型白酒重要特点之一，一般认为酱香型白酒加入一次酒后，可使酒味甜，放香好；加入七次酒后，使酒的糊香好。还有被勾兑的酱香型白酒中含芳香族化合物多的曲香、酱香、醇陈酒，也是很好的调味酒。

## 五、勾调过程的计算

在白酒生产中，计算出酒率时，酱香型白酒均以酒精度 53%vol 为准，浓香型白酒均以65%vol为准，但在实际生产中又以酒的质量计算出酒率。一般白酒厂在交库验收时，采用一般粗略的计算方法，将实际酒精度折算为65%vol后确定出酒率；另外，在低度白酒生产和白酒组合过程中，均涉及酒精度的换算。

**1. 质量分数和体积分数的相互换算**

酒的酒精度最常用的表示方法有体积分数和质量分数。所谓体积分数是指100份体积的酒中，有若干份体积的纯酒精。例如，65%vol的酒是指100份体积的酒中有65份体积的酒精和35份体积的水。质量分数是指100g酒中所含纯酒精的质量(g)。这是由纯酒精的相对密度为0.78934所造成的体积分数与质量分数的差异，每一个体积分数都有一个唯一的、固定的质量分数与之相对应。

$$\varphi(\%) = \frac{\omega \times d_4^{20}}{0.78934}$$

式中 $\varphi$——体积分数,%

$\omega$——质量分数,%

$d_4^{20}$——样品的相对密度，是指20℃时样品的质量与同体积的纯水在4℃时的质量之比

0.78934——纯酒精在20℃/4℃时的相对密度

例：有酒精质量分数为51.1527%的酒，其相对密度为0.89764，其体积分数为多少？

解：$$\varphi(\%) = \frac{\omega \times d_4^{20}}{0.78934} = \frac{57.1527 \times 0.89764}{0.78934} \approx 65.0\%$$

**2. 高度酒和低度酒的相互换算**

高度酒和低度酒的相互换算，涉及折算率。折算率，又称互换系数，是根据“酒精容量、相对密度、质量对照表”的有关数字推算而来，其公式为：

$$折算率 = \frac{\varphi_1 \times \dfrac{0.78934}{(d_4^{20})_1}}{\varphi_2 \times \dfrac{0.78934}{(d_4^{20})_2}} \times 100\% = \frac{\omega_1}{\omega_2} \times 100\%$$

式中 $\omega_1$——原酒酒精度,%（质量分数）

$\omega_2$——调整后酒精度,%（质量分数）

（1）将高度酒调整为低度酒

$$调整后酒的质量(kg) = 原酒的质量(kg) \times \frac{\omega_1}{\omega_2} \times 100\% = 原酒质量(kg) \times 折算率$$

式中 $\omega_1$——原酒酒精度,%（质量分数）

$\omega_2$——调整后酒精度,%（质量分数）

例：酒精度为65.0%（体积分数）的酒153kg，要把它折合成酒精度为50.0%（体积分数）的酒是多少千克？

解：查附录：65.0%（体积分数）=57.1527%（质量分数）

50.0%（体积分数）= 42.4252%（质量分数）

$$调整后酒的质量 = 153 \times \frac{57.1527\%}{42.4252\%} \times 100\% \approx 206.11kg$$

（2）将低度酒调整为高度酒

$$折算高度酒的质量 = 欲折算低度酒的质量 \times \frac{\omega_1}{\omega_2} \times 100\%$$

式中 $\omega_1$——欲折算低度酒的酒精度,%（质量分数）

$\omega_2$——折算为高度酒的酒精度,%（质量分数）

例：要把酒精度为39.0%（体积分数）的酒350kg，折算成酒精度为65.0%（体积分数）的酒是多少千克？

解：查附录：39.0%（体积分数）= 32.4139%（质量分数）

65.0%（体积分数）= 57.1527%（质量分数）

$$折算高度酒的质量 = 350 \times \frac{32.4139\%}{57.1527\%} \times 100\% \approx 198.50kg$$

**3. 不同酒精度的勾调**

有高、低度数不同的两种原酒，要组合成一定质量和酒精度的酒，需原酒各为多少？可依照下列公式计算：

$$m_1 = \frac{m(\omega - \omega_2)}{\omega_1 - \omega_2}$$

$$m_2 = m - m_1$$

式中 $\omega_1$——较高酒精度的原酒质量分数,%

$\omega_2$——较低酒精度的原酒质量分数,%

$m_1$——较高酒精度的原酒质量，kg

$m_2$——较低酒精度的原酒质量，kg

$m$——勾调后酒的质量，kg

$\omega$——勾调后酒的酒精度,%（质量分数）

例：有酒精度为72.0%和58.0%（体积分数）两种原酒，要勾兑成100kg 60.0%（体积分数）的酒，各需多少千克？

解：查附录：72.0%（体积分数）= 64.5392%（质量分数）

58.0%（体积分数）= 50.1080%（质量分数）

60.0%（体积分数）= 52.0879%（质量分数）

$$m_1 = \frac{m(\omega - \omega_2)}{\omega_1 - \omega_2} = \frac{100 \times (52.0879\% - 50.1080\%)}{64.5392\% - 50.1080\%} \approx 13.72kg$$

$$m_2 = m - m_1 = 100 - 13.72 = 86.28kg$$

即需72.0%（体积分数）原酒13.72kg，需58.0%（体积分数）原酒86.28kg。

**4. 温度、酒精度之间的折算**

我国规定酒精计的标准温度为20℃，但在实际测量时，酒精溶液的温度不可能正好都在 20℃。因此必须在温度、酒精度之间进行折算，把其他温度下测得的酒精溶液浓度换算成 20℃时的酒精溶液浓度。

例：某坛酒在温度为 14℃时测得的酒精度为 64.08%vol，该酒在 20℃时的酒精度是多少？

解：其查表方法如下：在酒精浓度与温度校正表中的酒精溶液温度栏中查到 14℃，再在酒精计示值体积浓度栏中查到 64.0%vol，两点相交的数值为 66.0，即为该酒在 20℃时的酒精度 66%vol。

**5. 白酒加浆定度用水量的计算**

不同白酒产品均有不同的标准酒精度，原酒往往酒精度较高，在白酒组合时，常需加水降度，使成品酒达到标准酒精度，加水量的多少要通过计算来确定。

加浆量＝标准量－原酒量

＝原酒量×酒精度折算率－原酒量

＝原酒量×（酒精度折算率－1）

例：酒精度为 65.0%（体积分数）的原酒 500kg，要求兑成酒精度为 50.0%（体积分数）的酒，加浆量是多少？

解：查附录：65.0%（体积分数）＝57.1527%（质量分数）

50.0%（体积分数）＝42.4252%（质量分数）

$$加浆量 = 500 \times \left(\frac{57.1527\%}{42.4252\%} - 1\right) \approx 173.57\text{kg}$$

例：要勾兑 1000kg 46.0%（体积分数）的成品酒，问需多少千克酒精度为 65.0%（体积分数）的原酒？需加多少千克的水？

解：查附录：65.0%（体积分数）＝57.1527%（质量分数）

46.0%（体积分数）＝38.7165%（质量分数）

$$需酒精度为65.0\%（体积分数）原酒的质量 = 1000 \times \frac{38.7165\%}{57.1527\%} \approx 677.42\text{kg}$$

$$加水量 = 1000 - 677.42 = 322.58\text{kg}$$

通过对酒精度的换算和勾兑计算方法的分析和实例论述，总结出在实际应用中只要掌握体积百分数和质量百分数的换算关系及在酒精度调整中其纯酒精质量不变的原理，就可完全采用上述计算方法解决白酒生产中的计算问题，从而更加准确地控制生产和质量管理。

## 六、组合中应注意的问题

组合是为了组合出合格的基础酒。基础酒质量的好坏，直接影响到调味工作的难易和产品质量的优劣，如果基础酒质量不好，就会增加调味的困难，并且增加调味酒的用量，既浪费精华酒，又容易产生异杂味和香味改变等不良现象，以致反复多次，始终调不出一个好的成品酒。所以，组合是一个十分重要而又非常细致的工作，绝不能粗心马虎。如选酒不当，就会因一坛之误，而影响几十吨酒的质量，造成难以挽回的损失。因此组合时必须注意：

人员应有高度的责任心和事业心，在实践中注意不断提高勾兑技术水平。必须有较高的尝酒能力，对酒的风格、库房中每坛酒的特点等都要准确掌握；同时了解不同酒质量的变化规律，才能够组合出好酒，组合出典型风格。

要搞好小样组合。组合是细致而复杂的工作，因为极其微量的成分都可能引起酒质的较大变化，因此要进行精心组合，经品尝合格后，再大批量组合。

掌握各种酒的情况，每坛酒必须有健全的卡片，卡片上记有产酒的年、月、生产车间、发酵容器号、酒精度、质量、酒质等情况。组合时，应清楚了解各坛酒的上述情况，最好能结合色谱分析数据，以便科学地搞好组合工作。

做好原始记录。不论小样组合还是正式组合都应做好原始记录，以提供研究分析数据。通过大量的实践，从中找到规律性的东西，有助于提高组合技术。

经过组合后，基酒基本达到同等级成品酒的水平，符合基酒的质量标准，允许有点缺陷，但必须酒体完善，有风格，香气正。

## 七、调味的原理和作用

**1. 调味的原理**

从目前人们的认识来看，调味工作主要起平衡作用，它是通过少量添加微量成分含量高的酒，改变基础酒中各种芳香成分的配合比例，通过抑制、缓冲或协调等作用，平衡各成分之间的量比关系，以达到固有香型的特点。所谓调味酒并不是向酒中添加某种“化学添加剂”，而是用极少量香味特点更加突出的调味酒弥补基础酒在香味上的缺陷，使其优雅丰满，酒体更加完善，风格更加突出。

**2. 调味的作用**

（1）添加作用　添加有两种情况：一是基础酒中根本没有这类芳香物质，而在调味酒中却较多，这类物质在基础酒中得到稀释后，符合它本身的放香阈值，因而呈现出愉快的香味，使基础酒协调完满，突出了酒体风格。二是基础酒中某种芳香物质较少，达不到放香阈值，香味不能显示出来，而调味酒中这种物质却较多，添加之后，在基础酒中增加了该种物质的含量，就达到或超过其放香阈值，基础酒就会显出香味来。当然这只是简单地从单一成分考虑，实际上白酒中的微量成分众多，互相缓冲、抑制、协调，要比这种简单计算复杂得多。

（2）化学反应　调味酒中所含的微量成分与半成品酒中所含的微量成分进行化学反应，生成新的呈香呈味物质，从而引起酒质的变化。这些反应都比较缓慢或在适宜条件下才能发生（如一定的温度、压力、浓度），并且不一定能同时发生。

（3）协调平衡　根据调味的目的，加调味酒就是以需要的气味强度和溶液浓度打破半成品酒原有的平衡，重新调整半成品酒中的呈香和呈味物质，促使平衡向需要的方向移动，以排除异杂，增加需要的香味，达到调味的效果。

（4）分子重排　酒质的好坏与酒中分子的排列顺序有一定的关系，添加调味酒的微量成分引起量比关系改变或增加了新的微量成分，从而影响各分子间原来的排列，致使酒中各分子间重新排列，改变了原来的状况，突出了一些微量成分的作用，同时也有可能掩盖了另一些分子的作用，发挥了调味的功能。

## 八、调味酒的备制与选用

调味酒的种类较多，可以按照调整香气、调整口味和调整风格分为三大类。

**1. 调香用的调味酒**

根据香气的挥发速度及含香气化合物的香气特征进行分类，调整香气用的调味酒包括高挥发性的酯香气类调味酒、挥发性居中的调味酒和挥发性低而香气持久的调味酒。高挥发性的酯香气类调味酒含有多量的挥发性酯类化合物，而且具有高浓度的特定酯，如乙酸乙酯等。这类调味酒能够使待调味的半成品酒的香气飘逸出来。但这类调味酒的香气不持久，很容易消失。属于这类调香酒的有酒头调味酒、高酯调味酒。挥发性居中的调味酒的香气挥发速度居中，香气有一定的持久性。在香气特征上，这类调味酒有陈香气味，或者具有其他特殊气味特征。这类调味酒可以使待调味的基酒的香气“丰富”“浓郁”或“调香”“掩蔽”等，并使基酒的香气具有一定的持久性。挥发性低、香气持久的调味酒的香气挥发速度较慢，香气很持久。它们含有多量的高沸点酯类及其他类化合物。它们的香气特征可能不是很明显或具有特殊的气味特征。这类调味酒可以使待调基酒的香气持久稳定。

**2. 调整口味用的调味酒**

按照其中含香味物质的味觉特征及香味物质的分子大小、溶解度（水）等要素进行分类。调整口味用的调味酒包括酸味调味酒、甜味调味酒和增加刺激感的调味酒。酸味调味酒含有较高含量的有机酸类化合物，能够消除半成品酒的苦味，增加酒体的醇和、绵柔感。甜味调味酒是调整半成品酒中甜味感觉的。增加刺激感的调味酒含有较多的小分子醇类及醛类化合物。这类酒一方面可以增加半成品酒中醇及醛的刺激性，另一方面它的加入还可以提高酯类物质的挥发性，增加酒体的丰满度，延长回味。

**3. 调整风格用的调味酒**

按照其形式风格特征的典型性进行分类，调整风格用的调味酒包括增加浓厚感的调味酒、增加醇厚感的调味酒和增加后味的调味酒。增加浓厚感的调味酒其中有机酸、乙酸乙酯含量高，风格典型、突出，能增加半成品酒的风格。增加醇厚感的调味酒其中酸、酯含量高，糟香突出，可增加半成品酒的糟香。增加后味的调味酒总酯含量高，后味浓厚，可增加半成品酒的后味。要做好调味工作，必须要有种类繁多的高质量的调味酒或调味品。

## 九、调味的方法和步骤以及应注意的问题

**1. 调味的方法**

添加调味酒，首先要针对基础酒中的缺陷和不足，选定几种调味酒，以万分之一至万分之五的滴加量，一杯杯优选，然后根据尝评结果，添加和减少不同种类、数量的调味酒，直到符合标准为止，从而得出不同调整结构的调味酒的用量比例，主要调味方法分为以下三种。

（1）分别添加，对比尝评　分别加入各种调味酒，一种一种地进行优选，最后得出不同调味酒的用量。在调味时，容易发生一种现象，即滴加调味酒后，解决了原来的缺陷和不足，又出现新的缺陷，或者要解决的问题没有解决却解决了其他方面的问题，所以这种调味方法做起来比较复杂，花的时间长，调好一个基础酒一般要数小时。对初学调味工作的人来说，多采用这种方法是很有益处的，在分别加入各种调味酒的过程中，能逐步认识到各种调味酒对不同酒的作用和反应，了解各种调味酒的特性和相互间的搭配关系，从而不断地总结经验，丰富知识，对提高调味技术水平很有益处。这就是调味工作的复杂和微妙之处，只有在实践中摸索总结，慢慢体会，才能得心应手。

（2）依次添加，反复体会　根据品评鉴定结果，针对半成品酒的缺点和不足，先选定几种调味酒，分别记住其主要特点，一次加入数种不同量的调味酒，摇匀后品评，再根据品评结果，增添或减少不同种类、数量的调味酒，依次不断增减，逐一优选，直至符合质量标准为止，采用这个办法进行调味比较省时。一般是具有一定调味经验的酒体设计师在掌握了一定调味技术的基础上，才能顺利进行，否则就得不到满意的结果，这个方法比第一种更快些，可以节约一些时间，但是若没有掌握好要领，反而会适得其反。根据品评鉴定结果，再次加入不同数量、不同香味的调味酒，按此反复增、减不同量的调味酒，直至达到质量标准为止。

（3）一次添加，确定方案　根据半成品酒的缺陷和不足以及调味经验，选取不同特点的调味酒，按一定比例制成一种针对性强的综合调味酒，然后以万分之一的添加量逐渐加到基础酒中进行优选，通过尝评找出最适用量，直至找到最佳点为止，如果这种合成的混合调味酒，添加到1‰以上还找不到最佳点或解决不了半成品酒的缺陷，就证明这种混合调味酒不适应半成品酒的性质，需要重新考虑调味酒的用量比例和成分，就应重新进行调味酒的选择和调整配比。再使用第二次制成的混合调味酒，滴加到酒中，进行优选。制成的混合调味酒若适合半成品酒的特性，一般加量不超过1‰，就能使酒的质量有明显的提高或达到产品质量出厂标准，用这种方法进行调味，关键在选准使用哪些调味酒制成混合调味酒。制成混合调味酒后，在滴加的优选上就比较简单省事了，它用时短，效果快，但是必须要有丰富经验的调味人员才能准确有效地设计好混合调味酒，否则就可能事倍功半，甚至会适得其反。

**2. 调味的步骤**

目前，调味的方法还是主要依靠调味人员的工作经验和感觉器官来分析基础酒与成品酒的质量差距，找出基础酒中的缺点，并以此为根据选择调味酒，加入基础酒中，边品评边滴加，达到最佳程度后，再以比例放大。

（1）选择调味酒　对待调味的酒进行仔细品评，分析判断其在香气、口味、风格上存在的不足之处，初步确定选择何种风格类型的调味酒。

（2）小样调味　首先用需调味的酒样将三角瓶、量杯、品酒杯淌洗一遍，渣酒倒入渣酒盅，然后用带针头的针管吸取 0.2mL 左右对应调味酒淌洗针管，渣酒倒入渣酒盅后再吸取相应调味酒约 0.2mL 放回原位待用。将待调味的酒样约 30mL 倒入 1#品酒杯，将标样 30mL 倒入 2#品酒杯，仔细鉴别两个酒样的口感差异，并设计调味方案。然后用量杯准确量取 50mL 待调味的酒样，倒入三角瓶，选取所需调味酒，滴入需要滴数（滴调味酒时，针管、针头应与酒的液面垂直），用手摇动三角瓶 20s 左右，倒 30mL 入 3#品酒杯并品尝，记录方案，如果达到效果，则调味结束；如不满意，将三角瓶剩的酒液倒入渣酒盅，分别用 20mL 待调酒样淌洗三角瓶 2 次，淌洗的渣酒倒入渣酒盅，然后重复用量杯量取 50mL 待调酒样，按上述步骤调味，直到得到满意的调味方案为止。将品酒杯、三角瓶、调味针管内的酒液倒入渣酒盅，回收到相应容器，将调味酒归还备样员指定位置，将调味器具清洗干净，放于消毒柜烘干备用。小样的质量鉴评：酒体设计人员将所备小样与标样进行比对，确定调味方案，遵循“质量第一、成本优先”的原则。

（3）成品酒调味小样方案选择　参与调味的人员每人精选一个调味方案交由酒体设计组长审核；由备样员将审核合格的小样调味方案进行放样 500mL 并进行编码，送中心质量控制小组，不合格的调味方案作废，不予放样；中心质量控制小组从该批次小样中选出最佳方案。如果中心质量控制小组对该批次小样都否决，则该批次小样全部作废并重新进行调味；备样员根据选中小样方案重新放样，由中心质量控制小组确认后，备样员将合格的小样方案交酒体设计组长确认后，制放样单、派单。

（4）成品酒大样调味　酒库班组收到派单后，核实数据，根据派单数据进行大样调味的准备；大样调味 24h 后，所在班组对大样进行取样，交中心备样员签收；中心质量控制小组对大样进行鉴定；鉴定合格的大样，由备样员填写送审单交公司尝评委员会审批；审批不合格的大样，中心质量控制小组通知酒体设计人员对该批次酒源重新调味并取样（取样时间同样遵循调味后 24h），直至大样得到中心质量控制小组通过为止；最终的成品酒调味方案由公司尝评委员会通过，并做出审批意见。审批合格的大样，公司尝评委员会出具书面通知，成品酒调味工作结束；审批不合格的大样，则重新进入调味环节，直至送审大样经审批合格为止。

**3. 调味中应注意的问题**

分析组合基础酒的酒质情况，务必清楚了解存在的问题，全面熟悉各种调味酒的性能和功能，每种调味酒对基础酒所起的作用和反应，然后根据基础酒的实际情况，确定选取哪种调味酒，对症下药。

选取的调味酒的性质要与基础酒所需要的性质相符合，并能弥补基础酒的缺陷。调味酒选择是否得当是调味的关键，选对了效果显著，而且用量少；选择不当，调味酒用量大且效果不明显，甚至会越调越远离所需求的口感质量。

调味工作是一项十分细致的工作，要求调味工作人员加强训练，在工作中不断总结经验，做好笔记，特别是要熟练地掌握调味酒的性能，在什么情况下使用什么样的调味酒，能出现什么样的结果，其比例是多少等。其具体要求如下：

（1）各种因素都极易影响酒质的变化。所以，在调味工作中，调味所用器具必须清洁干净，要专具专用，以免相互污染，影响调味效果。

（2）在正常情况下，调味酒的用量不应超过0.3%（酒精度不同，用量不同）。如果超过一定用量，基础酒仍然未达到质量要求时，说明该调味酒不适合该基础酒，应另选调味酒。在调味过程中，酒的变化很复杂，有时只添加十万分之一，就会使基础酒变坏或变好，因此，调味时要认真细致，少量添加，随时准备判断调味的终点，并做好原始记录。

（3）调味工作时间最好安排在每天上午9：00~11：00，或下午15：00~17：00，地点应按品评室的环境要求来设置。另外，调味工作人员应保持稳定，以利于技术和产品质量的提高。

（4）调味时，应组织若干人（3~5人）集体品评鉴定，以保证产品质量的一致性。

（5）计量必须准确，否则大批样难以达到小样的标准。

（6）选好和制备好调味酒，不断增加调味酒的种类，提高质量，增加调味中调味酒的可选性，这对保证低度白酒的质量尤为重要。

（7）调味工作完成后，不要马上包装出厂，特别是低度白酒，最好能存放1~2周后，检查确认质量无大的变化后，才能包装。

# 第九章　酱香型白酒风味物质

白酒中含量最高的是乙醇和水，占总量的98%左右，其他化合物仅占2%左右，研究表明正是这些2%含量的醇、酯、酸、醛、酮、呋喃类等化合物使得白酒呈现出特有的风味，这些微量成分在白酒中的不同含量和比例，决定了白酒的香型和风格。

酱香型白酒中微量风味物质具有种类繁多、组合复杂的特点。20世纪50年代，中央食品工业部、轻工业部先后安排白酒酿造工艺研究试点实验，1964—1966年进行茅台试点实验，确立了酱香型中的3个单型酒，即酱香、醇甜、窖底香。利用纸上和薄层色谱法，初步检测茅台酒的微量成分。后来通过气相色谱检测，证实酱香型3个单型酒在成分上有明显区别，为白酒风味化学研究提供了新思路。随着科技的发展，分析手段的进步，全二维气相色谱—飞行时间质谱联用技术（gas chromatography time-of-flight mass spectrometry，GC/TOF-MS），液液萃取技术结合GC-MS联用，顶空固相微萃取（headspace solid-phase microextraction，HS-SPME）结合GC-MC等仪器与检测手段引入白酒风味成分研究。至今，酱香型白酒中已累计发现上千种微量物质，但其主体香味成分仍未明确。本章从酱香型白酒主要风味物质、风味物质的来源、不同轮次酒及贮存过程中风味物质特征四个方面阐述了酱香型白酒风味物质的研究进展。

## 第一节　酱香型白酒主要风味物质

酱香型白酒是中国蒸馏酒的基本香型之一，因其酱香突出，香气优雅细腻，口味醇厚丰满，深受消费者的喜爱。酱香型白酒组成复杂、种类繁多、分析困难，对于酱香型白酒的主体香气成分推断众多，但其本质特征究竟是什么，仍然是一个谜。曾经出现过4-乙基愈创木酚说、吡嗪及加热香气说、呋喃类和吡喃类衍生物说和高沸点酸性物质与低沸点酯类物质组成的复合香气说。这些学说虽然后来被证明是错误的或者证据不足，但它们推动了酱香型白酒主体香成分的研究，为酱香型白酒主体香成分的确立打下了坚实的基础。目前为止，酱香型白酒中主体香气组分仍未明确，学者们通过大量研究数据的分析，在总体上达成了一个共识，那就是酱香型白酒的主体香气是由多种物质组成的复合型香味而非某一种或几种风味组分所构成的。

研究学者们对酱香型白酒风味物质进行研究，现已检出上百种物质，其中酯类380种，酸类85种，醇类155种，酮类96种，醛类73种，含氮类36种，其他48种。酱香型白酒中醇、酸、酯、醛的含量高，占总检出成分的90%左右；吡嗪、呋喃等杂环类化合物占总检出成分的4%左右；酮类占总检出成分的1%左右。

## 一、酯类化合物

酯类化合物是白酒呈香的主要物质，能赋予白酒果香的味道，不同香型白酒中酯类所含比例不同，赋予了不同香型白酒不同的风格。己酸乙酯、乳酸乙酯、乙酸乙酯、丁酸乙酯是白酒中的四大酯类，其含量的变化，对酒的风味有决定性的影响。酯类种类多、含量高，则酒体香味好；酯类种类少，含量低，则香味差。酯类的单体香味成分以其结构式中含碳原子数的多少而呈现出强弱的气味，含1~2个碳原子的香气弱，且持续时间短，含3~5个碳原子的具有脂肪臭，酒中含量不宜过多，含6~12个碳原子的香气浓，持续时间长，13个碳原子以上的酯类几乎没有香气。

酯类化合物是由酸与醇酯化作用生成，一方面通过有机化学反应生成酯，但常温下极为缓慢，经历几年时间酯化反应才能趋于平衡，且反应速度随碳原子的增加而下降；另一方面通过微生物生化反应生成酯，酒醅中以酵母菌产酯为主，这也是白酒中酯类化合物产生的主要途径。

酯类化合物是白酒中种类最多的挥发性香气成分，虽然在酱香型白酒中酯类的含量不是最高的，但种类却最为丰富。有研究表明，在酱香型白酒中己酸乙酯的含量并不高，一般在400~500mg/L，含量最高的是乙酸乙酯1500~3000mg/L和乳酸乙酯1000~2000mg/L，乳酸乙酯对保持酒体的完整性作用很大，过少则酒体不完整，过多则会造成主体香不突出。丁酸乙酯含量在200mg/L左右，丁酸乙酯的特殊功能对形成浓香型酒的风味具有重要的作用，若丁酸乙酯过少则香味喷不起来，过大则产生臭味。其他主要酯类化合物含量为：甲酸乙酯200mg/L、戊酸乙酯50mg/L，乙酸异戊酯30mg/L，辛酸乙酯12mg/L，庚酸乙酯5mg/L，乙酸异戊酯10~20mg/L，但乙酸异戊酯的香气阈值较低，香气活力值较大，对酒的香气贡献相对较高。月桂酸乙酯、琥珀酸二乙酯、棕榈酸乙酯含量均小于1mg/L，贮存时间长的棕榈酸乙酯的含量最高为3mg/L。贮存时间长的油酸乙酯含量可达6mg/L外，油酸乙酯含量均小于1mg/L，贮存时间长的棕榈酸乙酯的含量最高为3.0mg/L。主要酯类成分的量比关系为乳酸乙酯：己酸乙酯：总酯一般为0.4：0.04：1，乳酸乙酯/乙酸乙酯为0.58~0.75，乙酸乙酯与丁酸乙酯的比率在10左右，乙酸乙酯与己酸乙酯比率在7左右，乙酸乙酯与乳酸乙酯的比率在1.2左右。

酱香型白酒中主要酯类化合物的感官特征见表9-1。

**表 9-1　　　　　　　　酱香型白酒中主要酯类化合物的感官特征**

| 名称 | 沸点/℃ | 特征 |
| --- | --- | --- |
| 甲酸乙酯 | 54.7 | 似桃样果香，有涩感 |
| 乙酸乙酯 | 76.6~77.5 | 苹果样香气，清香 |
| 丁酸乙酯 | 122.4 | 似菠萝样果香，爽口 |
| 戊酸乙酯 | 145.9 | 似菠萝香，味浓刺舌 |
| 已酸乙酯 | 168 | 特有果香，窖香 |
| 庚酸乙酯 | 188.6 | 似苹果香 |
| 辛酸乙酯 | 295 | 似梨或菠萝香 |
| 月桂酸乙酯 | 163 | 月桂香 |
| 棕榈酸乙酯 | 191~193 | 无香或油臭 |
| 油酸乙酯 | 207 | 脂肪气味，油味 |
| 乳酸乙酯 | 151 | 青草味 |
| 琥珀酸二乙酯 | 217~218 | 微弱的果香气味，味微甜，带涩、苦 |
| 乙酸异戊酯 | 142 | 梨、苹果样香气 |

## 二、酸类化合物

酸类化合物在白酒中具有呈香和呈味的双重功效，简单的酸具有强烈的酸味，随着碳链增长，酸味逐渐减弱。白酒中的酸类化合物大都为有机酸，有机酸具有烃基（如—$CH_3$ 或—$C_2H_5$）和羧基（—COOH），因而能和很多成分亲和。酸类有调味解暴的作用，消除酒的苦味、杂味及燥辣感，是构成酒后味的重要物质之一，同时也是生成酯类的前体物质，新酒老熟的有效催化剂。在一定意义上可以认为有酸才有酯，酸多酯才多，这也是我国白酒酿造上的一大特点。酸不仅直接影响白酒的风味质量，同时酒糟的不同酸度也使微生物的代谢产物不同，继而影响到醇类、羰基化合物的组成及含量。

酸类化合物是发酵过程中在微生物的作用下产生的，通常发酵前中期产酸少，后期产酸多。酵母菌在产乙醇时，也产多种有机酸，包括乙酸；霉菌也产乳酸等有机酸，但大多数有机酸由细菌生成，酱香型白酒所用高温大曲为细菌曲，因此酱香型白酒酸类化合物含量高于其他香型白酒。

有研究表明，在酱香型白酒中总酸含量高达 2945mg/L，构成总酸的主要成分为乙酸、乳酸、已酸、丁酸，它们的和为 2770mg/L，占总酸的 94.3%，以乙酸、乳酸所占比重最大，这也是酱香型酒酸类物质的突出特征；乙酸含量为 910~1500mg/L，能给酒体带来愉快的香味和酸味；乳酸 670~800mg/L，乳酸比较柔和，香气微弱而使酒质醇和、浓厚，但过量则带来涩味；已酸含量 60~150mg/L，苯甲酸含量在 10~20mg/L，丙酸 50mg/L，丁酸 20mg/L，戊酸 30mg/L，壬酸、癸酸、庚酸、辛酸、油酸的含量均在 0.1~2mg/L，异丁酸含量为 5.8mg/L。在品尝酱香型白酒时，能明显感觉到酸味，这与它的总酸含量高、乙酸与乳酸的绝对含量高有直接的关系。

酱香型白酒中主要酸类化合物的特征见表 9-2。

**表 9-2　　酱香型白酒中主要酸类化合物的特征**

| 名称 | 沸点/℃ | 特征 |
| --- | --- | --- |
| 乙酸 | 117.9 | 刺激酸味，爽口微甜 |
| 丙酸 | 141.1 | 微酸、微涩 |
| 丁酸 | 164.3 | 汗臭味 |
| 己酸 | 202~203 | 脂肪臭，曲味 |
| 庚酸 | 223 | 强脂肪臭，有刺激感 |
| 辛酸 | 239.7 | 脂肪臭，有刺激感 |
| 壬酸 | 254.5 | 山羊臭、奶酪香、脂肪臭 |
| 乳酸 | 122 | 微酸，涩，有浓厚感 |
| 癸酸 | 270 | 奶酪香、脂肪臭 |
| 油酸 | 285.6 | 较弱的脂肪气味，油味，易凝固，水溶性差 |
| 苯甲酸 | 249.2 | 稍有愉快气味，微甜，带酸 |
| 异丁酸 | 154.7 | 闻有脂肪臭，似丁酸气味 |

## 三、醇类化合物

在白酒发酵过程中，除产生大量的乙醇外，还同时生产其他醇类物质。白酒中醇类物质沸点低，易挥发，在挥发过程中“拖带”其他组分一起挥发，起到“助香”的作用。醇类化合物随着碳链的增加，香气逐渐由麻醉样香气向水果香气和脂肪香气过渡，沸点也逐渐增高，香气逐渐持久。碳原子在 2 个以上的一元醇称为高级醇，通常讲的高级醇主要为异戊醇、异丁醇、正丁醇、正丙醇，其次为仲丁醇和正戊醇，除异戊醇呈微甜外，大多数高级醇，如异丁醇、正丙醇、正丁醇都呈苦味，因此含量过高会导致酒体苦涩，而少量的高级醇可赋予酒特殊的香味，并有衬托酯香的作用，使香气更加完美。多元醇为羟基数多于 1 个的醇类，如 2,3-丁二醇、丙三醇等，多元醇刺激小，带有甜味，甜度随羟基数增加而增加，可起到调节刺激性口味的作用，增强酒体的浓厚、醇甜感。白酒中含量较多的是一些小于 6 个碳的醇类香味成分，易挥发，呈现轻快的麻醉样香气、微弱的脂肪香及油蛤味。

醇类化合物是由霉菌、酵母菌、细菌等微生物利用糖、氨基酸等成分进行降解和发生复杂的生化反应生成的产物，有机酸也可还原产生相应的醇，少量的醇来源于酵母降解相应的醛。

有研究表明，酱香型白酒醇类物质总含量为2000mg/L以上，比浓香型白酒高1倍以上。正丙醇含量居醇类物质（除乙醇）之首，远高于其他香型白酒，含量为1100mg/L左右。异戊醇在酱香型白酒中的含量仅次于正丙醇，含量600mg/L左右，正丙醇和异戊醇是酱香型白酒重要风味化合物，两者对酱香型白酒风味的形成缺一不可。异戊醇与异丁醇含量的比率在3左右，正己醇含量为80mg/L左右，2,3-丁二醇含量为100mg/L左右，2,3-丁二醇能促进一些与酱香有关化合物含量的增加。正戊醇和糠醇的含量基本在10mg/L以内，糠醇较其他物质虽然含量较低，却是酱香型白酒带有焦香和烘焙香的关键。β-苯乙醇含量为15mg/L，β-苯乙醇具有典型的玫瑰花香气，为白酒贡献玫瑰花香。

酱香型白酒中主要醇类化合物的特征见表9-3。

**表9-3　　酱香型白酒中主要醇类化合物的特征**

| 名称 | 沸点/℃ | 特征 |
|---|---|---|
| 乙醇 | 78.4 | 酒精香味，稀释带甜，有温和灼烧感 |
| 正丙醇 | 95.8 | 似醚臭，有苦味 |
| 异丁醇 | 105 | 杂醇油味，味苦 |
| 异戊醇 | 131~132 | 杂醇油味，味苦涩 |
| 正戊醇 | 137~139 | 略有奶油味 |
| 正己醇 | 157 | 芳香味，似椰子，香持久 |
| β-苯乙醇 | 219 | 玫瑰香，微苦 |
| 2,3-丁二醇 | 183~184 | 甜味 |
| 糠醇 | | 油样焦煳气味，似烤香气，微苦 |

## 四、羰基化合物

羰基化合物通常指醛类、缩醛类和酮类等含有羰基的化合物，能够赋予酒体刺激感和辛辣感，还具有助香和提香的作用。低碳链的羰基化合物沸点低，极易挥发，随着碳原子数量增加，羰基化合物沸点升高，水中溶解度下降，气味逐渐向青草味、果实味和脂肪臭味变化，且大部分感官阈值较低，但其贡献的香气活度很高。酒中的醛类主要由醇和酸的氧化还原而成，会由糖生成醛类。

有研究表明，酱香型白酒中的羰基类化合物总量是各类香型白酒相应组分含量之首，醛类物质的总含量为770~870mg/L，其中以糠醛为首，它与其他各类香型白酒含量相比是最多的。糠醛是酱香型白酒的标志性组分，也是呋喃类衍生物，原料玉米、高粱、稻壳等农副产品中的多缩戊糖在低pH下，水解成戊醛糖，进一步脱水环化生成糠醛，含量为200mg/L左右，乙醛含量为100mg/L，异丁醛含量为20mg/L，苯甲醛含量为5.2mg/L，正丙醛的含量最低，为1.3mg/L。酮类物质的含量为80~180mg/L，尤其是3-羟基-2-丁酮含量最高，为85.6mg/L，3-羟基-2-丁酮具有较强烈的奶香风味，是白酒中重要风味物质之一。丙酮含量为40.7mg/L，为白酒贡献水果香。

酱香型白酒中主要羰基类化合物的特征见表9-4。

表9-4　酱香型白酒中主要羰基类化合物的特征

| 名称 | 沸点/℃ | 特征 |
| --- | --- | --- |
| 乙醛 | 20.1 | 青草气味，有刺激性 |
| 正丙醛 | 48 | 刺激性气味，有窒息感 |
| 异丁醛 | 63 | 轻微坚果味，有刺激感 |
| 糠醛 | 161.7 | 纸臭，糠味，苦涩 |
| 苯甲醛 | 179 | 似有苦杏仁味 |
| 丙酮 | 56.2 | 带弱香，入口微甜，有刺激感 |
| 3-羟基-2-丁酮 | 148 | 带奶油香 |

## 五、吡嗪类化合物

吡嗪是一类在1，4位含2个杂氮原子的杂环化合物，其化学结构见图9-1，在中药学上具有一定的健康功效。一般来说，吡嗪类化合物可由美拉德反应、微生物代谢、蛋白质热解等多种途径产生。然而通过向酒体中添加吡嗪类组分，尤其是含量高的四甲基吡嗪，并不能使酒体产生更为典型的酱香香气。但在针对2-羟甲基-3,6-二乙基-5-甲基吡嗪的感官导向分离及二维离线高效液相色谱分析中，确定该化合物为酱香型白酒灼烧焦味的关键组分。这说明吡嗪类化合物可能不是酱香型白酒的主体香味成分，但不可否认其仍是酱香型白酒重要的风味组分、健康因子之一。四甲基吡嗪被认为是酱香型白酒的特征性风味成分，赋予酒体优雅细腻的感官特征，主要是由高温的芽孢杆菌代谢生成。

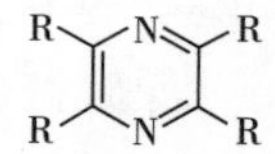


图9-1　吡嗪类物质的化学结构（R代表各类取代基团）

在各类不同香型的白酒中，酱香型白酒中吡嗪类化合物的含量明显高于其他类型的白酒，这可能与酱香型白酒高温制曲及其酿酒工艺有关。从酒体中检测到的四甲基吡嗪、2,3,5-三甲基吡嗪、2,5-二甲基吡嗪、2,3-二甲基吡嗪、2,6-二甲基吡嗪、2-甲基吡嗪、2-乙基-3,5-二甲基吡嗪、2,6-二乙基吡嗪等吡嗪类成分含量远高于其他香型白酒含量，其中起主导作用的化合物是四甲基吡嗪。

四甲基吡嗪是重要的香气化合物，具有烘烤、坚果的香气，它也是一种重要的功能活性物质，特别是在茅台酒中的吡嗪化合物含量高达10mg/L以上，2,6-二甲基吡嗪的含量最高可达 12mg/L，三甲基吡嗪含量在 1.7～2.5mg/L。

吡嗪类化合物的特征见表 9-5。

**表 9-5　吡嗪类化合物的特征**

| 名称 | 沸点/℃ | 特征 |
|---|---|---|
| 2-甲基吡嗪 | 135 | 烤面包香，烤杏仁香，炒花生香 |
| 2,3-二甲基吡嗪 | 156 | 烤面包香，炒玉米香，烤馍香，烤花生香 |
| 2,5-二甲基吡嗪 | 155 | 青草香，炒豆香 |
| 2,6-二甲基吡嗪 | 155.6 | 青椒香 |
| 2-乙基吡嗪 | 152～153 | 炒芝麻香，炒花生香，炒面香 |
| 2,3,5-三甲基吡嗪 | 171～172 | 青椒香，咖啡香，烤面包香 |
| 2,3,5,6-四甲基吡嗪 | 190 | 甜香，水果香，花香，水蜜桃香 |

## 六、呋喃、吡喃类化合物

呋喃、吡喃类化合物（基本结构式见图 9-2）作为酱香主体香味成分的推论最早在 1983 年被提出，当时共有 7 种呋喃酮和 8 种吡喃酮化合物被列举为具有酱香风味的组分，认为其可能与白酒酱香风味的形成有关，但随后针对酱香白酒的 GC-MS 分析、制备物闻香、酒样添加试验确定这些物质不是酱香型白酒的特征风味组分。

呋喃、吡喃类化合物芳香气味较强烈，特征明显，主要是淀粉经水解变成各种单糖、低聚糖和多聚糖，经氨基糖反应产生的产物，因此它具备糖类的 5 环或 6 环结构。糖类是酿酒的基础物质，同时生产过程有酸性条件和氨基酸等物质的存在，在高温条件下必然会产生呋喃类和吡喃类物质及其衍生物。

呋喃类化合物的气味阈值较低，较少的含量就能从酒中察觉出它的气味特征。这类化合物不十分稳定，较易氧化或分解，一般都有颜色，常呈现出油状的黄棕色。通过酒在贮存过程中颜色及风味的变化，也可以推测出一些呋喃类化合物的作用关系。酱香型白酒的贮存期是各香型白酒中最长的，一般在 3 年左右。贮存期越长，酱香气味越明显，酒体的颜色也逐渐变黄，成品酱香型白酒大多带有微黄颜色。在白酒贮存过程中，一些具有五环或六环呋喃结构的前体物质，或氧化、还原，或分解，形成了各类具有呋喃部分分子结构的化合物，使酒体产生了一定的焦香或煳香或类似酱香气味的特征，这与呋喃类化合物的存在有着密切的因果关系。从以上的推测并结合实际的酿酒经验及现有的分析结果可以初步看出，呋喃类、吡喃类及其衍生物与酱香气味和陈酒香气有着某种内在的联系。

近年来，检测技术水平的提升使得越来越多的呋喃、吡喃类化合物被准确检测出来。在酱香型白酒中检测出糠醛、糠醇、5-甲基-2-糠醛、2-乙酰基呋喃、2-乙氧基-

5-甲基呋喃、2-乙酰基-5-甲基呋喃等，呋喃类化合物总含量为100~190mg/L，其中以糠醛的含量最高。糠醛又称呋喃甲醛，它在酱香型白酒中的含量较高，是其他各类香型白酒所无法比拟的，在酱香型白酒中糠醛的含量是浓香型白酒的10倍以上。3-羟基丁酮是呋喃的一个衍生物，它在酱香型白酒中的含量也是较多的，是浓香型白酒含量的10倍以上。

与其他香型白酒相比，酱香型白酒中检出的呋喃类物质不但种类多，而且含量非常丰富。分析各种研究结果后，目前可以明确呋喃、吡喃类化合物的确是酱香型白酒中重要的呈香物质，但这些组分是否为酱香主体香还缺乏足够的依据。

呋喃、吡喃类化合物的化学结构见图9-2.

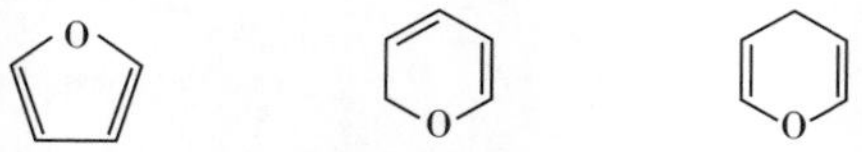

呋喃环基本结构　$\alpha$-吡喃环基本结构　$\gamma$-吡喃环基本结构

图9-2　呋喃、吡喃类化合物的化学结构

## 七、其他关键风味物质

关于酱香型白酒关键风味物质的研究，首先提出的是4-乙基愈创木酚学说，其为酱油中重要风味物质，在1964年的茅台试点实验中发现，4-乙基愈创木酚在中等浓度时呈香与酱香型白酒空杯留香相似，因此提出4-乙基愈创木酚为酱香型白酒典型风味化合物。4-乙基愈创木酚是一种高沸点酚类化合物（结构式见图9-3），最早被视为酱油制品中的重要的特征性香气成分，其在酱油酿造过程中的生成机制已经得到较为详细的论述。在1964年茅台酒试点中，研究人员以上述研究为基础，通过纸色谱分析手段从茅台酒中检测到了4-乙基愈创木酚，并在随后的闻香分析中证实该物质呈臭豆酱气味，达到中等浓度时会具有类似酱香的风味。因此，提出4-乙基愈创木酚为酱香型白酒特征性风味组分的结论。但随着后续检测技术水平的提升及研究的不断深入，发现1964年相关的研究准确性不够，对4-乙基愈创木酚最新的风味分析、尝评结果显示其有类似熏干的气味，且在其他香型的白酒中均有存在，推翻了之前得出的结论。因此，学术界不再认定4-乙基愈创木酚是酱香型白酒的特征性主体香味成分。

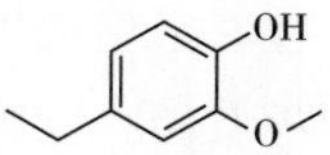

OH　O

图9-3　4-乙基愈创木酚的化学结构

在1982年的茅台酒主体香成分研究会上，研究者们提出，经反复验证，茅台酒的主体酱香可能是高沸点的酸性物质与低沸点的酯类物质组成的复合香。其中低沸点的酯类物质构成了前期酯香，而高沸点的酸性物质是空杯留香的主要来源，为酱香主体香的分析提出了一个新的研究思路。

酱香型白酒富含高沸点化合物，是各香型白酒相应组分之冠，这些高沸点化合物包括了高沸点的有机酸、有机醇、有机酯、芳香酸和氨基酸。这些高沸点化合物主要是由于高温制曲、高温堆积和高温馏酒等特殊酿酒工艺带来的。这些高沸点化合物的存在，明显地改变了香气的挥发速度和口味的刺激程度。

在后续的研究中，通过溶剂抽提、自然挥发、溶解法证实了前期香气与低沸点物质相关，而空杯香气中的主要成分为一类高沸点化合物，包括中性化合物、酚类化合物、碱性含氮化合物、有机酸四大类，并通过滤纸条点样闻香的方式确定其中的酚类化合物呈现空杯香气，而中性化合物前期呈现酯香，但随着时间的延长酯味变弱、空杯香逐渐显现，初步证明了这一观点的正确性。但是中性化合物、酚类化合物种类繁多，究竟是哪些主要物质构成了酱香主体风味目前还未明确，已确定的十六酸乙酯、乙酸乙酯、油酸乙酯、苯乙醇、乙醇、乙缩醛等成分已经被证明无法呈现出酱香风味。

研究者们发现，酱香、陈香、醇香、焦香、酸味、苦味、陈酒味、回味、柔和感和爽净感等感官特征易受风味物质影响，对酱香型白酒影响较大的风味物质有正丙醇、仲丁醇、2,3-丁二醇、3-羟基-2-丁酮、异戊醇、异戊酸乙酯、丁酸乙酯、乙缩醛、苯甲醛、活性戊醇和苯乙醇等。

## 第二节　酱香型白酒风味物质的来源

酱香型白酒是十二香型白酒中酿造工艺最为复杂的：经端午制曲、重阳下沙、2 次投料、9 次蒸煮、8 次发酵、7 次取酒、长期贮存，且由上层酱香、中层醇甜、下层窖底 3 种典型的原酒以一定的比例精心勾调而成。每一个酿造过程产生的香气化合物都可能与酱香的主体风格息息相关，复杂的酿造及蒸馏工艺形成酱香型白酒的主要风格特点，陈酿过程提高酒体的风味风格，勾调过程改善酒体的风味风格。

酱香型白酒风味物质较多，其来源甚多，有由原辅料带入的，经霉菌、酵母、细菌发酵（生化反应）产生的，有在白酒发酵过程中反应生成的，有在蒸馏过程中通过热化学反应生成的，以及产品在贮存中经氧化还原反应生成的。原料是白酒酿造的物质基础，酿造谷物中的不同组分不仅可以作为微生物的营养源为其提供能量，使其在酿造生产中发挥作用，另一方面原料本身的香气物质也是影响白酒风味和质量的重要因素，不同的香气组成又形成了风格各异的白酒香型。曲药是白酒酿造的糖化发酵剂，俗话说“什么样的糖化发酵剂产出什么样酒”，也体现了曲药对白酒香味形成的重要影响。与其他白酒香型酿造工艺不同，酱香型白酒具有独特的高温堆积工艺，这更是酱香型白酒风味形成的重要影响之一。贮存时间、贮存容器材质、贮存条件和方法都将影响白酒的质量。

## 一、来源于原辅料

传统酱香型白酒原料为高粱，高粱作为白酒酿造用粮，其葡萄糖苷含量高于其他酿酒原料。高粱内多为淀粉颗粒，外包胶粒层受热易分解，糊化后黏而不糊，高粱中的单宁、花青素等色素蒸煮发酵后可生成酚类化合物，能够赋予白酒特殊的芳香，但单宁过多时会抑制酵母菌发酵，并在开大汽蒸馏时易带入酒体，导致酒体苦涩。半纤维素成分在酸性高温条件下，聚戊糖会分解为木糖和阿拉伯糖，并继续分解为糠醛且不能被酵母利用。原料中的果胶会在高温条件下水解生成甲醇和果胶酸。因此在将原料进行固态常压清蒸时可从容器顶部排除沸点较低的甲醇，以此减少甲醇含量。酱香型白酒辅料为谷糠、稻壳等，稻壳成分多为多缩戊糖及果胶质，在蒸煮发酵过程中会生成糠醛和甲醇。谷糠是小米或黍米的外壳，经蒸煮后可赋予酒体醇香和糟香。为防止辅料带入邪杂味至酒体中，使用前需清蒸除杂。

在高粱中检测到的香气成分可分为两种：一种是生籽粒自身挥发性的香气，通常由植物生长过程中的生物合成，呈现的香气一般较弱；另一种是熟籽粒经过蒸煮以后挥发性的香气，这些是在加热过程中经非酶反应产生，呈现出特征香味。按形式又分为游离态和结合态两种，游离态的香气物质具有挥发性，对酒风味品质特征具有直接影响；而结合态香气物质本身无香气，以不挥发性的糖苷前体形式存在，在酸解或酶解作用下转变为游离态挥发性香气物质才发挥作用。

生籽粒挥发性香气成分：利用顶空固相微萃取（HS-SPME）结合气相色谱-质谱联用（GC-MS）定性、定量高粱生籽粒的挥发性香气物质共 28 种，主要为醇类、醛酮类、酚类化合物及吡啶、噻唑类杂环化合物，包括 2-己基-1-辛醇、2-丁基-1-辛醇、2-乙酰-1-吡咯啉、2,3,5-三甲基吡啶、苯并噻唑等，是作为生籽粒中代表性香气物质。

结合态香气成分：高粱结合态香气物质本质是糖苷，糖基由 L-鼠李糖、L-阿拉伯糖、D-芹菜糖、D-葡萄糖等组成，配基由单萜类、苯酚、苯基衍生物、脂肪醇类、降异戊二烯类、倍半萜类等组成。在发酵过程中，结合态香气物质因水解的两种断键方式不同会引起其产物的多样，大多香气物质通过蒸馏被带入酒体中，从而影响酱香型白酒的风味品质。

采用酸水解释放结合态香气物质，应用 HS-SPME-GC-MS 定性、定量高粱的结合态香气组分共 35 种，主要为醇类、酯类、醛酮类、酸类、芳香族类、杂环类、萜类化合物。采用 $\beta$-葡萄糖苷酶进行酶水解释放结合态香气物质，用相同的方式定性、定量高粱的结合态香气成分共 38 种，主要为醇类、酯类、醛酮类、酸类、芳香族类、萜类、硫化物、呋喃类化合物。高粱中结合态香气成分见表 9-6。

表 9-6 高粱中结合态香气成分

| 成分类别 | 成分名称 |
| --- | --- |
| 醇类 | 3-甲基-1-丁醇、1-己醇、1-辛烯-3-醇、2-乙基己醇、1-辛醇、十二醇、异戊醇 |
| 醛酮类 | 己醛、壬醛、2-壬烯醛、2-辛烯醛、辛醛、庚醛、葵醛、十二醛、2,2,6-三甲基环己酮、2-辛酮、2-壬酮、6-甲基-5-庚烯-2-酮、2-癸酮 |
| 芳香族 | 苯甲醇、苯甲醛、苯乙醛、苯乙酮、β-苯乙醇、2,5-二甲基苯甲醛、1,3,5-三甲基苯、苯酚 |
| 酯类 | 己酸乙酯、庚酸乙酯、辛酸乙酯、壬酸乙酯、癸酸乙酯、十二酸乙酯、丁二酸二乙酯、棕榈酸乙酯 |
| 酸类 | 戊酸、己酸、庚酸、辛酸、壬酸、E-2-辛烯酸 |
| 杂环类 | 2-戊基呋喃、四甲基吡嗪 |
| 萜类 | D-樟脑、1,1,6-三甲基-1,2-二氢萘、异佛尔酮、β-大马酮、α-柏木烯、α-萜品醇、香叶基丙酮、紫罗兰酮 |
| 硫化物 | 对甲硫基苯酚 |

通过对酿造原辅料中结合态香气物质进行分析，共定性定量了包括醇类、酯类、醛酮类、酸类、芳香族类以及萜类等35种香气化合物，且这些香气化合物同样是白酒中的重要香气物质。原辅料不仅为白酒酿造微生物提供物质和能源基础，其自身含有的大量香气化合物更是对白酒酒体香气有重要的贡献，或是重要香气物质的前体物质，对酱香型白酒风味的产生具有重要的影响。

## 二、来源于高温大曲

高温大曲是产酱香微生物的重要来源，更是酱香香气的关键来源。由于制曲原料自身就含有大量的酶及蛋白质，通过化学作用和微生物的自身代谢作用，发生了极其复杂的物质转化和能量传递过程，将原料中的淀粉分解为糖类，蛋白质分解为氨基酸。在适宜条件下，氨基酸与还原性糖可发生美拉德褐变反应生成挥发性化合物，具有浓郁的复合型酱香。高温大曲不仅是酱香型白酒酿造中的糖化发酵剂，更是酱香物质的前体物质，长时间高温的制曲环境促进了曲中大量嗜热细菌的富集生长，这类细菌在高温环境下能够利用前体物代谢生成挥发性有机酸类、吡嗪类化合物，赋予酱香大曲独特的风味特征，为后续白酒酱香的产生提供了物质基础。因此，制曲和酿酒过程中原料内部所发生的化学变化以及微生物作用是香味物质产生的直接原因。

高温大曲经过长期的培菌发酵后，自身会产生香气，而曲香受各个酒厂的环境、工艺、管理水平等条件影响。高温大曲中黑色曲酱香突出，有焦香和煳香，糖化力低；黄色曲酱香突出，糖化力适宜；而白色曲酱香淡，糖化力高。高温大曲中细菌以嗜热芽孢杆菌为主，与酸类物质和含氮化合物关系密切，芽孢杆菌对酱香型白酒特征风味物质——四甲基吡嗪的形成具有重要贡献。霉菌分泌的糖化酶、液化酶等能够分解淀粉、蛋白质等大分子物质，为风味物质的形成奠定了基础。霉菌与酵母菌混合发酵后，酸类、酯类、醇类、醛酮类等风味成分浓度得到提高，乙酸乙酯、苯乙酸乙酯、乙酸等风味物质含量明显提高。酱香大曲属高温大曲，整个制曲过程须经历低温、中温再到高温三个不同的发酵阶段，因此嗜高温、嗜中温和嗜低温微生物体系代谢产生的风味物质在酱香大曲中都有所体现。

酱香型大曲风味物质的形成非常复杂，在发酵过程中产生大量的酶可以使淀粉分解为单糖，蛋白质分解为氨基酸，在高温下氨基酸与单糖通过美拉德反应生成醛、酮类化合物、吡嗪类化合物以及氨基酸脱氨脱羧后生成的高级醇等酱香物质，这些都是形成酱香型白酒风味的前体物质。目前对大曲风味物质的研究，主要采用方法有气质联用色谱、多维气相色谱、气相色谱-闻香法等，酱香大曲中发现的风味成分已超百种，各风味成分之间的含量差异比较明显。不同地域生产、陈化时间不同的酱香大曲风味成分种类及构成也存在较大区别。但总体是以吡嗪类、有机酸类为主导性成分，酯类、醛酮类等风味化合物为微量成分。有研究表明在高温大曲中的高含量香气化合物也相应是酱香白酒中含量较高的化合物，说明了高温大曲中的香气成分对酱香型白酒的风味有重要的贡献。高温大曲部分风味物质汇总见表 9-7。

**表 9-7　　高温大曲部分风味物质汇总**

| 类别 | 风味物质 |
|---|---|
| 酯类 | 乙酸乙酯，甲酸乙酯，乙酸辛酯，丁酸乙酯，2-甲基丙酸乙酯，己酸乙酯，丙酸乙酯，己酸丁酯，乳酸乙酯等 |
| 醇类 | 乙醇，正丁醇，2-苯基-1-丙醇，2-己醇，1-己醇，1-丙醇，2-丁醇，β-苯乙醇，异丁醇，2,3-丁二醇，2-甲基丁醇，异丙醇，2-苯基-1-丁醇等 |
| 醛类 | 柠檬醛，异戊醛，苯甲醛，3-甲基己醛，戊醛，己醛，苯乙醛，正辛醛，壬醛，正己醛，癸醛，香兰素，2-甲基-2-丁烯醛等 |
| 吡嗪 | 四甲基吡嗪，2-甲基吡嗪，2,3-二甲基吡嗪，2-乙基-6-甲基吡嗪，2,6-二甲基吡嗪，2-乙基-3-甲基吡嗪，3,4,5-三甲基吡嗪，2-乙基-3,5-二甲基吡嗪，2-乙基-5-甲基吡嗪等 |
| 酮类 | 3-羟基-2-丁酮，2-丁酮，2-辛酮，3-甲基-2-丁酮，3-辛酮，2-戊酮，4-甲基-2-戊酮，2-庚酮，1-辛烯-3-酮，1-羟基-2-丙酮，2,3-戊二酮等 |
| 酸类 | 乙酸，丁酸，甲酸，苯乙酸，2-甲基丁酸，3-甲基丁酸，戊酸，乳酸，丙酸，4-甲基戊酸，己酸，苯甲酸，庚酸，丁二酸，2-甲基丙酸等 |
| 杂环类 | 苯，苯酚，甲苯，4-乙基苯酚，乙基苯，4-甲基愈创木酚，乙烯基苯，4-乙基愈创木酚，1-苯基苯，2,4-二叔丁基苯酚，4-乙烯基苯酚，愈创木酚等 |

# 三、来源于堆积发酵及窖内发酵

堆积发酵及窖内发酵是酱香型白酒重要的工艺环节及产香过程，此阶段在微生物和酶的作用下可生成白酒酒体中重要的风味物质或前体风味物质，对产酒质量具有重要的影响。堆积过程会辅助积累大量的风味物质或风味前体物质，为入窖反应生成丰富的白酒香气成分奠定物质基础。现已从酱香型白酒堆积酒醅中定性检出包括酒体中常见的乙酸、丁酸、乙酸乙酯、异戊醇、异丁醇、丁酸乙酯、乳酸乙酯等风味成分，表明堆积发酵过程生成了酒体中重要的活性风味物质。“浓香靠窖泥、酱香靠堆积”，高温堆积是酱香型白酒酿造的独特工艺，堆积过程中通过网罗空气微生物，富集好氧微生物代谢产生的风味物质或风味前体物质，使酱香型白酒中风味物质更加丰富，种类更加多元。

糟醅是酿酒原料经微生物混合后发酵的物料，糟醅中的风味物质对酱香型白酒的酒体风味有着重要的影响。在不同轮次酱香型的酒醅中，共检测到包括与典型酱香风格相关的风味成分的吡嗪、呋喃酮等91种风味物质，同时还发现酯类物质、醇类物质及酸类物质的含量之间均呈显著正相关（$P<0.05$），糟醅环境对白酒的风味物质生成具有一定的影响作用。

酱香型白酒所用窖池为条石窖，四周为石壁，窖底用红土。下层酒醅产酒窖香较浓，因下层糟与窖泥直接接触，底部温度低、酸度高、水分大，己酸菌生长旺盛，产己酸乙酯多，使得下层产酒窖香较浓，但己酸乙酯单体香不是窖香。在发酵过程中要尽量保证糟醅与窖底的接触，在蒸馏时则需避免带入窖泥，否则酒体有泥臭味。上层酒产酒酱香突出，且多产于窖面，在发酵过程中，发酵产生的热气、$CO_2$、蒸发后的乙醇等气体上升，使得窖面温度较高，嗜热芽孢杆菌在此环境下代谢旺盛，促进酱香风味物质形成，使得窖面产酒酱香突出。

## 四、来源于陈酿老熟过程

酱香型白酒由于传统生产工艺的特殊性更需要长时间的贮存，使之达到酒体丰满、协调、后味长等特点，酱香型白酒的陈酿过程是白酒老熟的重要手段。贮存时间、贮存容器材质、贮存条件和方法都将影响白酒的质量，酱香型白酒储存容器以不锈钢罐和陶坛为主，好材料容器能给酒带来有益的微量成分，并促进酒中微量成分的变化，从而增加酒中有益成分含量。

在贮存过程中，氧化作用致使醛类物质转化成酸类物质；吸附作用将新酒的腥味和其他杂味吸附掉，让酒体变得更加干净。新酒的糙辣、不够柔和，主要是因为新酒中含有一些刺激性大且挥发性大的物质，如硫化醇等硫化物和丙烯醛、丁烯醛等刺激性物质。经过长时间的贮存，利用陶瓷坛的氧化和吸附作用，再加上酒体的自然挥发，可使其刺激性大大减弱。另外，随着贮存时间的推移，由于白酒中的乙醇分子和水分子都是极性分子，它们之间因存在氢键作用力而缔合成大分子结构，加强了对乙醇分子的束缚力，使乙醇分子活度降低，白酒的口感变得柔和。同理，白酒中的其他香味物质也有氢键作用，缔合形成大分子，增加酒体的柔和度。此外，白酒老熟的实质是白酒中各物质之间的化学反应过程，加快化学反应就能加快老熟。陶坛本身所存在的

$Fe^{2+}$和$Cu^{2+}$等离子具有催化作用，可以在一定程度上加快白酒的老熟。

## 第三节　酱香型白酒不同轮次酒的风味物质

酱香型白酒从下沙（投粮）到丢糟，一个生产周期包括八个轮次，下沙轮次不产酒，因此共七个产酒轮次。各轮次堆积发酵条件随气候改变，故各轮次出酒率、基酒度、化学成分和风味质量也不尽相同，各轮次酒经过盘勾、分级分类贮存后重新组合，使得酱香型白酒风味成分更加复杂、独特，从而形成了酱香型白酒酱香突出，优雅细腻，酒体醇厚，回味悠长，空杯留香持久的风味特征。酱香型原酒分三种类型，第一种是上层酒醅产的酒，酱香突出，微带曲香，稍杂，风格好；第二种是中层酒醅产的酒，浓香中略带酱香，入口绵甜；第三种是下层酒醅产的酒，窖香浓郁，有明显的酱香。传统酱香型白酒在酿造过程分七轮次取酒，各轮次酒风味各异。

### 一、各轮次酒的风味特征

酱香型白酒七个轮次酒中，一、二次酒香味特殊，偏清香，常用作调味酒；三、四、五次酒又称大回酒，酒香醇厚，酒体丰满；六、七次酒带有煳香，也是酱香型白酒不可或缺的部分，轮次酒中酒质最优的为三轮次、四轮次、五轮次酒，在此阶段酒醅中的醇醛酸酯含量达到相对平衡，呈协调酱香味，一轮次、二轮次酒醅中醇高酸酯低导致酒体苦涩，后两轮次酒醅中醇酯高酸低导致酒体焦煳味重。按在发酵池中不同堆积深度的糟醅蒸馏得窖面酒（酱香）、醇甜酒、窖底酒，其中窖面酒含有丰富的羰基化合物，包括醛类、酚类等，醇甜酒高级醇含量较高，窖面酒和醇甜酒酱香突出，窖底酒以酯类和酸类物质为主，酒体呈典型浓香型白酒风格。各轮次酒风味特征见表 9-8。

表 9-8　　各轮次酒风味特征

| 轮次酒 | 出酒率 | 风味特征 |
|---|---|---|
| 一次酒 | 3%~5% | 无色透明，无悬浮物，粮香明显，略带清香风格，略带酸涩味，后味微苦 |
| 二次酒 | 7%~9% | 无色透明，无悬浮物，微带酱香，醇和味甜，有酸涩味，后味较短 |
| 三次酒 | 11%~15% | 无色透明，无悬浮物，酱香味较突出，醇和味甜，尾较净 |
| 四次酒 | 11%~15% | 无色透明，无悬浮物，酱香突出，醇和味甜，后味较长，尾净 |
| 五次酒 | 11%~15% | 无色透明，微黄，无悬浮物，酱香味突出，醇厚，味甜，后味长 |
| 六次酒 | 5%~8% | 无色透明，微黄，无悬浮物，酱香味明显突出，醇厚味甜，后味长，尾净，微带有焦味 |
| 七次酒 | 3%~4% | 无色透明，微黄，无悬浮物，酱香味突出，后味长，尾较净，有焦煳味 |

注：出酒率按高粱投粮量计算。

大回酒出酒率最高，且酒体质量最好，酱香突出，酒体协调。在前期轮次，小红梁颗粒小且紧，糊化程度低，淀粉与酶接触面积小，导致前两次酒出酒率低，高粱籽粒果皮中的单宁与唾液蛋白结合使舌上皮组织收缩产生涩味，与糖、生物碱相互作用产生苦味，小红粱蒸煮后形成自有风味成分，焦糖香味与果香共同构成了“粮香”，故一次酒和二次酒生粮味突出，有明显的涩味，后味苦，可作为调味酒。高粱中的直链淀粉耐蒸煮性差，越往后期糟醅黏度越大，故六、七次酒出酒率降低。

在实际生产中，由于大回酒品质最优，为提高大回酒产量，酒企在生产大回酒时增大用曲量，而在酒质较差的轮次，则减少用曲量。部分酒厂为减少一、二次酒产量，增加大回酒产量，通过降低原料粉碎比例或完全不粉碎原料，减小糊化淀粉与曲粉接触面积，从而降低前期轮次出酒率，但此工艺会导致一、二次酒高级醇（尤其是正丙醇）含量升高，出酒苦味、酸涩味重，若不能掌握好糊化程度，糊化不到位、生心多，一次酒大量产酸，直接造成二次酒掉排，影响全年出酒。

## 二、各轮次酒的风味物质

比较酱香型轮次酒风味物质组成，60 种风味物质在酱香型各轮次酒中平均含量如表 9-9 所示，在酱香型轮次酒共计测得风味化合物浓度为 9498. 34~14665. 63mg/L。第一到第七各轮次风味物质总含量依次为：14665. 63mg/L、13031. 84mg/L、9509. 73mg/L、9498. 34mg/L、10049. 06mg/L、10543. 25mg/L、10391. 76mg/L，各轮次总风味化合物含量呈先下降再上升趋势，第一和第二轮次风味物质含量明显高于其他轮次，其中风味物质含量最高的第一轮次和最低的第四轮次间总浓度差为 5167. 28mg/L，造成前两轮次酒中风味物质含量较高的主要原因是正丙醇和乙酸的浓度，这两种风味物质在各轮次酱香型白酒中含量差异较大，尤其在第一、二轮次中含量较高。

轮次酒中含量最高的风味物质是酯类物质，酯类物质在轮次酒中占风味物质总含量的 38. 58%~55. 18%，在各轮次中含量依次为 5657. 32mg/L（38. 58%）、5730. 22mg/L（43. 97%）、5046. 41mg/L（53. 07%）、5241. 23mg/L（55. 18%）、5441. 25mg/L（54. 15%）、5125. 15mg/L（48. 61%）、4449. 63mg/L（42. 82%），中间轮次（第三、四、五轮次）酯类物质含量占比较高，在第一和第七轮次中含量占比相对较低；醇类物质在各轮次酒中占风味化合物总含量的 15. 78%~36. 23%，在各轮次中含量分别为 4766. 23mg/L（32. 50%）、4721. 54mg/L（36. 23%）、1961. 59mg/L（20. 63%）、1535. 53mg/L（16. 17%）、1585. 87mg/L（15. 78%）、2707. 75mg/L（25. 68%）、3428. 63mg/L（32. 99%），在各轮次中含量和占比均呈先下降后上升趋势；酸类物质占比在 8. 70%~23. 46%、总含量在 825. 99~3440. 13mg/L，在各轮次中含量依次为 3440. 13mg/L（23. 46%）、1806. 95mg/L（13. 87%）、1088. 63mg/L（11. 45%）、825. 99mg/L（8. 70%）、895. 98mg/L（8. 92%）、1402. 00mg/L（13. 30%）、852. 21mg/L（8. 20%），第一轮次含量和占比明显高于其他轮次，整体呈现为先下降后趋于稳定，第六轮次略高于前后轮次；醛类物质在轮次酒中含量为 771. 14~2122. 86mg/L，占总风味

化合物的5.46%~21.13%，可见酱香型轮次酒中的醛类物质含量较高，其在各轮次中含量分别为800.08mg/L（5.46%）、771.14mg/L（5.92%）、1410.78mg/L（14.84%）、1892.42mg/L（19.93%）、2122.86mg/L（21.13%）、1303.83mg/L（12.37%）、1656.40mg/L（15.94%），第一、二轮次含量稍低，第三到第七轮次含量均较高，在第五轮次达到最大值，醛类物质含量过高可能是造成基酒口感不佳的主要原因；吡嗪类、呋喃类、酚类等化合物在各轮次中含量较低，含量在1.87~4.89mg/L，随着轮次增加，含量有所增加。

**表9-9　　酱香型不同轮次酒中风味化合物含量**

| 类别 | 名称 | 含量/（mg/L） | | | | | | |
|---|---|---|---|---|---|---|---|---|
| | | 一轮次 | 二轮次 | 三轮次 | 四轮次 | 五轮次 | 六轮次 | 七轮次 |
| 醇类 | 正丙醇 | 3564.39 | 4000.29 | 1041.73 | 529.40 | 564.31 | 1701.11 | 2183.97 |
| | 异丁醇 | 316.55 | 180.31 | 202.29 | 293.28 | 240.25 | 221.85 | 235.37 |
| | 2-甲基丁醇 | 53.62 | 25.66 | 43.98 | 44.76 | 37.24 | 37.05 | 47.68 |
| | 异戊醇 | 601.28 | 416.18 | 552.77 | 578.87 | 558.72 | 559.99 | 690.62 |
| | 正戊醇 | 6.08 | 4.75 | 6.73 | 6.21 | 7.54 | 18.40 | 23.99 |
| | 4-戊烯-1-醇 | 0.05 | 0.02 | 0.03 | 0.06 | 0.08 | 0.07 | 0.11 |
| | 2-庚醇 | 0.22 | 0.11 | — | 0.12 | 0.45 | 0.40 | 0.78 |
| | 己醇 | 18.05 | 7.87 | 27.28 | 7.90 | 19.76 | 39.99 | 44.59 |
| | 2,3-丁二醇 | 18.04 | 15.09 | 26.60 | 6.14 | 49.59 | 33.91 | 44.70 |
| | 糠醇 | 5.66 | 5.99 | 9.25 | 16.41 | 20.26 | 27.73 | 37.94 |
| | 苯甲醇 | 0.10 | 0.01 | 0.07 | 0.39 | 0.65 | 0.73 | 1.00 |
| | 仲丁醇 | 178.91 | 61.80 | 27.35 | 18.49 | 41.71 | 22.82 | 76.33 |
| | 苯乙醇 | 3.28 | 3.45 | 23.52 | 33.49 | 45.32 | 43.72 | 41.58 |
| 醛类 | 乙醛 | 203.99 | 191.06 | 360.57 | 525.68 | 656.92 | 305.22 | 352.46 |
| | 异丁醛 | 52.58 | 47.10 | 71.42 | 95.58 | 135.44 | 127.10 | 220.94 |
| | 乙缩醛 | 306.51 | 289.40 | 564.84 | 751.87 | 857.09 | 425.27 | 494.81 |
| | 异戊醛 | 39.05 | 35.85 | 52.57 | 60.04 | 62.25 | 83.15 | 151.82 |
| | 己醛 | — | 2.90 | 2.17 | 2.36 | 2.66 | 3.37 | 1.95 |
| | 糠醛 | 194.80 | 201.73 | 355.20 | 451.85 | 404.23 | 355.18 | 428.19 |
| | 5-甲基-2-糠醛 | 3.14 | 3.09 | 3.99 | 5.03 | 4.27 | 4.54 | 6.22 |
| 酸类 | 丙酸 | 278.25 | 94.15 | 23.65 | 19.99 | 20.57 | 23.07 | 33.08 |
| | 丁酸 | 72.33 | 43.30 | 25.12 | 24.92 | 32.76 | 31.12 | 49.69 |
| | 戊酸 | 10.31 | 9.42 | 10.36 | 10.07 | 10.76 | 13.78 | 19.10 |
| | 异戊酸 | 11.52 | 14.98 | 12.36 | 16.92 | 22.08 | 22.22 | 21.78 |
| | 己酸 | 26.04 | 13.56 | 48.26 | 14.52 | 45.00 | 50.08 | 50.76 |

续表

| 类别 | 名称 | 含量/（mg/L） | | | | | | |
|---|---|---|---|---|---|---|---|---|
| | | 一轮次 | 二轮次 | 三轮次 | 四轮次 | 五轮次 | 六轮次 | 七轮次 |
| 酸类 | 异丁酸 | 18.44 | 23.28 | 18.70 | 21.09 | 22.78 | 25.98 | 26.98 |
| | 乙酸 | 2977.00 | 1569.03 | 918.37 | 683.46 | 704.54 | 1199.53 | 615.96 |
| | 庚酸 | 9.44 | 9.00 | 9.23 | 9.03 | 9.25 | 10.29 | 10.38 |
| | 棕榈油酸 | 36.79 | 30.23 | 22.58 | 25.98 | 28.25 | 25.92 | 24.49 |
| 酯类 | 乙酸甲酯 | 8.14 | 4.55 | 2.75 | 5.06 | 6.64 | — | — |
| | 乙酸乙酯 | 3848.41 | 2640.46 | 1789.03 | 1684.06 | 2225.15 | 2178.97 | 2061.92 |
| | 丁酸乙酯 | 75.82 | 42.88 | 25.50 | 24.36 | 30.98 | 25.85 | 39.17 |
| | 戊酸乙酯 | 7.95 | 6.14 | 10.13 | 9.31 | 10.36 | 14.88 | 24.05 |
| | 己酸乙酯 | 44.01 | 11.53 | 156.37 | 20.80 | 118.27 | 103.24 | 131.62 |
| | 庚酸乙酯 | 0.41 | 0.12 | 1.74 | 0.68 | 1.57 | 3.61 | 5.22 |
| | 乳酸乙酯 | 1463.28 | 2862.60 | 2845.12 | 3343.52 | 2894.40 | 2621.80 | 2019.43 |
| | 己酸丁酯 | 0.18 | 0.06 | 0.34 | — | 0.47 | 0.21 | 0.20 |
| | 辛酸乙酯 | 0.76 | 0.35 | 5.38 | 1.62 | 4.30 | 3.41 | 3.43 |
| | 壬酸乙酯 | 12.53 | 10.41 | 8.98 | 10.55 | 8.64 | 11.87 | 13.43 |
| | 乙酸丁酯 | 5.36 | 2.90 | — | — | — | — | — |
| | 2-糠酸乙酯 | 0.06 | 0.05 | 0.13 | 0.71 | 1.38 | 0.45 | 0.31 |
| | 乙酸苯乙酯 | 0.45 | 0.46 | 0.57 | 1.14 | 1.18 | 2.66 | 2.76 |
| | 丁二酸二乙酯 | 0.58 | 0.77 | 2.62 | 3.24 | 3.26 | 1.97 | 2.22 |
| | 月桂酸乙酯 | 0.08 | 0.06 | 0.11 | 0.13 | 0.14 | 0.14 | 0.18 |
| | 肉豆蔻酸乙酯 | 1.61 | 1.50 | 1.68 | 1.56 | 1.58 | 1.60 | 1.66 |
| | 十五酸乙酯 | 0.30 | 0.23 | 0.28 | 0.22 | 0.22 | 0.24 | 0.24 |
| | 棕榈酸乙酯 | 59.13 | 40.43 | 56.79 | 42.97 | 42.93 | 44.54 | 41.68 |
| | 硬脂酸乙酯 | 1.82 | 1.61 | 1.70 | 1.51 | 1.48 | 1.51 | 1.48 |
| | 油酸乙酯 | 76.05 | 57.99 | 77.53 | 51.61 | 57.43 | 63.92 | 59.03 |
| | 亚油酸甲酯 | 48.81 | 43.47 | 57.88 | 36.96 | 29.94 | 42.90 | 40.26 |
| | 亚麻酸甲酯 | 1.58 | 1.63 | 1.80 | 1.21 | 0.94 | 1.36 | 1.35 |
| 吡嗪、呋喃类 | 2,5-二甲基吡嗪 | 0.05 | 0.06 | 0.07 | 0.10 | 0.07 | 0.14 | 0.23 |
| | 2,3,5-三甲基吡嗪 | 0.93 | 0.92 | 0.97 | 1.03 | 1.06 | 1.10 | 1.33 |
| | 2,3-二乙基吡嗪 | 0.01 | 0.02 | 0.05 | 0.08 | 0.06 | 0.06 | 0.07 |
| | 四甲基吡嗪 | 0.76 | 0.88 | 0.96 | 1.32 | 1.18 | 2.60 | 2.25 |
| | 2-乙酰基-5-甲基呋喃 | 0.07 | 0.09 | 0.24 | 0.61 | 0.70 | 0.51 | 0.79 |
| 酚类 | 2-甲酚 | — | — | — | — | — | 0.01 | 0.01 |

续表

| 类别 | 名称 | 含量/（mg/L） | | | | | | |
|---|---|---|---|---|---|---|---|---|
| | | 一轮次 | 二轮次 | 三轮次 | 四轮次 | 五轮次 | 六轮次 | 七轮次 |
| 酚类 | 3-甲基苯酚 | 0.01 | — | 0.01 | 0.01 | 0.01 | 0.05 | 0.10 |
| | 4-甲基愈创木酚 | 0.04 | — | — | — | — | — | — |
| | 对甲酚 | 0.01 | — | 0.01 | 0.02 | 0.01 | 0.06 | 0.11 |
| | 4-乙基苯酚 | — | — | — | — | — | — | — |

各轮次酒风味化合物的构成见图 9-4。

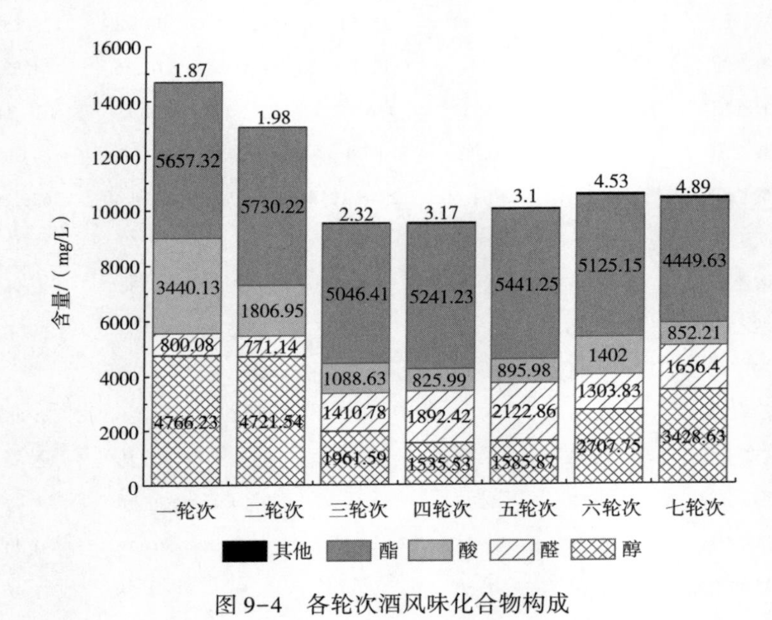


图 9-4　各轮次酒风味化合物构成

## 三、各轮次酒风味骨架成分变化规律分析

根据酱香型各轮次酒中风味化合物含量，挑选了 24 种酱香型轮次酒中的风味骨架成分，分别是正丙醇、异丁醇、2-甲基丁醇、异戊醇、2,3-丁二醇、仲丁醇、苯乙醇、乙醛、异丁醛、乙缩醛、异戊醛、糠醛、丙酸、丁酸、异戊酸、己酸、乙酸、乙酸乙酯、丁酸乙酯、己酸乙酯、乳酸乙酯、棕榈酸乙酯、油酸乙酯、亚油酸甲酯，这些化合物在酱香型轮次酒中的总含量占比在 97.51%~99.01%，结合相关文献记载及数据结果，分析比较了一些风味骨架成分中的重要风味物质变化规律。

**1. 重要醇类物质变化规律分析**

醇类物质是微生物利用酿酒原料中的糖和氨基酸等成分代谢产生的，在酒体中有增香和呈甜的作用，也是酯类物质和香味物质形成的重要前体物质，但含量过高会使

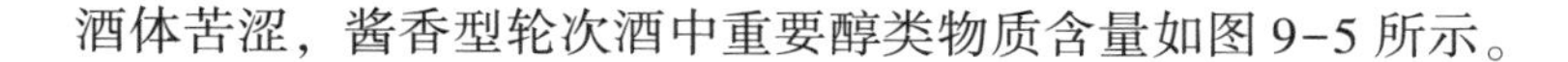

酒体苦涩，酱香型轮次酒中重要醇类物质含量如图 9-5 所示。

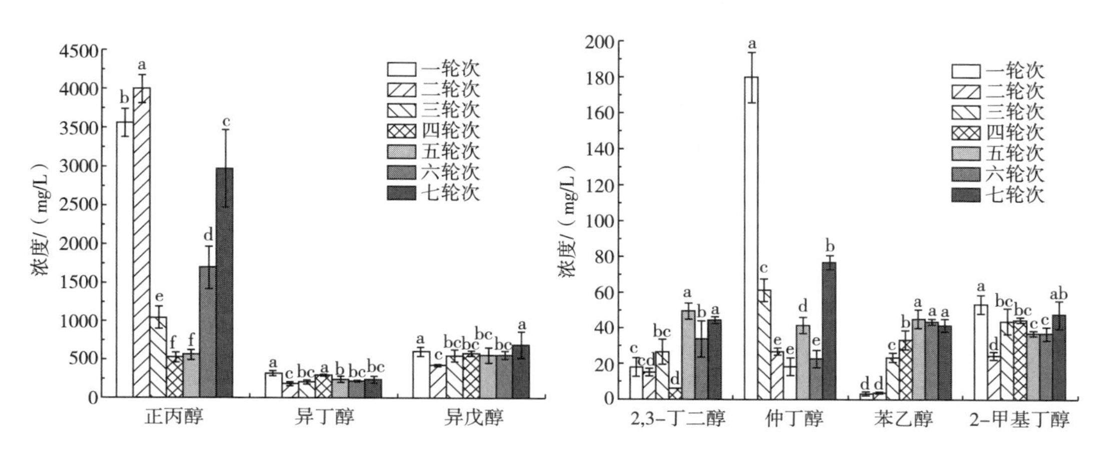


图 9-5 轮次酒中重要醇类化合物

正丙醇是酱香型白酒中含量最高的醇类物质，其在酱香型白酒中的含量也远高于其他香型白酒，是酱香型白酒中重要的风味物质，但正丙醇含量过高会导致酒体苦涩，从轮次酒风味分析结果来看，轮次酒中含量最高的醇类物质也是正丙醇，含量在 529. 40~3564. 40mg/L，且各轮次含量差异较大，表现为两头高中间低，在前两轮次酒中含量尤其高，达到 3500mg/L 以上，在第三、四、五轮次酒中含量在 529. 40~1041. 73mg/L，其在各轮次酒中含量悬殊是造成各轮次酱香型白酒中醇类物质含量差异的主要原因，文献记载优质酱香型白酒中正丙醇的含量大约在 600~1200mg/L，要想使成品酱香型白酒具有较好的风味品格，除了可通过工艺改良控制正丙醇含量，也可通过轮次酒间的勾调使酒体中各种风味组分更加协调；异戊醇是酱香型白酒中含量仅次于正丙醇的醇类物质，也是酱香型白酒中的重要高级醇类，适量的异戊醇口感微甜，能增加酒体的醇厚感和回甜感，但异戊醇含量也不宜过高，饮后易“上头”，对人体有毒害作用，异戊醇在酱香型白酒中含量普遍在 500mg/L 以上，在酱香型各轮次酒中含量在 416. 18~690. 62mg/L，在第二轮到第六轮次中含量相对稳定，与优质酱香型白酒中含量相近；苯乙醇在白酒中呈玫瑰香，是米香型白酒的主体风味物质，除米香型白酒外，其在酱香型白酒中的含量远高于其他香型白酒，苯乙醇主要是苯丙氨酸在发酵过程中由酵母代谢生成，其在酱香型白酒中含量较高可能与酱香型白酒所用蛋白质配料较多以及酱香型白酒反复高温分解酒醅的工艺特点有关，在酱香型轮次酒中，其含量呈先上升后下降的趋势，其在发酵后期含量较高，可能是由于后几轮次糟醅经反复发酵、加热促进了蛋白质分解，生成了更多的苯丙氨酸导致；在各轮次酒中含量变化较大的还有仲丁醇，其在第一轮次中含量较高，在其他轮次中含量普遍低于酱香型白酒，可能是影响酱香型轮次酒酒质的重要原因。2,3-丁二醇能赋予白酒绵甜的感官特征，在酱香型白酒中含量在 60mg/L 左右，且在优质酱香型白酒中其含量要高于普通酱香型白酒，其在轮次酒中含量差异较大且都偏低，在第四轮次酒中含量仅 6. 14mg/L，

2,3-丁二醇是芽孢杆菌属微生物的代谢产物，要提高基酒中2,3-丁二醇含量，可通过工艺调整优化发酵菌生长条件或选育一些优质发酵菌应用到制曲或发酵中。适量的高级醇能赋予酒体醇甜、浓郁、芬芳的感官体验，但是高级醇含量过高，或某种高级醇含量超出平衡范围，不仅会给酒体带来不良风味，其含量过高还会在人体代谢生成醛类物质，对人体产生毒害作用，因此需通过原料筛选、工艺控制、勾调等方法确保高级醇含量适宜，以保证酒质和饮用健康。

**2. 重要醛类物质变化规律分析**

乙缩醛和乙醛是酱香型白酒中含量最高的醛类物质，乙醛含量过高会导致酒体呈苦味、辣味，乙醛可以与乙醇缩合生成乙缩醛，乙缩醛是白酒老熟的标志，能赋予酒体协调丰润的风格，成品酒中乙缩醛含量是远高于乙醛含量的，酱香型轮次酒中重要醛类物质含量如图9-6，各轮次乙醛含量与乙缩醛含量变化规律一致，均为两头低中间高，且含量都较高，分别占总醛类化合物含量的18.91%~30.95%、26.54%~40.37%，乙醛过高会影响酒体感官，同时会对人体产生毒害作用，可见新酒还需陈酿才能提高酒质；糠醛是由多缩戊糖或戊糖在酸性高温条件下转化形成，在酒体中呈特别的杏仁味和焦香味，在其他香型白酒中若含量稍高会使酒体出现闷杂味，但其在酱香型白酒中含量较高却未影响酒质，且有研究者发现糠醛是造成酱香型白酒醇甜酒和窖底酒味差异显著的物质，故认为糠醛是酱香型白酒中的一种重要的风味物质，有研究者从茅台酒中测得糠醛含量在150~200mg/L，最高达到335mg/L，从检测结果来看，在轮次酒中，前两轮次含量相对较低，其余轮次含量都较高，从第三轮次开始含量都大于350mg/L；异戊醛在白酒中有麦芽香、烧烤香的特征，在轮次酒中含量在39.05~151.82mg/L，在各轮次中含量呈上升趋势；异丁醛呈坚果香，在轮次酒中含量也表现为前低后高。

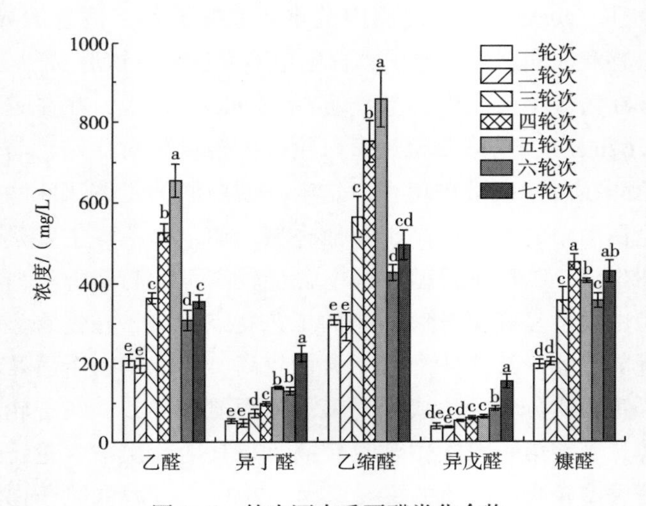


图9-6　轮次酒中重要醛类化合物

多数醛类物质都属于白酒中的异杂味物质，会给酒体带来辛辣、异味、刺激感，但在酱香型白酒中，某些醛类物质在适当的含量范围内能对酱香型白酒风味产生正面影响，如糠醛、异戊醛等，故酱香型白酒中的醛类物质的含量要高于其他香型白酒，但含量过高会影响感官品质和饮用健康，白酒中醛类含量过多的主要原因有：发酵过程中工艺控制不当，酵母发酵异常导致乙醛过多，杂菌污染导致生成一些异杂醛类；原料处理不当，糠壳太多或未清蒸导致糠醛过多；摘酒不当，醛类物质易挥发，在前段酒中含量较高。

**3. 重要酸类物质变化规律分析**

有机酸是白酒后味的重要组分，也是生成酯类的前体物质，在白酒风味中发挥着重要作用。酱香型白酒中有机酸的含量和种类均高于其他香型白酒（董酒除外），种类繁多且含量较高的有机酸能降低白酒刺激感，使酒体协调，且有研究者发现 pH 的变化会导致酱香味的消失和重现，推测酱香味和一些酸性物质有关。轮次酒中重要酸类化合物见图 9-7。

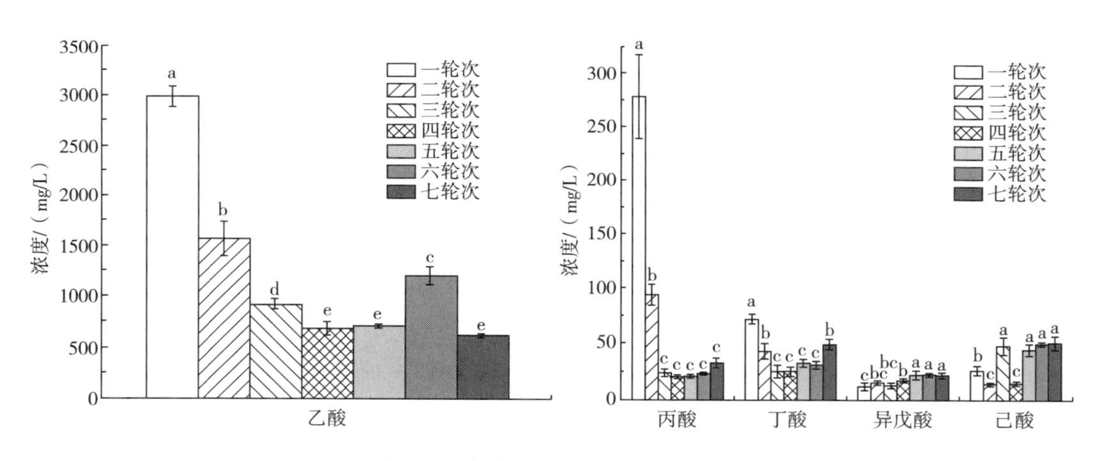


图 9-7 轮次酒中重要酸类化合物

如图 9-7 所示，酱香型轮次酒中含量最多的酸类物质是乙酸，适量的乙酸能给酒体带来爽口感，在轮次酒中含量在 615.96～2977.00mg/L，占酸类物质总含量的 72.28%～86.83%，可见乙酸在轮次酒中的重要性，其在各轮次间含量差异较大，在第一轮次中达到 2977.00mg/L，在第三、四、五、七轮次中含量均低于 1000mg/L，在第四、五、七轮次中差异不显著；丙酸在白酒中可与乙酸等酸类协调配合，使酒体后味浓厚有甜感，在茅台酒中含量在 50～80mg/L，其在各轮次酒中含量变化为：前两轮次中含量较高，第三轮次大幅下降后稳定，前两轮次中其含量远高于在优质酱香型白酒中的含量，尤其是在第一轮次中，达到 278.25mg/L，是优质酱香型白酒中含量的 3 倍以上；异戊酸口感微酸带甜，低浓度无臭，浓度高有脂肪臭，异戊酸在轮次酒中含量表现为后三轮次含量最高，但整体含量变化不大；丁酸表现为中间低两头高，第三到第六轮次差异不显著；己酸在第三、五、六、七轮次中含量较高，且差异不显著。

**4. 重要酯类物质变化规律分析**

酯类物质主要是由酸醇酯化反应形成的，其途径主要有三种：发酵过程中微生物代谢生成、发酵过程中酒曲中的酯化酶的作用、游离的酸醇分子化合生成。虽然酱香大曲中含有丰富的产酯微生物和酯化酶，但酱香型白酒中的酯类物质几乎都来源于发酵和储藏过程。酯类物质是酱香型白酒中含量最高的风味化合物，对酱香型白酒风味影响大。轮次酒中重要的酯类化合物见图 9-8。

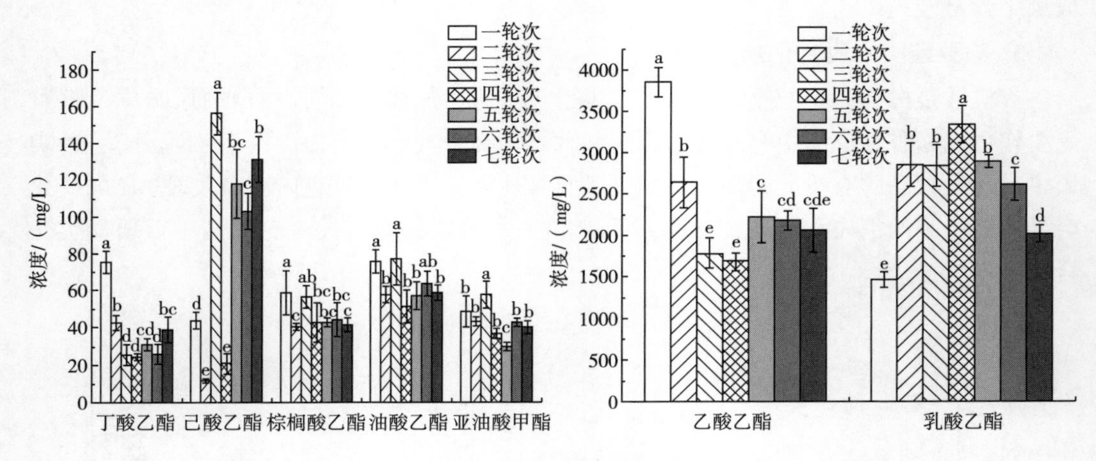


图 9-8　轮次酒中重要酯类化合物

如图 9-8 所示，在酱香型白酒中含量最多的酯类物质是乙酸乙酯和乳酸乙酯，其中乙酸乙酯在酱香型白酒中含量在 1500～3000mg/L。在酱香型轮次酒中，从一到四轮次含量逐轮下降，三、四轮次差异不显著，从第一轮次中 3848. 41mg/L 降到第四轮次中 1684. 06mg/L，第五轮次开始增加并维持在 2061. 92～2225. 15mg/L；乳酸乙酯在酱香型成品酒中含量在 1200～2500mg/L，乳酸乙酯在轮次酒中呈“中间高两头低”规律，含量在 1463. 28～3343. 52mg/L，在第四轮次达到最大值 3343. 52mg/L；己酸乙酯是浓香型白酒的主体风味成分，但在酱香型白酒中含量过高会导致酱香欠明显、风格不典型，其在各轮次间无明显规律且差异较大，在第一、二、四轮次中含量均低于 50mg/L，在第三、五、六、七轮次中含量在 100～160mg/L；棕榈酸乙酯、油酸乙酯、亚油酸甲酯等高级脂肪酸乙酯是酒尾中的重要呈味物质，溶于乙醇，不溶于水，在加浆过程中易导致酒体浑浊，在轮次酒的各轮次中呈相似规律，推测这几种高级脂肪酸乙酯的生成存在相关关系。

# 第四节 酱香型白酒贮存过程中风味物质的变化

酱香型白酒在贮存过程中的化学变化，主要有氧化还原、水解与酯化等，使得酱香型白酒中的某些香味成分增加或减少，使酒样的香味与口感发生一定变化。研究者们利用液液萃取气质联用仪等检测设备，对不同贮存时间酱香型白酒主要香味成分的含量进行测定，针对数据分析其在贮存过程中的动态变化规律，并结合感官品评结果进行协同性比较分析，解析了酱香型白酒贮存过程中风味物质的变化。

## 一、酯类化合物

研究表明酱香型白酒中的 11 种酯类物质（乳酸乙酯、乙酸乙酯、丁酸乙酯、丙酸乙酯、戊酸乙酯、辛酸乙酯、庚酸乙酯、3-甲基丁酸乙酯、己酸丙酯、乙酸-3-甲基丁酯、己酸乙酯）含量在 1 年的贮存过程中都呈下降趋势，乳酸乙酯和乙酸乙酯的含量都是随贮存时间延长先增加后减少，贮存 12 个月时这些酯类的含量最高，原因可能是在贮存初期，乳酸乙酯和乙酸乙酯与酒体中的金属离子形成胶体，减少了酯挥发和水解的概率，而贮存初期其他低沸点化合物及酒体的挥发使得酒体体积减小，因此乳酸乙酯和乙酸乙酯含量增加。

## 二、醇类化合物

研究表明酱香型白酒中 9 种醇类物质（异戊醇、3-甲基丁醇、1-丁醇、2-丁醇、2-甲基丙醇、β-苯乙醇、1-己醇、1-戊醇、2-戊醇）在 1 年的贮存过程中总体呈下降趋势。8 种醇类物质（异戊醇、3-甲基丁醇、1-丁醇、2-丁醇、2-甲基丙醇、1-己醇、1-戊醇、2-戊醇）的含量随贮存时间的延长有所减少，这与这些高级醇参与的氧化反应有关。β-苯乙醇由于其沸点较高不易挥发，其含量随贮存时间的延长逐渐增加，β-苯乙醇具有玫瑰花香，其含量的增加可一定程度增加酱香型白酒的陈酒感。

## 三、酸类化合物

研究表明酱香型白酒酒样中 5 种有机酸类物质（乙酸、丙酸、丁酸、2-甲基丙酸、己酸）在 2 年的贮存过程中含量都呈上升趋势。有机酸类化合物含量随贮存时间的延长先减少后增加。出现这一现象的主要原因是老熟初期乙酸参与了酯化反应使得其含量降低，而老熟后期乙醇氧化成乙醛、乙醛再氧化成乙酸使得其含量增加，乙酸乙酯的水解作用也会导致乙酸含量的增加。此外，丁酸、戊酸和己酸含量的增加是由于在贮存过程中丁醇、戊醇和己醇分别氧化的结果。在酱香型白酒中有机酸的含量增加会提升酒体绵柔细腻和陈香优美的滋味。

## 四、羰基化合物

研究表明酱香型白酒中 4 种醛酮类物质（乙醛、乙缩醛、糠醛、2-庚酮）在 2 年的贮存过程中含量都呈上升趋势。乙醛和异戊醛的含量随贮存时间的延长先增加后减少，原因可能是在贮存初期乙醇和异戊醇分别氧化成乙醛和异戊醛，导致两种醛的含量增加，贮存后期乙醛在溶解氧的作用下继续氧化成乙酸或者乙醇形成乙缩醛导致乙醛的含量下降，而异戊醛与乙醇形成缩醛导致异戊醛的含量下降。异丁醛具有较强的辛辣刺激味，由于其极性较低，沸点较低，容易挥发，含量逐渐降低。对于 3-羟基丁酮，其极性较大，沸点较高，不易挥发，含量随贮存周期的延长而逐渐增加，含量的增加同时与 2,3-丁二醇的氧化有关。

## 五、其他微量成分

研究表明酱香型白酒酒样中 5 种微量成分物质含量（苯酚、愈创木酚、4-乙基愈创木酚、三甲基吡嗪、四甲基吡嗪）在 2 年的贮存过程中都呈上升趋势，5 种微量成分在贮存过程含量的上升会赋予白酒浓厚的酱香风味。有文献报道，生产年份在 5 年以上的酱香型白酒中苯酚、愈创木酚和 4-乙基愈创木酚等酚类化合物总含量有明显的增加。在检测的酒样贮存 3—4 年过程中 3 种酚类物质的含量也有不同程度的增加。酱香型白酒中这些酚类化合物的存在，不仅赋予酱香型白酒的风格和口感，而且具有消除自由基的功能，可抗衰老及预防众多疾病的发生。可见，生产年份较早的酱香型白酒中功能成分增加，适量饮用对身体有益。四甲基吡嗪分子结构中的碳架来源于前体物质乙偶姻，吡嗪环上氮的来源为发酵环境中的氨，具体过程为：乙偶姻和氨在质子供体存在的环境中生成氨基酮和羟基胺中间体，两分子氨基酮缩合脱水后成环，得到二氢四甲基吡嗪，二氢四甲基吡嗪氧化后生成四甲基吡嗪。乙偶姻是许多微生物具有生理意义的代谢产物，其作为四甲基吡嗪的前体物质应用于微生物发酵生成四甲基吡嗪已被许多研究者证实。有研究表明，酱香型白酒中杂环类化合物种类较多，包括吡嗪及其衍生物、吡啶及其衍生物等，这类化合物具有极强的香气强度和极低的感官阈值，赋予酒体典型而幽雅的风格。

# 第十章　酱香型白酒企业质量管理

质量管理是企业生产过程中非常重要的一环，其通常包括制定质量方针、质量控制等活动。白酒作为特殊食品种类，其质量规范与否可直接影响消费者的身体健康和安全，因此白酒企业质量管理一定是以有效运行为前提、科学制定为准则的。随着我国社会不断发展进步，我国白酒企业质量管理也逐步与现代化、国际化接轨。结合白酒企业质量管理的现状，本章对酱香型白酒的生产、质量管控进行阐述。

## 第一节　质量管理发展阶段

白酒企业质量管理包括内部管理规范、生产安全、品质保障、质量创新、工艺改进等，使白酒生产达到最佳经济水平，酒体品质得到市场广泛认可。根据质量管理的发展，可按管理层次分为三个阶段：单纯的质量检验阶段、统计质量控制阶段和全面质量管理阶段。因受历史因素和经济发展影响，我国白酒行业只经历了第一和第三阶段，未经历统计质量控制阶段。

### 一、单纯的质量检验阶段

单纯的质量检验阶段是质量管理的初级阶段，以事后检验为主。在这一阶段，人们对质量管理的理解仅限于质量检验，即通过严格的检验来控制每道工序的产品质量。早期的白酒酿造，其质量检验主要依靠操作者的技术和经验，对产品质量进行鉴别、把关，并由操作者自身进行管理或者由上级进行管理，体现出手工作坊式的管理方式。20 世纪初，以泰勒为代表的“科学管理运动”全球化推行，白酒质量管理职能由具体操作者转移到了工长。随着工业化进程不断扩大，白酒企业生产规模不断扩大，大部分企业均配备有专职检验人员，用特定的检验手段代替工长进行全厂的质量管理。上述做法实质为“划分等级、事后控制”，虽有一定成效但也只能是事后把关，不让不合格品出厂，而不能在生产中起到预防控制作用。在全面质量管理在我国白酒企业推行之前，我国白酒企业的质量管理基本上还处在这一管理阶段，即传统的质量管理阶段，甚至现在我国仍有不少中小酒企还处在这一阶段。因此，提高质量管理水平是这些企业的当务之急。

## 二、统计质量控制阶段

统计质量控制阶段特点是利用数理统计原理在生产工序间进行质量控制，预防产生不合格品并检验产品质量，由专业的质量控制工程师和技术人员负责。这标志着由事后检验的观念转变为预测质量事故发生并加以预防的观念。此方法曾在20世纪60~70年代我国一些大中型军工企业推广应用过，由于国内白酒产业规模较小，故没有应用，但这并不是说这一质量管理方法在现在或今后的白酒企业中没有或不会被采用，它的管理特点和方法还是容易被一些没有推行全面质量管理或偏重质量管理统计方法而忽视了其他预防性管理措施和群众性基础工作的白酒企业自觉或不自觉地采纳运用。不过，这个阶段过于强调质量控制的统计方法，使人们误认为“质量管理就是统计方法，是统计学家的事情”，因而在一定程度上限制了质量管理统计方法的普及推广。

## 三、白酒生产的全面质量管理阶段

全面质量管理阶段是以质量为中心，以全员参与为基础，目的在于通过让顾客满意和本组织所有成员及社会受益达到长期成功的管理途径。其核心是“三全”管理，即全质量、全过程和全人员。全质量指不限于产品质量，包括服务质量和工作质量等在内的广义的质量；全过程指不限于生产过程，包括市场调研、产品开发设计、生产技术准备、制造、检验、销售和售后服务等质量环节；全人员指不限于领导和管理干部，而是全体工作人员都要参加。

它是在统计质量管理基础上进一步发展起来的。对于白酒行业而言，它运用系统观点，综合全面分析研究白酒生产过程中出现的质量问题。相比于前两个阶段，它的管理方法和手段更加丰富、完善，能产生更高的经济效益。我国的一些大中型白酒企业在20世纪80年代已普遍推行全面质量管理，并依据国际通用质量管理标准ISO系列、HACCP进行白酒质量的全面管控。

# 第二节　建立质量管理体系

有效开展酱香型白酒生产质量管理，必须依据国际质量管理标准ISO 9001设计、建立、实施和保持质量管理体系。质量管理体系的设计和建立，应结合组织的质量目标、产品类别、过程特点和实践经验。因此，不同组织的质量管理体系有不同的特点。建立、完善质量体系一般要经历质量体系的策划与设计、质量体系文件的编制、质量体系的试运行、质量体系审核和评审四个阶段，每个阶段又可分为若干具体步骤。

## 一、质量体系的策划与设计

该阶段主要是做好各类准备工作，包括教育培训，统一认识，组织落实，拟定计划；确定质量方针，制订质量目标；现状调查和分析；调整组织结构，配备资源等方面。

**1. 教育培训，统一认识**

质量体系建立和完善的过程，是始于教育，终于教育的过程，也是提高认识和统一认识的过程，教育培训要分层次，循序渐进地进行。第一层次为决策层，主要培训：（1）通过介绍质量管理和质量保证的发展和本单位的经验教训，说明建立、完善质量体系的迫切性和重要性；（2）通过 ISO 9000 标准的总体介绍，提高按国家（国际）标准建立质量体系的认识。（3）通过质量体系要素讲解（重点应讲解“管理职责”等总体要素），明确决策层领导在质量体系建设中的关键地位和主导作用。

第二层次为管理层，重点是管理、技术和生产部门的负责人，以及与建立质量体系有关的工作人员。这第二层次的人员是建设、完善质量体系的骨干力量，起着承上启下的作用，要使他们全面接受 ISO 9000 标准有关内容的培训，在方法上可采取讲解与研讨结合。第三层次为执行层，即与产品质量形成全过程有关的作业人员。对这一层次人员主要培训与本岗位质量活动有关的内容，包括在质量活动中应承担的任务，完成任务应赋予的权限，以及造成质量过失应承担的责任等。

**2. 组织落实，拟定计划**

尽管质量体系建设涉及所有部门和全体职工，但对多数单位来说，成立精干的工作班子是必要的。根据各单位的做法，班子也可分为三个层次。第一层次：成立以最高管理者（厂长、总经理等）为组长，质量分管领导为副组长的质量体系建设领导小组（或委员会）。其主要任务包括：体系建设的总体规划；制订质量方针和目标；按职能部门进行质量职能的分解；第二层次，成立由各职能部门领导（或代表）参加的工作班子。这个工作班子一般由质量部门和计划部门共同牵头，其主要任务是按照体系建设的总体规划具体组织实施；第三层次：成立要素工作小组。根据各职能部门的分工明确质量体系要素的责任单位，例如，“设计控制”一般应由设计部门负责，“采购”要素由物资采购部门负责。组织和责任落实后，按不同层次分别制订工作计划，在制订工作计划时应注意：

（1）目标要明确　要完成什么任务，要解决哪些主要问题，要达到什么目的。

（2）要控制进程　建立质量体系的主要阶段要规定完成任务的时间表、主要负责人和参与人员以及他们的职责分工及相互协作关系。

（3）要突出重点　重点主要是体系中的薄弱环节及关键的少数。这少数可能是某个或某几个要素，也可能是要素中的一些活动。

**3. 确定质量方针，制订质量目标**

质量方针体现了组织对质量的追求，对顾客的承诺，是职工质量行为的准则和质量工作的方向。制订质量方针的要求是：与总方针相协调；应包含质量目标；结合组织的特点；确保各级人员能理解和贯彻执行。

**4. 现状调查和分析**

现状调查和分析的目的是合理选择体系要素，内容包括：

(1) 体系情况分析　即分析本组织的质量体系情况，以便根据所处的质量体系情况选择质量体系要素的要求。

(2) 产品特点分析　即分析产品的技术密集程度、使用对象、产品安全特性等，以确定要素的采用程度。

(3) 组织结构分析　组织的管理机构设置是否适应质量体系的需要。

(4) 应建立与质量体系相适应的组织结构并确立各机构间隶属关系、联系方法。

(5) 生产设备和检测设备能否适应质量体系的有关要求。

(6) 技术、管理和操作人员的组成、结构及水平状况的分析。

(7) 管理基础工作情况分析　即标准化、计量、质量责任制、质量教育和质量信息等工作的分析。

**5. 调整组织结构，配备资源**

每个组织中除质量管理外，还有其他类型管理。组织机构设置由于历史沿革多数并不是按质量形成客观规律来设置相应的职能部门的，所以在完成落实质量体系要素并展开对应的质量活动以后，必须将活动中相应的工作职责和权限分配到各职能部门。一般来讲，质量职能部门可以负责或参与多个质量活动，但不要让一项质量活动由多个职能部门来负责。目前我国企业现有职能部门对质量管理活动所承担的职责、所起的作用普遍不够理想。在活动展开的过程中，必须涉及相应的硬件、软件和人员配备，根据需要应进行适当的调配和充实。

## 二、质量体系文件的编制

质量体系文件的编制内容和要求，从质量体系的建设角度讲，应强调几个问题：

(1) 体系文件一般应在第一阶段工作完成后才正式制订，必要时也可交叉进行。如果前期工作不做，直接编制体系文件就容易产生系统性、整体性不强以及脱离实际等弊病。

(2) 除质量手册需统一组织制订外，其他体系文件应按分工由归口职能部门分别制订，先提出草案，再组织审核，这样做有利于今后文件的执行。

(3) 质量体系文件的编制应结合本单位的质量职能分配进行。按所选择的质量体系要求，逐个展开为各项质量活动（包括直接质量活动和间接质量活动），将质量职能分配落实到各职能部门。

（4）为使所编制的质量体系文件做到协调、统一，在编制前应制订“质量体系文件明细表”，将现行质量手册（如果已编制）、企业标准、规章制度、管理办法以及记录表格等收集在一起，与质量体系要素进行比较，从而确定新编、增编或修订质量体系文件项目。

（5）为提高质量体系文件的编制效率，减少返工，在文件编制过程中要加强文件的层次间、文件与文件间的协调。尽管如此，一套质量好的质量体系文件也要经过自上而下和自下而上的多次反复修订。

（6）编制质量体系文件的关键是讲求实效，不走形式。既要从总体上和原则上满足 ISO9000 标准，又要在方法上和具体做法上符合本单位的实际。

## 三、质量体系的试运行

质量体系文件编制完成后，质量体系将进入试运行阶段。其目的是通过试运行考验质量体系文件的有效性和协调性，并对暴露出的问题采取改进措施和纠正措施，以达到进一步完善质量体系文件的目的。在质量体系试运行过程中，要重点抓好以下工作：

（1）有针对性地宣贯质量体系文件。使全体职工认识到新建立或完善的质量体系是对过去质量体系的变革，是为了向国际标准接轨，要适应这种变革就必须认真学习、贯彻质量体系文件。

（2）实践是检验真理的唯一标准。体系文件通过试运行必然会出现一些问题，全体职工将在实践中出现的问题和改进意见如实反映给有关部门，以便采取纠正措施。

（3）将体系试运行中暴露出的问题，如体系设计不周、项目不全等进行协调、改进。

（4）加强信息管理，是体系试运行本身的需要，也是保证试运行成功的关键。所有与质量活动有关的人员都应按体系文件要求，做好质量信息收集、分析、传递、反馈、处理和归档等工作。

## 四、质量体系的审核与评审

质量体系审核在体系建立的初始阶段往往更加重要。在这一阶段，质量体系审核的重点，主要是验证和确认体系文件的适用性和有效性。

**1. 审核与评审的主要内容**

（1）规定的质量方针和质量目标是否可行。

（2）体系文件是否覆盖了所有主要质量活动，各文件之间的接口是否清楚。

（3）组织结构能否满足质量体系运行的需要，各部门、各岗位的质量职责是否明确。

（4）质量体系要素的选择是否合理。

（5）规定的质量记录是否能起到见证作用。

（6）所有职工是否养成了按体系文件操作或工作的习惯，执行情况如何。

**2. 该阶段体系审核的特点**

（1）体系正常运行时的体系审核，重点在符合性，在试运行阶段，通常是将符合性与适用性结合起来进行。

（2）为使问题尽可能地在试运行阶段暴露无遗，除组织审核组进行正式审核外，还应有广大职工的参与，鼓励他们通过试运行的实践，发现和提出问题。

（3）在试运行的每一阶段结束后，一般应正式安排一次审核，以便及时对发现的问题进行纠正，对一些重大问题也可根据需要，适时地组织审核。

（4）在试运行中要对所有要素审核覆盖一遍。

（5）充分考虑对产品的保证作用。

（6）在内部审核的基础上，由最高管理者组织一次体系评审。

质量体系是在不断改进中得以完善的，质量体系进入正常运行后，仍然要采取内部审核、管理评审等各种手段以使质量体系能够保持和不断完善。

# 第三节　生产质量管理内容

质量是反映产品或服务满足明确或隐含需要能力的特征和特性的总和，生产质量控制就是为了让生产的产品达到质量标准所使用的一切方法。

## 一、设计控制

对于白酒产业而言，设计控制主要指产品或工艺设计。它是市场调控、发展趋势或客户定制需求，在不改变酱香型白酒风格的前提下，对参数或者酒体进行微调，以适应市场变化。设计时应针对适应性、科学性、有效性进行评审，同时围绕新产品、新酒体、新工艺的开发计划明确各部门、各人员的职能分工。对开发的新产品或新工艺半成品，应组织设计人员、相关部门代表、业界权威人士参与评审验证，必要时应经过国家有关部门以及消费者确认，确保设计可行有效。

## 二、过程控制

为持续保障产品质量，围绕原辅料、操作工序、工艺参数、相关人员、设备仪器、包装材料、加工罐装、测试方法、生产环境等各方面进行全面控制。针对酱香型白酒生产过程中的关键控制点和薄弱环节，应重点控制，建立完善工序质量控制点，例如：

制曲温度、翻曲次数、曲粮比例、堆积温度、摘酒温度、发酵时间、酒体设计等。对被列为关键控制点的工序，要明确工艺参数、条件，对关键控制点进行多频次的检验把关，对相关人员加强技能培训和认定。

## 三、基础设施和工作环境控制

为达到产品质量、食品安全经营要求的基础设施包括：生产和办公场所（车间、办公场所等）、生产办公设备和工具（工装、工具、电脑软件等）、支持性服务（水、电、气供应与污染物处理）、运输设施、绿化带等及其他生产所需的设施。设施的配置应满足国家相关规定或企业相关要求，应建立完善公司总设备采购台账，各设备使用部门应建立完善本部门相应台账。

## 四、采购控制

酱香型白酒采购对象主要为高粱、小麦、糠壳等各类酿酒原辅料和酒瓶、酒盖、包装盒等成品酒的容器具等。采购质量的好坏直接影响酱香型白酒企业最终产品的品质质量。为全面把控采购环节，避免酒水变质、污染，采购期间要充分调查供货单位的供货能力、供货质量和商业信誉，审查其质量体系的有效性，规范交货标准和条件。建立采购产品档案，订立采购合同，明确采购产品的验证。定制酒产品也应如同采购产品一样，均需进行到货验证，并进行标识贮存。任何有关产品遗失、损坏或不适用的情况都应及时记录并备案。

## 五、产品标识和可追溯性

标签标识必须符合国家相关标准，并建立完善产品可追溯系统和防伪系统，用以区分不同类别、不同规格、不同批次、不同年份的产品，有效识别每款产品从投料到产品全过程的生产运行情况，同时方便查找不合格品产生的原因，有利于采取相应措施纠正。

## 六、检验与试验

酱香型白酒生产过程许多环节需要测量、检验和试验，从而判断其各项特征是否符合产品标准，并采取各种预防性措施降低不合格率。检验分为进货检验、过程检验和最终检验。其中，进货检验可以采取抽检和检查提供货物的检验报告、审核确认等方法，不允许使用未经验证合格的采购产品；过程检验可以有效避免不合格品的产出和流转，同时可以及时采取必要的措施加以纠正。但考虑到酱香型白酒生产是极其复杂的过程，无法做到所有过程环节都事前检验，因此生产过程的质量主要靠“量质摘酒”来把关，也就是最终检验，它是白酒产品检验的最重要手段，并为最终产品符合规定要求提供证据。所有检验过程的检验、试验记录应保存备案，以便作为产品符合质量标准的证据和为技术总结提供原始资料。

## 七、不合格品的控制

生产过程中不可避免会产生某些不合格品，如高粱粉碎度达不到工艺要求，相关理化指标过低等。若出现不合格品，要及时做出标识、做好记录、单独存放，并提出相应处理措施。处理不合格品时，应根据其性质、严重程度、损失大小等决定处理方式。对不合格品的处置方法主要有报废处理、返厂返工、降级使用等。此外，还应追溯发生不合格品的场所、时间和有关责任人，对其进行必要的处理。对返工后的产品应重新检验。

## 八、纠正和预防措施

纠正和预防措施是指对存在的或潜在的不合格原因进行调查分析，并采取措施以防止问题再发生或避免发生的全部活动。纠正和预防不仅是就事论事地对不合格的处理，更是从根本上消除产生不合格的因素，因此纠正和预防措施可能涉及影响产品质量和质量体系的各方面活动。没有纠正预防措施，质量体系就不可能正常运行，也不能体现其有效性。酱香型白酒企业应通过定期分析不合格品类型、顾客反馈意见处理、不合格品报告等与质量管理有关的信息，发现生产过程中需要改进的重点和采取必要的纠正和预防措施。

## 九、培训和技术统计

酱香型白酒生产各环节的质量把关和质量管理，都需要大量专业人员。因此需对这些人员进行专业培训。培训应具有针对性，并根据不同岗位设置和不同职能制订不同培训内容，特别是特殊岗位、关键岗位的员工。培训之外还应进行技能考核和资格认定，如锅炉工、电工、行车工和摘酒工、品酒员等岗位的考核和认定，同时应注意保存培训和考核记录。

统计技术在白酒生产中具有广泛应用性，排列图、因果分析图、检查表法、分层法、相关图法、直方图和控制图等统计方法都可应用于白酒生产的工序控制。它们在查找不合格品原因、评价产品和工序特性等方面，都有重要的作用。统计也是白酒生产质量有效管理的重要手段。

# 附　　录

**酒精（白酒）的体积分数（%）与质量分数（%）及密度对照（20℃）表**

| 体积分数/% | 质量分数/% | 密度/（g/mL） | 体积分数/% | 质量分数/% | 密度/（g/mL） | 体积分数/% | 质量分数/% | 密度/（g/mL） |
|---|---|---|---|---|---|---|---|---|
| 0.0 | 0.0000 | 0.99823 | 4.0 | 3.1811 | 0.99244 | 8.0 | 6.3961 | 0.98719 |
| 0.1 | 0.0791 | 0.99808 | 4.1 | 3.2611 | 0.99230 | 8.1 | 6.4768 | 0.98707 |
| 0.2 | 0.1582 | 0.99793 | 4.2 | 3.3411 | 0.99216 | 8.2 | 6.5577 | 0.98694 |
| 0.3 | 0.2378 | 0.99779 | 4.3 | 3.4211 | 0.99203 | 8.3 | 6.6384 | 0.98682 |
| 0.4 | 0.3163 | 0.99764 | 4.4 | 3.5012 | 0.99189 | 8.4 | 6.7192 | 0.98670 |
| 0.5 | 0.3956 | 0.99749 | 4.5 | 3.5813 | 0.99175 | 8.5 | 6.8001 | 0.98658 |
| 0.6 | 0.4748 | 0.99734 | 4.6 | 3.6614 | 0.99161 | 8.6 | 6.8810 | 0.98645 |
| 0.7 | 0.5540 | 0.99719 | 4.7 | 3.7415 | 0.99147 | 8.7 | 6.9618 | 0.98633 |
| 0.8 | 0.6333 | 0.99705 | 4.8 | 3.8216 | 0.99134 | 8.8 | 7.0427 | 0.98621 |
| 0.9 | 0.7126 | 0.99690 | 4.9 | 3.9018 | 0.99120 | 8.9 | 7.1237 | 0.98608 |
| 1.0 | 0.7918 | 0.99675 | 5.0 | 3.9819 | 0.99106 | 9.0 | 7.2046 | 0.98596 |
| 1.1 | 0.8712 | 0.99660 | 5.1 | 4.0621 | 0.9963 | 9.1 | 7.2855 | 0.98584 |
| 1.2 | 0.9505 | 0.99646 | 5.2 | 4.1424 | 0.99079 | 9.2 | 7.3665 | 0.98572 |
| 1.3 | 1.0299 | 0.99631 | 5.3 | 4.2226 | 0.99066 | 9.3 | 7.4475 | 0.98560 |
| 1.4 | 1.1092 | 0.99617 | 5.4 | 4.3028 | 0.99053 | 9.4 | 7.5285 | 0.98548 |
| 1.5 | 1.1886 | 0.99602 | 5.5 | 4.3831 | 0.99040 | 9.5 | 7.6095 | 0.98536 |
| 1.6 | 1.2681 | 0.99587 | 5.6 | 4.4634 | 0.99026 | 9.6 | 7.6905 | 0.98524 |
| 1.7 | 1.3475 | 0.99573 | 5.7 | 4.5437 | 0.99013 | 9.7 | 7.7716 | 0.98512 |
| 1.8 | 1.4270 | 0.99558 | 5.8 | 4.6240 | 0.99000 | 9.8 | 7.8256 | 0.98500 |
| 1.9 | 1.5065 | 0.99544 | 5.9 | 4.7044 | 0.98986 | 9.9 | 7.9337 | 0.98488 |
| 2.0 | 1.5860 | 0.99529 | 6.0 | 4.7848 | 0.98973 | 10.0 | 8.0148 | 0.98476 |
| 2.1 | 1.6655 | 0.99515 | 6.1 | 4.8651 | 0.98960 | 10.1 | 8.0960 | 0.98464 |
| 2.2 | 1.7451 | 0.99500 | 6.2 | 4.9456 | 0.98947 | 10.2 | 8.1771 | 0.98452 |
| 2.3 | 1.8247 | 0.99486 | 6.3 | 5.0259 | 0.98935 | 10.3 | 8.2583 | 0.98440 |
| 2.4 | 1.9043 | 0.99471 | 6.4 | 5.1064 | 0.98922 | 10.4 | 8.3395 | 0.98428 |
| 2.5 | 1.9839 | 0.99457 | 6.5 | 5.1868 | 0.98909 | 10.5 | 8.4207 | 0.98416 |
| 2.6 | 2.0636 | 0.99443 | 6.6 | 5.2673 | 0.98896 | 10.6 | 8.5020 | 0.98404 |
| 2.7 | 2.1433 | 0.99428 | 6.7 | 5.3478 | 0.9883 | 10.7 | 8.5832 | 0.98392 |
| 2.8 | 2.2230 | 0.99414 | 6.8 | 5.4283 | 0.98871 | 10.8 | 8.6645 | 0.98380 |
| 2.9 | 2.3027 | 0.99399 | 6.9 | 5.5089 | 0.98858 | 10.9 | 8.7458 | 0.98368 |

续表

| 体积分数/% | 质量分数/% | 密度/(g/mL) | 体积分数/% | 质量分数/% | 密度/(g/mL) | 体积分数/% | 质量分数/% | 密度/(g/mL) |
|---|---|---|---|---|---|---|---|---|
| 3.0 | 2.3835 | 0.99385 | 7.0 | 5.5894 | 0.98845 | 11.0 | 8.8271 | 0.98356 |
| 3.1 | 2.4622 | 0.99371 | 7.1 | 5.6701 | 0.98832 | 11.1 | 8.9084 | 0.98344 |
| 3.2 | 2.5420 | 0.99357 | 7.2 | 5.7506 | 0.98820 | 11.2 | 8.9897 | 0.98333 |
| 3.3 | 2.6218 | 0.99343 | 7.3 | 5.8312 | 0.98807 | 11.3 | 9.0711 | 0.98321 |
| 3.4 | 2.7016 | 0.99329 | 7.4 | 5.9118 | 0.98795 | 11.4 | 9.1524 | 0.98309 |
| 3.5 | 2.7815 | 0.99315 | 7.5 | 5.9925 | 0.98782 | 11.5 | 9.2338 | 0.98298 |
| 3.6 | 2.8614 | 0.99300 | 7.6 | 6.0732 | 0.98769 | 11.6 | 9.3152 | 0.98286 |
| 3.7 | 2.9413 | 0.99286 | 7.7 | 6.1539 | 0.98757 | 11.7 | 9.3966 | 0.98274 |
| 3.8 | 3.0212 | 0.99272 | 7.8 | 6.2346 | 0.98744 | 11.8 | 9.4781 | 0.98262 |
| 3.9 | 3.1012 | 0.99258 | 7.9 | 6.3153 | 0.98732 | 11.9 | 9.5595 | 0.98251 |
| 12.0 | 9.6410 | 0.98239 | 16.0 | 12.9141 | 0.97787 | 20.0 | 16.2134 | 0.97360 |
| 12.1 | 9.7225 | 0.98227 | 16.1 | 12.9963 | 0.97776 | 20.1 | 16.2963 | 0.97349 |
| 12.2 | 9.8040 | 0.98216 | 16.2 | 13.0785 | 0.97765 | 20.2 | 16.3791 | 0.97339 |
| 12.3 | 9.8856 | 0.98204 | 16.3 | 13.1607 | 0.97754 | 20.3 | 16.4260 | 0.97328 |
| 12.4 | 9.9671 | 0.98193 | 16.4 | 13.2429 | 0.97743 | 20.4 | 16.5450 | 0.97317 |
| 12.5 | 10.0487 | 0.98181 | 16.5 | 13.3252 | 0.97732 | 20.5 | 16.6285 | 0.97306 |
| 12.6 | 10.1303 | 0.98169 | 16.6 | 13.4073 | 0.97722 | 20.6 | 16.7108 | 0.97296 |
| 12.7 | 10.2118 | 0.98158 | 16.7 | 13.4896 | 0.97711 | 20.7 | 16.7938 | 0.97285 |
| 12.8 | 10.2935 | 0.98146 | 16.8 | 13.5719 | 0.97700 | 20.8 | 16.8769 | 0.97274 |
| 12.9 | 10.3751 | 0.98135 | 16.9 | 13.6542 | 0.97689 | 20.9 | 16.9598 | 0.97264 |
| 13.0 | 10.4568 | 0.98123 | 17.0 | 13.7366 | 0.97678 | 21.0 | 17.0428 | 0.97253 |
| 13.1 | 10.5384 | 0.98112 | 17.1 | 13.8189 | 0.97667 | 21.1 | 17.1259 | 0.97242 |
| 13.2 | 10.6201 | 0.98100 | 17.2 | 13.9011 | 0.97657 | 21.2 | 17.2090 | 0.97231 |
| 13.3 | 10.7018 | 0.98089 | 17.3 | 13.9835 | 0.97646 | 21.3 | 17.2920 | 0.97221 |
| 13.4 | 10.7836 | 0.98077 | 17.4 | 14.0660 | 0.97635 | 21.4 | 17.3751 | 0.97210 |
| 13.5 | 10.8653 | 0.98066 | 17.5 | 14.1484 | 0.97624 | 21.5 | 17.4583 | 0.97199 |
| 13.6 | 10.9470 | 0.98055 | 17.6 | 14.2307 | 0.97614 | 21.6 | 17.5415 | 0.97188 |
| 13.7 | 11.0288 | 0.98043 | 17.7 | 14.3132 | 0.97603 | 21.7 | 17.6247 | 0.97177 |
| 13.8 | 11.1106 | 0.98032 | 17.8 | 14.3957 | 0.97592 | 21.8 | 17.7077 | 0.97167 |
| 13.9 | 11.1952 | 0.98020 | 17.9 | 14.4780 | 0.97582 | 21.9 | 17.7910 | 0.97156 |
| 14.0 | 11.2743 | 0.98009 | 18.0 | 14.5605 | 0.97571 | 22.0 | 17.8742 | 0.97145 |
| 14.1 | 11.3561 | 0.97998 | 18.1 | 14.6431 | 0.97560 | 22.1 | 17.9575 | 0.97143 |
| 14.2 | 11.4379 | 0.97987 | 18.2 | 14.7225 | 0.97550 | 22.2 | 18.0408 | 0.97123 |
| 14.3 | 11.5198 | 0.97975 | 18.3 | 14.8081 | 0.97539 | 22.3 | 18.1241 | 0.97112 |
| 14.4 | 11.6017 | 0.97964 | 18.4 | 14.8905 | 0.97529 | 22.4 | 18.2075 | 0.97101 |
| 14.5 | 11.6836 | 0.97953 | 18.5 | 14.9731 | 0.97518 | 22.5 | 18.2908 | 0.97090 |
| 14.6 | 11.7655 | 0.97942 | 18.6 | 15.0558 | 0.97507 | 22.6 | 18.3740 | 0.97080 |
| 14.7 | 11.8474 | 0.97931 | 18.7 | 15.1383 | 0.97497 | 22.7 | 18.4574 | 0.97069 |
| 14.8 | 11.9294 | 0.97919 | 18.8 | 15.2209 | 0.97486 | 22.8 | 18.5408 | 0.97058 |
| 14.9 | 12.0114 | 0.97908 | 18.9 | 15.3035 | 0.97476 | 22.9 | 18.6234 | 0.97047 |

续表

| 体积分数/% | 质量分数/% | 密度/(g/mL) | 体积分数/% | 质量分数/% | 密度/(g/mL) | 体积分数/% | 质量分数/% | 密度/(g/mL) |
| --- | --- | --- | --- | --- | --- | --- | --- | --- |
| 15.0 | 12.0934 | 0.97897 | 19.0 | 15.3862 | 0.97465 | 23.0 | 18.7077 | 0.97036 |
| 15.1 | 12.1754 | 0.97886 | 19.1 | 15.4689 | 0.97454 | 23.1 | 18.7912 | 0.97025 |
| 15.2 | 12.2574 | 0.97875 | 19.2 | 15.5515 | 0.97444 | 23.2 | 18.8747 | 0.97014 |
| 15.3 | 12.3394 | 0.97864 | 19.3 | 15.6341 | 0.97434 | 23.3 | 18.9582 | 0.97003 |
| 15.4 | 12.4214 | 0.97853 | 19.4 | 15.7169 | 0.97423 | 23.4 | 19.0417 | 0.96992 |
| 15.5 | 12.5035 | 0.97842 | 19.5 | 15.7997 | 0.97412 | 23.5 | 19.1254 | 0.96980 |
| 15.6 | 12.5855 | 0.97831 | 19.6 | 15.8823 | 0.97402 | 23.6 | 19.2090 | 0.96969 |
| 15.7 | 12.6677 | 0.97820 | 19.7 | 15.9650 | 0.97392 | 23.7 | 19.2926 | 0.96958 |
| 15.8 | 12.7498 | 0.97809 | 19.8 | 16.0478 | 0.97381 | 23.8 | 19.3762 | 0.96947 |
| 15.9 | 12.8320 | 0.97798 | 19.9 | 16.1307 | 0.97370 | 23.9 | 19.4598 | 0.96936 |
| 24.0 | 19.5435 | 0.96925 | 28.0 | 22.9092 | 0.96466 | 32.0 | 26.3167 | 0.95972 |
| 24.1 | 19.6271 | 0.96914 | 28.1 | 22.9938 | 0.96454 | 32.1 | 26.4025 | 0.95959 |
| 24.2 | 19.7110 | 0.96902 | 28.2 | 23.0785 | 0.96442 | 32.2 | 26.4886 | 0.95945 |
| 24.3 | 19.7947 | 0.96891 | 28.3 | 23.1633 | 0.96430 | 32.3 | 26.5745 | 0.95932 |
| 24.4 | 19.8784 | 0.96880 | 28.4 | 23.2480 | 0.96418 | 32.4 | 26.6604 | 0.95919 |
| 24.5 | 19.9623 | 0.96868 | 28.5 | 23.3328 | 0.96406 | 32.5 | 26.7463 | 0.95906 |
| 24.6 | 20.0461 | 0.96857 | 28.6 | 23.4176 | 0.96394 | 32.6 | 26.8325 | 0.95892 |
| 24.7 | 20.1299 | 0.96846 | 28.7 | 23.5024 | 0.96382 | 32.7 | 26.9184 | 0.95879 |
| 24.8 | 20.2137 | 0.96835 | 28.8 | 23.5872 | 0.96370 | 32.8 | 27.0044 | 0.95866 |
| 24.9 | 20.2977 | 0.96823 | 28.9 | 23.6720 | 0.96358 | 32.9 | 27.0907 | 0.95852 |
| 25.0 | 20.3815 | 0.96812 | 29.0 | 23.7569 | 0.96346 | 33.0 | 27.1767 | 0.95839 |
| 25.1 | 20.4654 | 0.96801 | 29.1 | 23.8418 | 0.96334 | 33.1 | 27.2628 | 0.95826 |
| 25.2 | 20.5495 | 0.96789 | 29.2 | 23.9267 | 0.96322 | 33.2 | 27.3491 | 0.95812 |
| 25.3 | 20.6333 | 0.96778 | 29.3 | 24.0119 | 0.96309 | 33.3 | 27.4355 | 0.95788 |
| 25.4 | 20.7172 | 0.96767 | 29.4 | 24.0968 | 0.96297 | 33.4 | 27.5217 | 0.95765 |
| 25.5 | 20.8012 | 0.96756 | 29.5 | 24.1818 | 0.96285 | 33.5 | 27.6078 | 0.95772 |
| 25.6 | 20.8853 | 0.96744 | 29.6 | 24.2668 | 0.96273 | 33.6 | 27.6943 | 0.95758 |
| 25.7 | 20.9693 | 0.96733 | 29.7 | 24.3518 | 0.96261 | 33.7 | 27.7807 | 0.95744 |
| 25.8 | 21.0533 | 0.96722 | 29.8 | 24.4371 | 0.96248 | 33.8 | 27.8670 | 0.95731 |
| 25.9 | 21.1375 | 0.96710 | 29.9 | 24.5222 | 0.96236 | 33.9 | 27.9532 | 0.95718 |
| 26.0 | 21.2215 | 0.96699 | 30.0 | 24.6073 | 0.96224 | 34.0 | 28.0398 | 0.95704 |
| 26.1 | 21.3058 | 0.96687 | 30.1 | 24.6924 | 0.96212 | 34.1 | 28.1264 | 0.95690 |
| 26.2 | 21.3899 | 0.96676 | 30.2 | 24.7778 | 0.96199 | 34.2 | 28.2130 | 0.95676 |
| 26.3 | 21.4742 | 0.96664 | 30.3 | 24.8629 | 0.96187 | 34.3 | 28.2996 | 0.95662 |
| 26.4 | 21.5583 | 0.96653 | 30.4 | 24.9483 | 0.96174 | 34.4 | 28.3863 | 0.95648 |
| 26.5 | 21.6426 | 0.96641 | 30.5 | 25.0335 | 0.96162 | 34.5 | 28.4729 | 0.95634 |
| 26.6 | 21.7270 | 0.96629 | 30.6 | 25.1187 | 0.96150 | 34.6 | 28.5600 | 0.95619 |
| 26.7 | 21.8112 | 0.96618 | 30.7 | 25.2042 | 0.96137 | 34.7 | 28.6467 | 0.95605 |
| 26.8 | 21.8956 | 0.96606 | 30.8 | 25.2895 | 0.96125 | 34.8 | 28.7335 | 0.95591 |
| 26.9 | 21.9798 | 0.96559 | 30.9 | 25.3750 | 0.96112 | 34.9 | 28.8202 | 0.95577 |

续表

| 体积分数/% | 质量分数/% | 密度/(g/mL) | 体积分数/% | 质量分数/% | 密度/(g/mL) | 体积分数/% | 质量分数/% | 密度/(g/mL) |
|---|---|---|---|---|---|---|---|---|
| 27.0 | 22.0642 | 0.96583 | 31.0 | 25.4603 | 0.96100 | 35.0 | 28.9071 | 0.95563 |
| 27.1 | 22.1487 | 0.96571 | 31.1 | 25.5459 | 0.96087 | 35.1 | 28.9939 | 0.95549 |
| 27.2 | 22.2330 | 0.96560 | 31.2 | 25.6315 | 0.96074 | 35.2 | 29.0811 | 0.95535 |
| 27.3 | 22.3175 | 0.96548 | 31.3 | 25.7169 | 0.96062 | 35.3 | 29.1680 | 0.95520 |
| 27.4 | 22.4020 | 0.96536 | 31.4 | 25.8025 | 0.96049 | 35.4 | 29.2552 | 0.95505 |
| 27.5 | 22.4866 | 0.96524 | 31.5 | 25.8882 | 0.96036 | 35.5 | 29.3421 | 0.95491 |
| 27.6 | 22.5709 | 0.96513 | 31.6 | 25.9739 | 0.96023 | 35.6 | 29.4291 | 0.95477 |
| 27.7 | 22.6555 | 0.96501 | 31.7 | 26.0596 | 0.96010 | 35.7 | 29.5164 | 0.95462 |
| 27.8 | 22.7401 | 0.96489 | 31.8 | 26.1451 | 0.95998 | 35.8 | 29.6034 | 0.95448 |
| 27.9 | 22.8245 | 0.96478 | 31.9 | 26.2309 | 0.95985 | 35.9 | 29.6908 | 0.95433 |
| 36.0 | 29.7778 | 0.95419 | 40.0 | 33.3004 | 0.94806 | 44.0 | 36.8920 | 0.94134 |
| 36.1 | 29.8653 | 0.95404 | 40.1 | 33.3893 | 0.97904 | 44.1 | 36.9829 | 0.94116 |
| 36.2 | 29.9527 | 0.95389 | 40.2 | 33.4782 | 0.94774 | 44.2 | 37.0738 | 0.94098 |
| 36.3 | 30.0398 | 0.95375 | 40.3 | 33.5675 | 0.94757 | 44.3 | 37.1644 | 0.94081 |
| 36.4 | 30.1273 | 0.95360 | 40.4 | 33.6565 | 0.94741 | 44.4 | 37.2554 | 0.94063 |
| 36.5 | 30.2149 | 0.95345 | 40.5 | 33.7455 | 0.94725 | 44.5 | 37.3465 | 0.94045 |
| 36.6 | 30.3024 | 0.95330 | 40.6 | 33.8345 | 0.94709 | 44.6 | 37.4376 | 0.94027 |
| 36.7 | 30.3900 | 0.95315 | 40.7 | 33.9236 | 0.94693 | 44.7 | 37.5287 | 0.93009 |
| 36.8 | 30.4773 | 0.95301 | 40.8 | 34.0131 | 0.94676 | 44.8 | 37.6195 | 0.93992 |
| 36.9 | 30.5649 | 0.95286 | 40.9 | 34.1022 | 0.94660 | 44.9 | 37.7107 | 0.93974 |
| 37.0 | 30.6525 | 0.95271 | 41.0 | 34.1914 | 0.94644 | 45.0 | 37.8019 | 0.93956 |
| 37.1 | 30.7402 | 0.95256 | 41.1 | 34.2805 | 0.94628 | 45.1 | 37.8932 | 0.93938 |
| 37.2 | 30.8279 | 0.95241 | 41.2 | 34.3701 | 0.94611 | 45.2 | 38.9845 | 0.93920 |
| 37.3 | 30.9160 | 0.95225 | 41.3 | 34.4597 | 0.94594 | 45.3 | 38.0758 | 0.93902 |
| 37.4 | 31.0038 | 0.95210 | 41.4 | 34.5490 | 0.94578 | 45.4 | 38.1672 | 0.93884 |
| 37.5 | 31.0916 | 0.95195 | 41.5 | 34.6383 | 0.94562 | 45.5 | 38.2586 | 0.93866 |
| 37.6 | 31.1749 | 0.95180 | 41.6 | 34.7280 | 0.94545 | 45.6 | 38.3504 | 0.93847 |
| 37.7 | 31.2673 | 0.95165 | 41.7 | 34.8178 | 0.94528 | 45.7 | 38.4419 | 0.93829 |
| 37.8 | 31.3555 | 0.95149 | 41.8 | 34.9072 | 0.94512 | 45.8 | 38.5334 | 0.93811 |
| 37.9 | 31.4434 | 0.95134 | 41.9 | 34.9966 | 0.94496 | 45.9 | 38.6249 | 0.93793 |
| 38.0 | 31.5313 | 0.95119 | 42.0 | 35.0865 | 0.94479 | 46.0 | 38.7165 | 0.93775 |
| 38.1 | 31.6193 | 0.95104 | 42.1 | 35.1763 | 0.94462 | 46.1 | 38.8081 | 0.93757 |
| 38.2 | 31.7076 | 0.95088 | 42.2 | 35.2662 | 0.94445 | 46.2 | 38.9002 | 0.93738 |
| 38.3 | 31.7957 | 0.95072 | 42.3 | 35.3562 | 0.94428 | 46.3 | 38.9919 | 0.93720 |
| 38.4 | 31.8840 | 0.95057 | 42.4 | 35.4461 | 0.94411 | 46.4 | 39.0840 | 0.93701 |
| 38.5 | 31.9721 | 0.95042 | 42.5 | 35.5361 | 0.94394 | 46.5 | 39.1758 | 0.93683 |
| 38.6 | 32.0605 | 0.95026 | 42.6 | 35.6262 | 0.94377 | 46.6 | 39.2676 | 0.93665 |
| 38.7 | 32.1490 | 0.95010 | 42.7 | 35.7162 | 0.94360 | 46.7 | 39.3598 | 0.93646 |
| 38.8 | 32.2371 | 0.94995 | 42.8 | 35.8063 | 0.94343 | 46.8 | 39.4517 | 0.93628 |
| 38.9 | 32.3254 | 0.94980 | 42.9 | 35.8964 | 0.94326 | 46.9 | 39.5440 | 0.93609 |

续表

| 体积分数/% | 质量分数/% | 密度/(g/mL) | 体积分数/% | 质量分数/% | 密度/(g/mL) | 体积分数/% | 质量分数/% | 密度/(g/mL) |
|---|---|---|---|---|---|---|---|---|
| 39.0 | 32.4139 | 0.94964 | 43.0 | 35.9866 | 0.94309 | 47.0 | 39.6360 | 0.93591 |
| 39.1 | 32.5025 | 0.94948 | 43.1 | 36.0768 | 0.94292 | 47.1 | 39.7284 | 0.93572 |
| 39.2 | 32.5911 | 0.94932 | 43.2 | 36.1674 | 0.94274 | 47.2 | 39.8204 | 0.93554 |
| 39.3 | 32.6794 | 0.94917 | 43.3 | 36.2581 | 0.94256 | 47.3 | 39.9128 | 0.93535 |
| 39.4 | 32.7681 | 0.94901 | 43.4 | 36.3483 | 0.94239 | 47.4 | 40.0053 | 0.93516 |
| 39.5 | 32.8568 | 0.94885 | 43.5 | 36.4387 | 0.94222 | 47.5 | 40.0975 | 0.93493 |
| 39.6 | 32.9455 | 0.94869 | 43.6 | 36.5294 | 0.94204 | 47.6 | 40.1900 | 0.93479 |
| 39.7 | 33.0343 | 0.94853 | 43.7 | 36.6202 | 0.94186 | 47.7 | 40.2827 | 0.93460 |
| 39.8 | 33.1227 | 0.94838 | 43.8 | 36.7106 | 0.94169 | 47.8 | 40.3753 | 0.93441 |
| 39.9 | 33.2116 | 0.94822 | 43.9 | 36.8011 | 0.94152 | 47.9 | 40.4676 | 0.93423 |
| 48.0 | 40.6603 | 0.93404 | 52.0 | 44.3118 | 0.92621 | 56.0 | 48.1524 | 0.91790 |
| 48.1 | 40.6531 | 0.93385 | 52.1 | 44.4066 | 0.92601 | 56.1 | 48.2495 | 0.91796 |
| 48.2 | 40.7459 | 0.93366 | 52.2 | 44.5019 | 0.92580 | 56.2 | 48.3471 | 0.91747 |
| 48.3 | 40.8387 | 0.93347 | 52.3 | 44.5968 | 0.92560 | 56.3 | 48.4442 | 0.91726 |
| 48.4 | 40.9316 | 0.93328 | 52.4 | 44.6918 | 0.92540 | 56.4 | 48.5419 | 0.91704 |
| 48.5 | 41.0250 | 0.93308 | 52.5 | 44.7867 | 0.92520 | 56.5 | 48.6391 | 0.91683 |
| 48.6 | 41.1179 | 0.93289 | 52.6 | 44.8822 | 0.92499 | 56.6 | 48.7363 | 0.91662 |
| 48.7 | 41.2109 | 0.93270 | 52.7 | 44.9773 | 0.92479 | 56.7 | 48.8341 | 0.92640 |
| 48.8 | 41.3040 | 0.93251 | 52.8 | 45.0724 | 0.92459 | 56.8 | 43.9315 | 0.91619 |
| 48.9 | 41.3971 | 0.93232 | 52.9 | 45.1680 | 0.92438 | 56.9 | 49.0294 | 0.91597 |
| 49.0 | 41.4902 | 0.93213 | 53.0 | 45.2632 | 0.92418 | 57.0 | 49.1268 | 0.91576 |
| 49.1 | 41.5833 | 0.93194 | 53.1 | 45.3589 | 0.92397 | 57.1 | 49.2248 | 0.91554 |
| 49.2 | 41.6770 | 0.93174 | 53.2 | 45.4541 | 0.92377 | 57.2 | 49.3229 | 0.91532 |
| 49.3 | 41.7702 | 0.93155 | 53.3 | 45.5499 | 0.92356 | 57.3 | 49.4205 | 0.91511 |
| 49.4 | 41.8639 | 0.93135 | 53.4 | 45.6453 | 0.92339 | 57.4 | 49.5186 | 0.91489 |
| 49.5 | 41.9572 | 0.93116 | 53.5 | 45.7412 | 0.92315 | 57.5 | 49.6168 | 0.91467 |
| 49.6 | 42.0505 | 0.93097 | 53.6 | 45.8371 | 0.92294 | 57.6 | 49.7151 | 0.91445 |
| 49.7 | 42.1444 | 0.93077 | 53.7 | 45.9325 | 0.92274 | 57.7 | 49.8134 | 0.91423 |
| 49.8 | 42.2378 | 0.93058 | 53.8 | 46.0286 | 0.92253 | 57.8 | 49.9112 | 0.91402 |
| 49.9 | 42.3317 | 0.93038 | 53.9 | 46.1241 | 0.92233 | 57.9 | 50.0096 | 0.91380 |
| 50.0 | 42.4252 | 0.93019 | 54.0 | 46.2202 | 0.92212 | 58.0 | 50.1080 | 0.91358 |
| 50.1 | 42.5192 | 0.92999 | 54.1 | 46.3164 | 0.92191 | 58.1 | 50.2065 | 0.91336 |
| 50.2 | 42.6128 | 0.92980 | 54.2 | 46.4125 | 0.92170 | 58.2 | 50.3050 | 0.91314 |
| 50.3 | 42.7066 | 0.92960 | 54.3 | 46.5088 | 0.92149 | 58.3 | 50.4036 | 0.91292 |
| 50.4 | 42.8010 | 0.92940 | 54.4 | 46.6050 | 0.92128 | 58.4 | 50.5022 | 0.91270 |
| 50.5 | 42.8947 | 0.92920 | 54.5 | 46.7008 | 0.92108 | 58.5 | 50.6009 | 0.91248 |
| 50.6 | 42.9888 | 0.92901 | 54.6 | 46.7972 | 0.92087 | 58.6 | 50.6996 | 0.91226 |
| 50.7 | 43.0831 | 0.92881 | 54.7 | 46.8936 | 0.92066 | 58.7 | 50.7984 | 0.91204 |
| 50.8 | 43.1773 | 0.92861 | 54.8 | 46.9901 | 0.92045 | 58.8 | 50.8972 | 0.91182 |
| 50.9 | 43.2712 | 0.92842 | 54.9 | 47.0865 | 0.92024 | 58.9 | 50.9961 | 0.91160 |

续表

| 体积分数/% | 质量分数/% | 密度/(g/mL) | 体积分数/% | 质量分数/% | 密度/(g/mL) | 体积分数/% | 质量分数/% | 密度/(g/mL) |
|---|---|---|---|---|---|---|---|---|
| 51.0 | 43.3656 | 0.92822 | 55.0 | 47.1381 | 0.92003 | 59.0 | 51.0950 | 0.91138 |
| 51.1 | 43.4599 | 0.92802 | 55.1 | 47.2797 | 0.91982 | 59.1 | 51.1939 | 0.91116 |
| 51.2 | 43.5544 | 0.92782 | 55.2 | 47.3768 | 0.91960 | 59.2 | 51.2929 | 0.91094 |
| 51.3 | 43.6489 | 0.92762 | 55.3 | 47.4735 | 0.91939 | 59.3 | 51.3926 | 0.91071 |
| 51.4 | 43.7434 | 0.92742 | 55.4 | 47.5702 | 0.91918 | 59.4 | 51.4917 | 0.91049 |
| 51.5 | 43.8379 | 0.92722 | 55.5 | 47.6675 | 0.91896 | 59.5 | 51.5906 | 0.91027 |
| 51.6 | 43.9330 | 0.92701 | 55.6 | 47.7643 | 0.91875 | 59.6 | 51.6900 | 0.91005 |
| 51.7 | 43.0276 | 0.92681 | 55.7 | 47.8611 | 0.91854 | 59.7 | 51.7893 | 0.90983 |
| 51.8 | 43.1223 | 0.92661 | 55.8 | 47.9580 | 0.91833 | 59.8 | 51.8891 | 0.90960 |
| 51.9 | 43.2170 | 0.92641 | 55.9 | 48.0555 | 0.91811 | 59.9 | 51.9885 | 0.90938 |
| 60.0 | 52.0879 | 0.90916 | 64.0 | 56.1265 | 0.89999 | 68.0 | 60.2733 | 0.89045 |
| 60.1 | 52.1873 | 0.90984 | 64.1 | 56.2286 | 0.89976 | 68.1 | 60.3787 | 0.89020 |
| 60.2 | 52.2874 | 0.90871 | 64.2 | 56.3313 | 0.89952 | 68.2 | 60.4839 | 0.88996 |
| 60.3 | 52.3875 | 0.90848 | 64.3 | 56.4341 | 0.89928 | 68.3 | 60.5896 | 0.88971 |
| 60.4 | 52.4871 | 0.90826 | 64.4 | 56.5363 | 0.89905 | 68.4 | 60.6946 | 0.88947 |
| 60.5 | 52.5867 | 0.90804 | 64.5 | 56.6386 | 0.89882 | 68.5 | 60.8005 | 0.88922 |
| 60.6 | 52.6870 | 0.90781 | 64.6 | 56.7416 | 0.89858 | 68.6 | 60.9064 | 0.88897 |
| 60.7 | 52.7873 | 0.90758 | 64.7 | 56.8446 | 0.89834 | 68.7 | 61.0116 | 0.88873 |
| 60.8 | 52.8871 | 0.90736 | 64.8 | 56.9470 | 0.89811 | 68.8 | 61.1176 | 0.88848 |
| 60.9 | 52.9869 | 0.90714 | 64.9 | 57.0495 | 0.89788 | 68.9 | 61.2230 | 0.88824 |
| 61.0 | 53.0874 | 0.90691 | 65.0 | 57.1527 | 0.89764 | 69.0 | 61.3291 | 0.88799 |
| 61.1 | 53.1879 | 0.90668 | 65.1 | 57.2559 | 0.89740 | 69.1 | 61.4353 | 0.88774 |
| 61.2 | 53.2885 | 0.90645 | 65.2 | 57.3592 | 0.89716 | 69.2 | 61.5415 | 0.88749 |
| 61.3 | 53.3685 | 0.90623 | 65.3 | 57.4619 | 0.89693 | 69.3 | 61.6417 | 0.88725 |
| 61.4 | 53.4892 | 0.90600 | 65.4 | 57.5653 | 0.89669 | 69.4 | 61.7535 | 0.88700 |
| 61.5 | 53.5899 | 0.90577 | 65.5 | 57.6688 | 0.89645 | 69.5 | 61.8599 | 0.88675 |
| 61.6 | 53.6907 | 0.90554 | 65.6 | 57.7723 | 0.89621 | 69.6 | 61.9664 | 0.88650 |
| 61.7 | 53.7915 | 0.90531 | 65.7 | 57.8759 | 0.89597 | 69.7 | 62.0729 | 0.88625 |
| 61.8 | 53.8917 | 0.90509 | 65.8 | 57.9788 | 0.89574 | 69.8 | 62.1788 | 0.88601 |
| 61.9 | 53.9927 | 0.90486 | 65.9 | 58.0825 | 0.89550 | 69.9 | 62.2855 | 0.88576 |
| 62.0 | 54.0937 | 0.90463 | 66.0 | 58.1862 | 0.89526 | 70.0 | 62.3922 | 0.88551 |
| 62.1 | 54.1947 | 0.90440 | 66.1 | 58.2900 | 0.89502 | 70.1 | 62.4990 | 0.88526 |
| 62.2 | 54.2958 | 0.90417 | 66.2 | 58.3939 | 0.89478 | 70.2 | 62.6058 | 0.88501 |
| 62.3 | 54.3969 | 0.90394 | 66.3 | 58.4978 | 0.89454 | 70.3 | 62.7127 | 0.88476 |
| 62.4 | 54.4981 | 0.90371 | 66.4 | 58.6017 | 0.89430 | 70.4 | 62.8196 | 0.88451 |
| 62.5 | 54.5993 | 0.90348 | 66.5 | 58.7057 | 0.89406 | 70.5 | 62.9267 | 0.88429 |
| 62.6 | 54.7012 | 0.90324 | 66.6 | 58.8098 | 0.89382 | 70.6 | 63.0330 | 0.88402 |
| 62.7 | 54.8025 | 0.90301 | 66.7 | 58.9139 | 0.89365 | 70.7 | 63.1402 | 0.88377 |
| 62.8 | 54.9039 | 0.90278 | 66.8 | 59.0181 | 0.89334 | 70.8 | 63.2474 | 0.88352 |
| 62.9 | 55.0054 | 0.90255 | 66.9 | 59.1223 | 0.89310 | 70.9 | 63.3546 | 0.88327 |

续表

| 体积分数/% | 质量分数/% | 密度/(g/mL) | 体积分数/% | 质量分数/% | 密度/(g/mL) | 体积分数/% | 质量分数/% | 密度/(g/mL) |
|---|---|---|---|---|---|---|---|---|
| 63. 0 | 55. 1068 | 0. 90232 | 67. 0 | 59. 2266 | 0. 89286 | 71. 0 | 63. 4619 | 0. 88302 |
| 63. 1 | 55. 2084 | 0. 90209 | 67. 1 | 59. 3310 | 0. 89262 | 71. 1 | 63. 5693 | 0. 88277 |
| 63. 2 | 55. 3106 | 0. 90185 | 67. 2 | 59. 4354 | 0. 89238 | 71. 2 | 63. 6768 | 0. 88252 |
| 63. 3 | 55. 4122 | 0. 90162 | 67. 3 | 59. 5398 | 0. 89214 | 71. 3 | 63. 7843 | 0. 88227 |
| 63. 4 | 55. 5139 | 0. 90139 | 67. 4 | 59. 6444 | 0. 89190 | 71. 4 | 63. 8910 | 0. 88202 |
| 63. 5 | 55. 6157 | 0. 90116 | 67. 5 | 59. 7489 | 0. 89166 | 71. 5 | 64. 0002 | 0. 88176 |
| 63. 6 | 55. 7181 | 0. 90092 | 67. 6 | 59. 8542 | 0. 89141 | 71. 6 | 64. 1079 | 0. 88151 |
| 63. 7 | 55. 8200 | 0. 90069 | 67. 7 | 59. 9589 | 0. 89117 | 71. 7 | 64. 2156 | 0. 88126 |
| 63. 8 | 55. 9219 | 0. 90046 | 67. 8 | 60. 0636 | 0. 89093 | 71. 8 | 64. 3234 | 0. 88101 |
| 63. 9 | 56. 0245 | 0. 90022 | 67. 9 | 60. 1684 | 0. 89069 | 71. 9 | 64. 4313 | 0. 88076 |
| 72. 0 | 64. 5392 | 0. 88051 | 76. 0 | 68. 9358 | 0. 87015 | 80. 0 | 73. 4786 | 0. 85932 |
| 72. 1 | 64. 6472 | 0. 88026 | 76. 1 | 69. 0472 | 0. 86989 | 80. 1 | 73. 5944 | 0. 85904 |
| 72. 2 | 64. 7560 | 0. 88000 | 76. 2 | 69. 1594 | 0. 86962 | 80. 2 | 73. 7103 | 0. 85876 |
| 72. 3 | 64. 8640 | 0. 87974 | 76. 3 | 69. 2708 | 0. 86936 | 80. 3 | 73. 8263 | 0. 85848 |
| 72. 4 | 64. 9731 | 0. 87949 | 76. 4 | 69. 3832 | 0. 86909 | 80. 4 | 73. 9423 | 0. 85820 |
| 72. 5 | 64. 0831 | 0. 87924 | 76. 5 | 69. 4955 | 0. 86882 | 80. 5 | 74. 0585 | 0. 85792 |
| 72. 6 | 64. 1903 | 0. 87898 | 76. 6 | 69. 6073 | 0. 86856 | 80. 6 | 74. 1738 | 0. 85765 |
| 72. 7 | 64. 2994 | 0. 87872 | 76. 7 | 69. 7190 | 0. 86830 | 80. 7 | 74. 2901 | 0. 85737 |
| 72. 8 | 64. 4079 | 0. 87847 | 76. 8 | 69. 8316 | 0. 86803 | 80. 8 | 74. 4064 | 0. 85709 |
| 72. 9 | 64. 5164 | 0. 87822 | 76. 9 | 69. 9443 | 0. 86776 | 80. 9 | 74. 5229 | 0. 85681 |
| 73. 0 | 64. 6257 | 0. 87796 | 77. 0 | 70. 0562 | 0. 86750 | 81. 0 | 74. 6394 | 0. 85653 |
| 73. 1 | 64. 7350 | 0. 87770 | 77. 1 | 70. 1691 | 0. 86723 | 81. 1 | 74. 7560 | 0. 85625 |
| 73. 2 | 64. 8445 | 0. 87744 | 77. 2 | 70. 2820 | 0. 86696 | 81. 2 | 74. 8735 | 0. 85596 |
| 73. 3 | 64. 9532 | 0. 87719 | 77. 3 | 70. 3949 | 0. 86669 | 81. 3 | 74. 9902 | 0. 85569 |
| 73. 4 | 66. 0628 | 0. 87693 | 77. 4 | 70. 5079 | 0. 86642 | 81. 4 | 75. 1079 | 0. 85539 |
| 73. 5 | 66. 1724 | 0. 87667 | 77. 5 | 70. 6210 | 0. 86615 | 81. 5 | 75. 2248 | 0. 85511 |
| 73. 6 | 66. 2821 | 0. 87641 | 77. 6 | 70. 7342 | 0. 86588 | 81. 6 | 75. 3418 | 0. 85483 |
| 73. 7 | 66. 3918 | 0. 87615 | 77. 7 | 70. 8475 | 0. 86561 | 81. 7 | 75. 4597 | 0. 85454 |
| 73. 8 | 66. 5009 | 0. 87690 | 77. 8 | 70. 9608 | 0. 86534 | 81. 8 | 75. 5769 | 0. 85426 |
| 73. 9 | 66. 6108 | 0. 87564 | 77. 9 | 71. 0742 | 0. 86507 | 81. 9 | 75. 6949 | 0. 85397 |
| 74. 0 | 66. 7207 | 0. 87538 | 78. 0 | 71. 1876 | 0. 86480 | 82. 0 | 75. 8122 | 0. 85369 |
| 74. 1 | 66. 8307 | 0. 87512 | 78. 1 | 71. 3072 | 0. 86453 | 82. 1 | 75. 9305 | 0. 85340 |
| 74. 2 | 66. 9408 | 0. 87486 | 78. 2 | 71. 4165 | 0. 86425 | 82. 2 | 76. 0479 | 0. 85312 |
| 74. 3 | 67. 0510 | 0. 87460 | 78. 3 | 71. 5292 | 0. 86398 | 82. 3 | 76. 1663 | 0. 85283 |
| 74. 4 | 67. 1612 | 0. 87434 | 78. 4 | 71. 6430 | 0. 86371 | 82. 4 | 76. 2848 | 0. 85254 |
| 74. 5 | 67. 2714 | 0. 87408 | 78. 5 | 71. 7568 | 0. 86344 | 82. 5 | 76. 4025 | 0. 85226 |
| 74. 6 | 67. 3825 | 0. 87381 | 78. 6 | 71. 8715 | 0. 86316 | 82. 6 | 76. 5211 | 0. 85197 |
| 74. 7 | 67. 4930 | 0. 87355 | 78. 7 | 71. 9855 | 0. 86289 | 82. 7 | 76. 6399 | 0. 85168 |
| 74. 8 | 67. 6034 | 0. 87329 | 78. 8 | 72. 0995 | 0. 86262 | 82. 8 | 76. 7585 | 0. 85139 |
| 74. 9 | 67. 7104 | 0. 87303 | 78. 9 | 72. 2144 | 0. 86234 | 82. 9 | 76. 8767 | 0. 85111 |

续表

| 体积分数/% | 质量分数/% | 密度/(g/mL) | 体积分数/% | 质量分数/% | 密度/(g/mL) | 体积分数/% | 质量分数/% | 密度/(g/mL) |
|---|---|---|---|---|---|---|---|---|
| 75.0 | 67.8246 | 0.87277 | 79.0 | 72.3286 | 0.86207 | 83.0 | 76.9956 | 0.85082 |
| 75.1 | 67.9352 | 0.87251 | 79.1 | 72.4429 | 0.86180 | 83.1 | 77.1147 | 0.85053 |
| 75.2 | 68.0460 | 0.87225 | 79.2 | 72.5580 | 0.86152 | 83.2 | 77.2338 | 0.85024 |
| 75.3 | 68.1576 | 0.87198 | 79.3 | 72.6742 | 0.86124 | 83.3 | 77.3530 | 0.84995 |
| 75.4 | 68.2684 | 0.87172 | 79.4 | 72.7877 | 0.86097 | 83.4 | 77.4723 | 0.84966 |
| 75.5 | 68.3794 | 0.87146 | 79.5 | 72.9022 | 0.86070 | 83.5 | 77.5926 | 0.84936 |
| 75.6 | 68.4904 | 0.87120 | 79.6 | 73.0177 | 0.86042 | 83.6 | 77.7121 | 0.84907 |
| 75.7 | 68.6014 | 0.87094 | 79.7 | 73.1332 | 0.86014 | 83.7 | 77.8316 | 0.84878 |
| 75.8 | 68.7134 | 0.87067 | 79.8 | 73.2480 | 0.85987 | 83.8 | 77.9512 | 0.84849 |
| 75.9 | 68.8246 | 0.87041 | 79.9 | 73.3628 | 0.85960 | 83.9 | 78.0709 | 0.84820 |
| 84.0 | 78.1907 | 0.84791 | 88.0 | 83.1069 | 0.83574 | 92.0 | 88.2863 | 0.82247 |
| 84.1 | 78.3115 | 0.84761 | 88.1 | 83.2332 | 0.83542 | 92.1 | 88.4199 | 0.82212 |
| 84.2 | 78.4314 | 0.84732 | 88.2 | 83.3596 | 0.83510 | 92.2 | 88.5547 | 0.82176 |
| 84.3 | 78.5524 | 0.84702 | 88.3 | 83.4861 | 0.83478 | 92.3 | 88.6885 | 0.82141 |
| 84.4 | 78.6725 | 0.84673 | 88.4 | 83.6127 | 0.83446 | 92.4 | 88.8235 | 0.82105 |
| 84.5 | 78.7937 | 0.84643 | 88.5 | 83.7394 | 0.83414 | 92.5 | 88.9576 | 0.82070 |
| 84.6 | 78.9149 | 0.84613 | 88.6 | 83.8662 | 0.83382 | 92.6 | 89.0917 | 0.82035 |
| 84.7 | 79.0352 | 0.84584 | 88.7 | 83.9931 | 0.83350 | 92.7 | 89.2271 | 0.81999 |
| 84.8 | 79.1566 | 0.84554 | 88.8 | 84.1201 | 0.83318 | 92.8 | 89.3615 | 0.81964 |
| 84.9 | 79.2772 | 0.84525 | 88.9 | 84.2472 | 0.83286 | 92.9 | 89.4917 | 0.81928 |
| 85.0 | 79.3987 | 0.84495 | 89.0 | 84.3744 | 0.83254 | 93.0 | 89.6317 | 0.81893 |
| 85.1 | 79.5204 | 0.84465 | 89.1 | 84.5027 | 0.83221 | 93.1 | 89.7687 | 0.81856 |
| 85.2 | 79.6421 | 0.84435 | 89.2 | 84.6311 | 0.83188 | 93.2 | 89.9046 | 0.81820 |
| 85.3 | 79.7639 | 0.84405 | 89.3 | 84.7585 | 0.83156 | 93.3 | 90.0418 | 0.81783 |
| 85.4 | 79.8858 | 0.84375 | 89.4 | 84.8871 | 0.83123 | 93.4 | 90.1791 | 0.81746 |
| 85.5 | 80.0088 | 0.84344 | 89.5 | 85.0159 | 0.83090 | 93.5 | 90.3154 | 0.81810 |
| 85.6 | 80.1308 | 0.84314 | 89.6 | 85.1447 | 0.83057 | 93.6 | 90.4530 | 0.81673 |
| 85.7 | 80.2530 | 0.84284 | 89.7 | 85.2736 | 0.83024 | 93.7 | 90.5907 | 0.81636 |
| 85.8 | 80.3753 | 0.84254 | 89.8 | 85.4016 | 0.82992 | 93.8 | 90.7258 | 0.81599 |
| 85.9 | 80.4976 | 0.84224 | 89.9 | 85.5307 | 0.82959 | 93.9 | 90.9653 | 0.81563 |
| 86.0 | 80.6200 | 0.84194 | 90.0 | 85.6599 | 0.82926 | 94.0 | 91.0033 | 0.81526 |
| 86.1 | 80.7435 | 0.84163 | 90.1 | 85.7902 | 0.82892 | 94.1 | 91.1426 | 0.81488 |
| 86.2 | 80.8661 | 0.84133 | 90.2 | 85.9196 | 0.82859 | 94.2 | 91.2821 | 0.81450 |
| 86.3 | 80.9898 | 0.84102 | 90.3 | 86.0502 | 0.82825 | 94.3 | 91.4227 | 0.81411 |
| 86.4 | 81.1135 | 0.84071 | 90.4 | 86.1798 | 0.82792 | 94.4 | 91.5624 | 0.81373 |
| 86.5 | 81.2373 | 0.84040 | 90.5 | 86.3106 | 0.82758 | 94.5 | 91.7022 | 0.81335 |
| 86.6 | 81.3603 | 0.84010 | 90.6 | 86.4415 | 0.82724 | 94.6 | 91.8422 | 0.81297 |
| 86.7 | 81.4843 | 0.83979 | 90.7 | 86.5714 | 0.82691 | 94.7 | 91.9823 | 0.81259 |
| 86.8 | 81.6084 | 0.83948 | 90.8 | 86.7025 | 0.82657 | 94.8 | 92.1236 | 0.81220 |
| 86.9 | 81.7316 | 0.83918 | 90.9 | 86.8327 | 0.82424 | 94.9 | 92.2640 | 0.81182 |

续表

| 体积分数/% | 质量分数/% | 密度/(g/mL) | 体积分数/% | 质量分数/% | 密度/(g/mL) | 体积分数/% | 质量分数/% | 密度/(g/mL) |
|---|---|---|---|---|---|---|---|---|
| 87.0 | 81.8559 | 0.83878 | 91.0 | 86.9640 | 0.82590 | 95.0 | 92.4044 | 0.81144 |
| 87.1 | 81.9803 | 0.83856 | 91.1 | 87.0954 | 0.82556 | 95.1 | 92.5473 | 0.81104 |
| 87.2 | 81.1058 | 0.83824 | 91.2 | 87.2280 | 0.82521 | 95.2 | 92.6892 | 0.81065 |
| 87.3 | 82.2303 | 0.83793 | 91.3 | 87.3596 | 0.82487 | 95.3 | 92.8324 | 0.81025 |
| 87.4 | 82.3550 | 0.83762 | 91.4 | 87.4914 | 0.82453 | 95.4 | 92.9745 | 0.80986 |
| 87.5 | 82.4807 | 0.83730 | 91.5 | 87.6243 | 0.82418 | 95.5 | 93.1180 | 0.80946 |
| 87.6 | 82.6056 | 0.83699 | 91.6 | 87.7563 | 0.82384 | 95.6 | 93.2616 | 0.80906 |
| 87.7 | 82.7305 | 0.83668 | 91.7 | 87.8884 | 0.82350 | 95.7 | 93.4042 | 0.80867 |
| 87.8 | 82.8556 | 0.83637 | 91.8 | 88.0205 | 0.82316 | 95.8 | 93.5480 | 0.80827 |
| 87.9 | 82.9817 | 0.83605 | 91.9 | 88.1539 | 0.82281 | 95.9 | 93.6309 | 0.80788 |
| 96.0 | 93.8350 | 0.80748 | 98.0 | 96.8102 | 0.79997 | 99.0 | 98.3718 | 0.79431 |
| 96.1 | 93.9805 | 0.80707 | 98.1 | 96.9660 | 0.79850 | 99.1 | 98.5332 | 0.79381 |
| 96.2 | 94.1273 | 0.80665 | 98.2 | 97.1208 | 0.79804 | 99.2 | 98.6961 | 0.79330 |
| 96.3 | 94.2730 | 0.80624 | 98.3 | 97.2770 | 0.79757 | 99.3 | 98.8579 | 0.79280 |
| 96.4 | 94.4201 | 0.80582 | 98.4 | 97.4322 | 0.79711 | 99.4 | 99.0811 | 0.79229 |
| 96.5 | 94.5662 | 0.80541 | 98.5 | 97.5887 | 0.79664 | 99.5 | 99.1833 | 0.79179 |
| 96.6 | 94.7124 | 0.80500 | 98.6 | 97.7455 | 0.79617 | 99.6 | 99.3457 | 0.79129 |
| 96.7 | 94.8599 | 0.80458 | 98.7 | 97.9012 | 0.79571 | 99.7 | 99.5096 | 0.79078 |
| 96.8 | 95.0064 | 0.80417 | 98.8 | 98.0583 | 0.79524 | 99.8 | 99.6725 | 0.79028 |
| 96.9 | 95.1543 | 0.80375 | 98.9 | 98.2144 | 0.79478 | 99.9 | 99.8369 | 0.78977 |
| 97.0 | 95.3011 | 0.80334 | | | | | | |
| 97.1 | 95.4516 | 0.80290 | | | | | | |
| 97.2 | 95.6011 | 0.80247 | | | | | | |
| 97.3 | 95.7520 | 0.80203 | | | | | | |
| 97.4 | 95.9030 | 0.80159 | | | | | | |
| 97.5 | 96.0530 | 0.80116 | | | | | | |
| 97.6 | 96.2044 | 0.80072 | | | | | | |
| 97.7 | 96.3559 | 0.80028 | | | | | | |
| 97.8 | 96.5076 | 0.79984 | | | | | | |
| 97.9 | 96.6582 | 0.79941 | | | | | | |

# 参考文献

[1] 张宿义．白酒酒体设计工艺学［M］．北京：中国轻工业出版社，2020.

[2] 郭蔼光．基础生物化学［M］．2版．北京：高等教育出版社，2009.

[3] 沈怡方．白酒生产技术全书［M］．北京：中国轻工业出版社，2005.

[4] 熊子书．酱香型白酒酿造［M］．北京：中国轻工业出版社，1994.

[5] 赵金松．小曲清香白酒生产技术［M］．北京：中国轻工业出版社，2018.

[6] 赵金松．白酒品评与勾调［M］．北京：中国轻工业出版社，2019.

[7] 杨柳，张雪彬．中国白酒历史回顾与思考［J］．酿酒，2018，45（06）：9-12.

[8] 吴徐建．酱香型白酒固态发酵过程中酵母与细菌群落结构变化规律的研究［D］．无锡：江南大学，2013：1-50.

[9] 邓剑清．酱香型白酒强化高温大曲工艺优化及比较研究［D］．福州：福建师范大学，2017.

[10] 王丹丹．白酒发酵过程中酶系与物系的相关性研究［D］．北京：北京理工大学，2015.

[11] 许玲．国井绵雅酱香型白酒工艺研究［D］．济南：齐鲁工业大学，2019.

[12] 杨帆．酱香型白酒中乳酸代谢机理及调控策略的研究［D］．无锡：江南大学，2020.

[13] 张红．浓酱兼香型白云边酒酿造工艺与微生物分析［D］．武汉：武汉工程大学，2015.

[14] 田婷．基于气相色谱和电子鼻/舌仿生感官技术对酱香轮次酒风味差异性研究［D］．贵阳：贵州大学，2017.

[15] 张情亚．金沙窖酒风味物质特征及溯源研究［D］．贵阳：贵州大学，2016.

[16] 周秋爽．应用混合曲生产酱香型白酒液态发酵的工艺优化及理化性质研究［D］．沈阳：沈阳农业大学，2020.

[17] 潘建军，刘念，张磊，等．白酒老熟与贮存条件的关系［J］．食品与发酵科技，2011，47（05）：87-90.

[18] 袁琦，温承坤，郑亚伦，等．白酒贮存过程中风味物质含量变化规律的研究进展［J］．中国酿造，2021，40（05）：14-17.

[19] 景成魁，黄杰，李安军．白酒贮存容器研究进展［J］．食品与发酵科技，2019，55（03）：79-82.

[20] 王会军，刘民万，潘学森，等．北方酱香大曲酒碎沙工艺生产实践与思考［J］．酿酒，2011，38（01）：56-58.

[21] 卢君，唐平，山其木格，等．不同封窖方式对酱香白酒基础酿造的影响［J］．食品与发酵工业，2020，46（02）：203-207.

［22］张艳红，周丽娜，李素琴，等．不同贮存方式对白酒品质的影响研究［J］．酿酒，2016，43（04）：40-42.

［23］乔岩，李大鹏，卢红梅，等．不同贮存条件对酱香型第5轮次酒影响初探［J］．食品科技，2015（06）：47-50.

［24］杨玉波，倪德让，林琳，等．高粱蒸煮风味物质香气活力研究［J］．食品与发酵工业，2018，44（05）：222-226.

［25］谭军辉，左垚．简述酱香型白酒新型生产工艺［J］．酿酒，2020，47（04）：32-35.

［26］涂华彬，胡峰，杨刚仁，等．酱香白酒窖期晾堂霉菌斑处理方法研究［J］．酿酒科技，2019（08）：58-60.

［27］涂昌华，袁颉，王宗强，等．酱香型白酒“腰线”的成因及处理对策［J］．酿酒科技，2020（09）：58-60.

［28］谢再斌，张楷正，赵金松，等．酱香型白酒陈酿研究进展［J］．中国酿造，2021，40（03）：1-5.

［29］陈小林，蒋英丽，程伟．酱香型白酒的贮存管理［J］．酿酒科技，2005（01）：105-106.

［30］罗太江，王军，冯沛春．酱香型白酒堆积发酵工艺的管理研究分析［J］．酿酒科技，2020（07）：71-74.

［31］孟望霓，田志强．酱香型白酒风味物质贮藏周期变化规律分析［J］．酿酒科技，2015（07）：21-27.

［32］蒋红军．酱香型白酒机械摊晾与传统摊晾场地微生物对比［J］．酿酒科技，2003（06）：38-39.

［33］王莉，王亚玉，王和玉，等．酱香型白酒窖底泥微生物组成分析［J］．酿酒科技，2015（01）：12-15.

［34］龚荣，李卫东，黄进，等．酱香型白酒下沙、糙沙过程中高粱淀粉糊化的影响因子及相关过程控制［J］．酿酒科技，2019（12）：36-39.

［35］涂昌华，郝飞，汪地强，等．酱香型白酒下沙、造沙轮次堆积发酵过程中酒醅温度与微生物的变化规律分析［J］．酿酒科技，2020（02）：60-64.

［36］万波，涂华彬，刘元棚，等．酱香型白酒糟醅蒸煮馏酒过程阻力系数的实验研究［J］．酿酒科技，2019（07）：56-61.

［37］孟望霓，田志强．酱香型白酒贮藏期主要香味成分的测定［J］．酿酒科技，2015（06）：80-87+91.

［38］宋丽，何祥敏，梁世美．酱香型白酒贮存过程中的变化［J］．酿酒科技，2012（03）：49-51.

［39］蒋英丽，程伟．酱香型白酒贮存期老熟问题探讨［J］．酿酒，2003（01）：20-22.

［40］沈毅，许忠，王西，等．论酱香型郎酒酿造时令的科学性［J］．酿酒科技，2013（09）：43-48.

［41］黎瑶依，胡小霞，黄永光．茅台镇酱香型白酒酿造环境中真菌菌群多样性分析［J］．食品科学，2021，42（18）：164-170.

［42］赵益梅，唐佳代，江璐．酿造工艺对酱香大曲酒的影响概述［J］．现代食品，2020（05）：106-111.

［43］王东魁．浅谈大曲酱香白酒的下糙沙技术［J］．酿酒科技，1994（04）：16-18.

[44] 邓皖玉，许永明，程伟，等．润粮工艺对酱香型白酒生产的影响［J］．酿酒科技，2021（01）：36-41+49.

[45] 陈海飞，崔同弼，唐磐．生沙尾酒在酱香型白酒生产中的应用研究［J］．酿酒科技，2016（08）：68-70.

[46] 邓皖玉，许永明，程伟，等．摊晾面积对酱香型白酒窖池产出差异性的影响［J］．酿酒科技，2019（12）：32-35.

[47] 秦文谦，郭鹏．谈白酒的贮存与勾调［J］．酿酒，2017，44（5）：51-53.

[48] 李大和，李国红，李国林．提高翻沙窖酒质量的技术关键［J］．酿酒科技，2018（2）：65-68+82.

[49] 郭建华，郭宏文，邹东恢，等．温度对酱香型白酒酒醅发酵过程中细菌菌群的影响［J］．粮食与饲料工业，2019（2）：29-32+36.

[50] 卢君，唐平，山其木格，等．一种评价酱香型白酒酿造过程高粱蒸煮程度的技术研究［J］．中国酿造，2021，40（3）：73-78.

[51] 陈波，王西，张亚东，等．蒸汽压力对酱香型白酒生产的影响［J］．酿酒科技，2020（8）：56-60.

[52] 苏亚娜，张福艳，王文晶，等．整粒高粱在白酒酿造中预处理方法的研究进展［J］．酿酒，2020，47（06）：20-25.

[53] 姚婷，游京晶，等．贮存条件对白酒原酒品质的影响综述［J］．食品工业，2016，37（2）：209-212.

[54] 白成松，李大鹏，等．贮存温度对酱香型盘勾酒影响的研究［J］．酿酒科技，2016（1）：41-46.

[55] 黄广琴．白酒生产中酿酒微生物研究进展［J］．知识文库，2018（11）：62.

[56] 赵爽，杨春霞，窦屾，等．白酒生产中酿酒微生物研究进展［J］．中国酿造，2012，31（4）：5-10.

[57] 李斌，旦增曲珍，白玛央金，等．不同浓度纤维素酶菌剂处理对小麦、青稞和油菜黄贮体外发酵特性的影响［J］．动物营养学报，2021，33（09）：5016-5024.

[58] 刘宇，管桂坤，万自然，等．复合功能微生物在酱香型白酒生产中的应用研究［J］．酿酒科技，2019（12）：98-104+118.

[59] 程度，曹建兰，王珂佳，等．高粱对酱香型白酒品质影响的研究进展［J］．食品科学，2022，43（7）：356-364.

[60] 韩兴林，刘建华，栗伟，等．功能微生物在酱香大曲白酒生产中的应用［J］．酿酒科技，2018（7）：34-38+51.

[61] 孔显良．酿酒中的酶及其作用［J］．酿酒科技，1983（02）：22-25.

[62] 谭映月，胡萍，谢和．我国白酒酿造微生物多样性的研究现状及展望［J］．酿酒科技，2011（11）：100-105.

[63] 李静，李明源，王继莲，等．纤维素的微生物降解研究进展［J］．食品工业科技，2022，43（09）：396-403.

[64] 申萌，王静静．“酱”心独运　香飘世界——全国酱油产业创新发展高峰论坛侧记［J］．食品安全导刊，2016（23）：35-37.

［65］张书田．白酒多香型融合技术创新［J］．酿酒科技，2011（02）：55-57.

［66］陈飞，袁跃，郑德忠．创新产销模式推动转型升级——供给侧改革给仁怀酱香白酒注入发展新动能［J］．当代贵州，2016（37）：54-55.

［67］翟亚新，王玉高，古兴波．从生物酿造到文化酿造——贵州特色酱香型白酒的凤凰涅槃与现代产业发展［J］．现代商业，2020（27）：47-49.

［68］程伟，沈毅，卓毓崇，等．低度酱香郎酒生产工艺研究及展望［J］．酿酒科技，2007（08）：88-92.

［69］史官清，郭旭，欧阳天治．多功能性视角下贵州酱香型白酒产业融合创新机制研究［J］．中国酿造，2021，40（04）：211-216.

［70］姜萤，黄永光，黄平，等．贵州传统酱香白酒产业科技创新与产业集群发展研究［J］．酿酒科技，2011（05）：42-45.

［71］江源．贵州仁怀酱酒产业发展战略发布会举行［J］．酿酒科技，2014（04）：111.

［72］袁晓莉．茅台镇酱香型白酒与康养旅游开发的融合［J］．酿酒科技，2021（05）：132-138.

［73］杨宇，屈明安，黄静，等．浓酱融合工艺生产兼香型白酒的实践研究［J］．酿酒，2019，46（04）：70-73.

［74］李长江，沈才洪，张宿义，等．武陵酱香型白酒工艺创新——特殊润粮工艺的研究（第一报）［J］．酿酒科技，2009（07）：40-42.

［75］李长江，张洪远，赵新，等．武陵酒生产工艺创新剖析［J］．酿酒科技，2009（01）：89-91.

［76］陶菡，陈孟强，邹江鹏，等．现代科技在酱香型白酒研究与生产中的应用［J］．酿酒科技，2014（09）：81-87.

［77］彭奎，李大和．香型融合与技术创新［J］．酿酒，2017，44（02）：19-27.

［78］赵娟，李宪德，王海净，等．杨湖酱香酒工艺探索与创新——11765 工艺［J］．酿酒科技，2021（04）：79-82.

［79］穆建科．以地面不锈钢窖箱生产酱香翻、碎沙白酒的研究［J］．轻工科技，2020，36（05）：10-11+15.

［80］唐平，山其木格，王丽，等．白酒风味化学研究方法及酱香型白酒风味化学研究进展［J］．食品科学，2020，41（17）：315-324.

［81］戴奕杰，李宗军，田志强，等．酱香型白酒的轮次酒以及“二次制曲”过程中的风味物质分析［J］．食品研究与开发，2019，40（19）：24-32.

［82］李习，方尚玲，刘超，等．酱香型白酒风味物质主体成分研究进展［J］．酿酒，2012，39（03）：19-23.

［83］黄魏，程平言，张健，等．酱香型白酒风味形成的影响因素及主体风味成分研究进展［J］．酿酒科技，2020（04）：85-93.

［84］王荣钰，赵金松，苏占元，等．酱香型白酒关键酱香风味物质研究现状［J］．酿酒科技，2020（06）：81-86.

［85］孙时光，左勇，张晶，等．酱香型白酒中的风味物质及功效［J］．中国酿造，2017，36（12）：10-13.

［86］刘婧玮，蒋英丽，沈毅，等．酱香型白酒中风味物质的成因研究现状［J］．酿酒科技，

2013（05）：85-89.

［87］徐松，杨云．酱香型白酒中苦味的来源及解决措施［J］．酿酒科技，2014（08）：50-52.

［88］云敏，邓杰，李佳勇，等．酱香型郎酒酱味来源之分析推测［J］．酿酒科技，2009（01）：69-71.

［89］田晓红，谭斌，谭洪卓，等．20种高粱淀粉特性［J］．食品科学，2010，31（15）：13-20.

［90］刘佳男，于雷，王婷，等．微波处理对白高粱淀粉理化特性的影响［J］．食品科学，2017，38（05）：186-190.

［91］倪德让，叶兴乾，林琳，等．基于多酚类化合物HPLC指纹图谱在红缨子高粱原料品质监控中的应用［J］．食品科学，2020，41（08）：250-255.

［92］葛云飞，康子悦，沈蒙，等．高粱自然发酵对淀粉分子结构及老化性质的影响［J］．食品科学，2019，40（18）：35-40.

［93］刘睿，潘思轶，刘亮，等．高粱原花青素对α-淀粉酶活力抑制动力学的研究［J］．食品科学，2005（09）：171-174.

［94］梁景颐，白金铠．高粱籽粒霉变的真菌种群研究［J］．沈阳农业大学学报，1988（01）：27-34.

［95］余兴华．快速筛选鉴别霉变谷物特效法［J］．食品科学，1992（07）：46-48.

［96］卢君，唐平，山其木格，等．一种评价酱香型白酒酿造过程高粱蒸煮程度的技术研究［J］．中国酿造，2021，40（03）：73-78.

［97］赵冠，党科，宫香伟，等．粳糯高粱籽粒理化性质及酿酒特性分析［J］．中国酿造，2021，40（02）：77-82.

［98］李顺国，刘猛，刘斐，等．中国高粱产业和种业发展现状与未来展望［J］．中国农业科学，2021，54（03）：471-482.

［99］郭琦，梁笃，张一中，等．影响高粱饲用价值的主要内在因素及其利用措施［J］．农业工程技术，2021，41（05）：88-90.

［100］苏亚娜，张福艳，王文晶，等．整粒高粱在白酒酿造中预处理方法的研究进展［J］．酿酒，2020，47（06）：20-25.

［101］成林，成坚，王琴，等．原辅料对粮食酿造酒质量影响的研究进展［J］．酿酒科技，2020（09）：97-107.

［102］姜鹏，李忍，戴凌燕，等．浸泡和微波处理对三种高粱熟化的影响［J］．食品工业科技，2021，42（08）：70-74.

［103］朱治宇，黄永光．基于高通量测序对茅台镇酱香白酒主酿区域霉菌菌群结构多样性的解析［J］．食品科学，2021，42（8）：1-11.

［104］蒋倩儿，陈文浩，孙金沅，等．酱香型白酒大曲微生物研究进展［J］．中国酿造，2022，40（12）：1-5.

［105］刘正，秦培军，卢延想．酱香型白酒酿造过程中微生物多样性及代谢研究进展［J］．中国酿造，2022，41（6）：6-11.

［106］戎梓溢，白茹，闫学娇，等．酱香型白酒酿造微生态中酵母菌的研究进展［J］．研究食品与开发，2022，43（13）：180-188.

［107］罗方雯，黄永光，涂华彬，等．基于高通量测序技术对茅台镇酱香白酒主酿区域酵母菌

群结构多样性的解析［J］．食品科学，2020，41（20）：127-133.

［108］涂昌华，郝飞，汪地强，等．酱香型白酒下沙、造沙轮次堆积发酵过程中酒醅温度与微生物的变化规律分析［J］．酿酒科技，2020（2）：60-64.

［109］崔守瑜，戴奕杰．酱香型白酒发酵过程中微生物及其酒醅变化分析［J］．酿酒科技，2021（6）：65-68.

［110］胡小霞，黄永光，涂华彬，等．酱香型白酒1轮次酿造细菌的菌群结构［J］．食品科学，2020，41（14）：175-182.

［111］戴奕杰，李宗军，田志强．酱香型白酒酒醅酶活性和轮次酒理化指标分析［J］．中国酿造，2019，38（2）：31-36.

［112］刘正，秦培军，卢延想，等．酱香型白酒酿造过程中微生物多样性及代谢过程研究进展［J］，中国酿造，2022，41（06）：6-11.

［113］李欣，王彦华，林静怡，等．高通量测序技术分析酱香型白酒酒醅的微生物多样性［J］．福建师范大学学报（自然科学版），2017，33（01）：51-59.

［114］王晓丹，徐佳，周鸿翔，等．酱香型大曲中分离到的阿姆斯特丹散囊菌产酶产香特性［J］．食品科学，2016，37（11）：154-159.

［115］Wang C L，Shi D J，Gong G L. Microorganisms in Daqu：A starter culture of Chinese Maotai-flavor liquor［J］. World Journal of Microbiology and Biotechnology，2008，24（10）：2183-2190.

［116］Wu Q，Xu Y，Chen L. Diversity of yeast species during fermentative process contributing to Chinese Maotai-flavour liquor making［J］. Letters in Applied Microbiology，2012，55（4）：301-307.

［117］Wu Q，Chen LQ，Xu Y. Yeast community associated with the solid state fermentation of traditional Chinese Maotai-flavor liquor［J］. International Journal of Food Microbiology，2013，166（2）：323-330.

［118］Wang L C，Zhong K，Luo A M，et al. Dynamic changes of volatile compounds and bacterial diversity during fourth to seventh rounds of Chinese soy sauce aroma liquor［J］. Food Science and Nutrition，2021，9（7）：3500-3511.

［119］Chen B，Wu Q，Xu Y. Filamentous fungal diversity and community structure associated with the solid state fermentation of Chinese Maotai-flavor liquor. International Journal of Food Microbiology. 2014，179：80-84.